想有錢不需靠爸

生活中加點猶太致富邏輯

情報網 × 投機思維 × 操縱人性 × 大膽創新，
猶太人如何掌握各國經濟命脈？

溫亞凡，禾土 著

- ▶ 把握商業機會，運用智慧策略致勝
- ▶ 教育塑造思維，培養自我覺察能力
- ▶ 重視信用誠信，靈活經營人脈關係

深入分析猶太人的經營策略、教育理念與文化傳承
展現洛克斐勒、比爾蓋茲等知名企業家的成功智慧

目 錄

前言

第一篇　商場智慧：猶太人致富的經營之道

- 第一章　掌握商機，輕鬆創富……………………………007
- 第二章　金錢觀念：信用至高無上…………………………065
- 第三章　行動力是致富的關鍵………………………………101
- 第四章　思維開拓財路，策略主導成功……………………125
- 第五章　守法靈活，掌握經營規則…………………………147
- 第六章　人脈經營的猶太智慧………………………………170
- 第七章　商業競爭中的策略思維……………………………183
- 第八章　談判中的精明策略…………………………………202

第二篇　教育的力量：猶太人智慧的根基

- 第一章　知識無價，教育改變命運…………………………213
- 第二章　獨到的猶太教育與學習方法………………………225

第三篇　傳承與文化：猶太人的歷史與生活哲學

- 第一章　猶太民族的歷史軌跡………………………………247
- 第二章　豐富多元的猶太文化………………………………262

附錄：全球猶太超級富豪縱覽

目錄

前言

當今世界,猶太人無論在歷史、文化還是商業、科研中,都擁有著十分重要的地位和影響力。

縱觀歷史,猶太民族具有悠久的歷史,是最具地域和時間生命力的民族。可是,猶太民族的發展歷史中,充滿了蹂躪、放逐、殺戮。面對一次次的滅絕之災,他們在一千八百多年顛沛流離、飽受迫害的苦難歷史中,在掙扎中流亡,在苦難中堅持生存,不但保持了民族的本性,還奇蹟般的生存下來。在長期世界各地流離逃難過程中,猶太人還融合和吸收了其他民族的智慧精髓,並用來開創自己的生存空間,重新建立了自己的國家——以色列。

據相關資料顯示,無論是作為藝術家、文學家、科學家,還是思想家、政治家、企業家,猶太人幾乎在每一個領域都很活躍,而且取得了良好的聲譽。據統計,在獲得的各類諾貝爾獎中,猶太人占獲獎人數的近兩成;猶太人憑藉獨特的經營技巧和眾多富甲天下的商賈,被人們稱讚為「全世界的金錢裝都在猶太人的口袋裡」,從而摘取了「世界第一商人」的桂冠。

猶太民族這一切輝煌成就,不得不讓世界各國人們為之驚呼,猶太人究竟是如何演繹成功的呢?我們該如何學習和借鑑呢?

用智慧去獲得生存,創造財富、實現夢想,正是猶太人最值得我們學習和借鑑的地方。在綜合了所有民族優秀智慧融合和實踐的基礎上,猶太民族運用自己傑出的智慧力量,生生不息的延續著民族的聖火,創造著民族的偉大輝煌和歷史,還創造著世界的偉大知識和財富智慧。猶

前言

太人在生存、處世、生活、財富、經商、談判、婚姻、教育、文化等方面，創造並發展了屬於自己獨特而非凡的猶太智慧，這就是猶太民族發展歷史過程中最偉大的最神奇的力量所在。

本書正是從猶太人的經商智慧、投資智慧，處世生活智慧、教育智慧和歷史文化習俗等方面入手，細緻深入的做了分析和總結，讀者朋友可以從中了解猶太人成功的全部奧祕。每一個希望擁有智慧，渴望獲得成功的讀者，都可以從中得到實踐的指導，獲得切實的幫助，和有益一生的智慧啟迪，從而收獲自己的成功。

第一篇
商場智慧：猶太人致富的經營之道

第一章　掌握商機，輕鬆創富

「世界商人」譽滿全球

猶太商人憑藉獨有的經營技巧及眾多的商家而富甲天下，榮獲了「世界商人」的桂冠，引起了世代經濟人士的關注和研究。

遠古時代，阿拉伯商人曾一度掌控著整個世界，以其「厚利多銷」的經營原則占有了市場。那時候阿拉伯商賈縱橫世界，生意遍及地球每一個角落。他們有一個來自沙漠的觀念，認為在沙漠裡得到的第一杯水是非常的難能可貴，而第二杯水就更加貴重了，因此它的價格往往要高出第一杯水數倍乃至十多倍。

阿拉伯商人的經營技巧，在今天已顯得不那麼突出了，但至今它仍被商界傳頌，被人們稱為世界四大經商民族優秀技能之一。為什麼阿拉伯商人那種與「薄利多銷」經營原則格格不入的手法能以成功呢？這與遠古時代的市場處於生產導向階段有關，也就是，那是「賣方市場」，產品供應低於人們的需求。再加上阿拉伯民族歷史文化悠久，他們的商品意識比別的民族強，他們運用這一手，征服了眾多的競爭對手，占領了許許多多的市場，使阿拉伯商術名揚四海。

但是，隨著時間的消逝及商品經濟的發展，印度人經商術、華人經商術、猶太人經商術脫穎而出，破浪前進，逐步在世界商海中獨樹一幟，形成了古今中外聞名的「三大經商術」，成為世界級的商法。

猶太人的經營術個性最強，如注重契約和律師、富而不奢、巧選目標、時間觀念、只信自己等等，其思維方式也有利於其他。為什麼猶太商人特別注重契約呢？據說「契約」一詞來源於聖經的舊約，指「契約」是「人和神之間的一種約定」。舊約上的故事描寫得大都是因為違約而遭天譴的事情，這也使得歐美的大多數人都非常重視契約。猶太人與別人做生意，一旦雙方達成共識，就必須訂立契約，這就決定了雙方在契約

上的義務關係。所以猶太人在訂契約時，非常慎重，逐條推敲，與對方討價還價，全方位的考慮到交易上可能發生的一切意外，並且要聘請律師嚴密審定，以確保自己的權益。

大財閥羅斯柴爾德（Rothschild）正是猶太商家的傑出代表，他的始祖名為邁爾・阿姆謝爾（Mayer Amschel），少年時在另一成功的猶太商賈海穆處當學徒。後來自立門戶經營古董店，推銷目標為貴族巨賈。在十八世紀後半期至十九世紀的動亂期間，因善於應變和經營，獲得了龐大的盈利。他的經商手法可以說是猶太商人的典範，他的座右銘把猶太人的經商智慧表露得淋漓盡致。

「塞滿錢包算不上完美無缺。但是錢包空空如也卻是不可原諒的罪惡。」

「有錢並不是壞事，錢也不會詛咒於人。要知道錢會祝福人間的。」

「金錢會不斷提供機會給你。」

「金錢會為好人帶來喜訊，使壞人更倒楣。」

這就是猶太商人的金錢觀念。為了賺錢，可謂絞盡腦汁，使出渾身的解數。

如果不是這樣嗜錢如命，又怎能形成猶太鉅賈呢？

在拿破崙時代，利用資金與情報及天生的智慧，邁爾・阿姆謝爾・羅斯柴爾德縱橫英、法等歐洲各地，積蓄了鉅額財富，於產業革命開始後搖身一變成為新時代的企業家，不惜投入全部資產設立銀行，開始做股票買賣，投資於剛崛起的鐵路、礦業等一些大專案，將五個兒子安排到倫敦、維也納、巴黎、法蘭克福、拿坡里等歐洲各大都市定居，讓他們就地創業，構成了此呼彼應的緊密體制，開創了世界第一個跨國公司的先例，形成了世界的第一大財團。經過兩百多年的日日夜夜，至今在巴

黎、倫敦的羅斯柴爾德財團仍保持著具有一定實力的財力和經營能力。當今美國人流行一句話：「美國的錢裝在猶太人的口袋裡。」這也在一定程度說明了猶太商人盈利的本事。

經商賺錢，天經地義

猶太人對錢有著獨特的觀念，特別是猶太商人，他們的意識裡金錢是沒有姓氏的，更無履歷一說。他們不像有些國家和民族那樣，把錢分為「乾淨的錢」和「不乾淨的錢」。他們堅信，透過經營賺來的錢，都可以心安理得的接受。因此，他們千方百計的透過經營，盡量賺取更多更多的錢，不管這些錢是農夫出賣了產品得來的，還是賭徒贏來的，抑或知識分子靠大腦運作得來的，都收之無愧，泰然處之。

猶太人賺錢方法談不上貴賤，也談不上方式。他們所賺的錢是你肯我願，感覺受之無愧。這是猶太人的賺錢祕訣之一。

猶太人對錢的觀念還有一點與眾不同的，是現金主義的實踐者。猶太商人是以現金為標準做買賣的，不願意放高利貸。他們對交易夥伴的信譽評估，第一就是看他的公司值多少錢，他的財產可換成多少現金，然後在此基礎上與其做買賣或確定價格條款。他們認為，世事變化無常，禍福難以預料，一旦發生天災人禍，只有現金鈔票，才可以讓人立即東山再起。猶太人重於現金主義，也許與他們長期以來遭受迫害排擠有關。他們在許多國家經常遭受「排猶」，每次「排猶」活動都遭到財產沒收，能逃生者就是因為擁有現金。這種歷史教訓使他們形成了現金的觀念。事實上，在當今的貿易中，現金仍是十分重要的。瞬息萬變的市場中，風險潛伏在各種買賣活動中，如果視卻了現金主義，往往會導致血本無歸。所以，猶太商人的現金主義觀念不是全無道理的。

猶太人認為金錢是上帝給的禮物，是上帝對美好人生的祝福。對金錢的熱愛不僅僅局限於現實生存的需要，還是一種精神的寄託，更是創造美好人生必需的手段和工具。在猶太人的觀念中，由於他們的背景和所處的職業地位不同，形成了對金錢的獨到的看法：「賺錢不難，用錢不易。」

　　猶太人洛克斐勒（Rockefeller）在自己獲得了龐大的財富、成了當時世界首富的時候，依然感覺不快樂，因為他知道這些錢還沒有發揮它們的作用。別人建議他把這些錢留給他的孩子，洛克斐勒激動的回答：「哦，他們不需要這些錢，這是從大眾那裡來的，因此也應該回到大眾那裡去，到應該發揮它們作用的地方去。」洛克斐勒成立了以自己名字命名的「洛克斐勒基金會」，來幫助成千上萬的吃不上飯的孩子。讓他們不再挨餓，並且還能夠上學接受教育，從而成為對社會有用的人。他主要投資在醫療教育和公共衛生上面。他的基金會先後投資達 75 億美元，是世界上最大的慈善機構。

　　而且他還讓自己的孩子盡可能的把錢花在那些需要它的人身上，他的孩子依從了他的願望，整個洛克斐勒家族的捐款和贊助達到了十幾億美元。

　　對於洛克斐勒來說，金錢對他已經不重要了，他用金錢證明了自己是一個社會上的成功人士，他擁有的金錢就是他對社會做出龐大貢獻的象徵。而且他要世人明白金錢只是他美滿人生的一個尺度，是他人生信念高尚的一種表達。

　　一個猶太財主有一天將他的財產託付給三位僕人保管與運用。他給了第一位僕人五份金錢，第二位僕人兩份金錢，第三個僕人一份金錢。猶太財主告訴他們，要好好珍惜並妥善管理自己的財富，等到一年後再

看他們是如何處理錢財的。

　　第一位僕人用這筆錢做了各種投資；第二位僕人則用它買了原料，製成商品出售；第三位僕人為了安全起見，將他的錢埋在樹下。一年後，地主召集三位僕人檢查成果，第一位及第二位僕人所管理的財富皆增加了一倍，地主甚感欣慰。唯有第三位僕人的金錢毫無增加，他向主人解釋說：「唯恐運用失策而遭到損失，所以將錢存在安全的地方，今天將它原封不動奉還。」

　　猶太財主聽了大怒，並罵道：「你這愚蠢的僕人，竟不好好利用你的財富。」

　　第三位僕人遭受責罵，不是由於他亂用金錢，也不是因為投資失敗遭受損失，而是因為他把錢存在安全的地方，根本就沒有好好的利用金錢。當今國人投資理財最普遍的途徑是把錢存在銀行，這也是國人理財所犯的最大錯誤。因此，本書在此要給讀者提供第一個也是最重要的一個理財守則：錢不要存在銀行。

　　多數人認為錢存在銀行能賺取利息，能享受到複利，這樣就是對金錢做了妥善的安排，已經盡到理財的責任。事實上，利息在通貨膨脹的侵蝕下，實質報酬率接近於零，等於沒有理財，因此，錢存在銀行相當於沒有理財。

　　就整個社會而言，金錢日益成為人們事業成功的重要象徵之一，是衡量人們工作價值的重要手段，你所擁有的財富展現著你對社會創造的價值。當今社會，任何一個不甘於平凡的人都在努力的賺錢，一方面是為滿足生活的需求，但對於懷抱理想的人們來說，金錢是人們社會地位的象徵，是人們心靈寧靜的重要保證。

　　無論從哪個角度來說，錢是人生不可或缺的一部分。對於物質上的生存，它是必需的；對於精神上的追求，它可以成就重大的事情，象徵

著人們的成功，也是人們提高生活品質的保證。難怪著名作家索爾·貝婁說：「金錢是唯一的陽光，它照到哪裡，哪裡就發亮。」

生意就是生意

猶太人認為，在商場上，不在於道德之說，最重要的一定要合法。只要合約是在雙方完全自願的情況下達成的，又在有關法規之內，那麼結果即便是再不公正，也只能怪吃虧的一方事先考慮不周全。這樣一種信念的確立，為商業化大潮席捲一切領域開啟了閘門，從而使一切與人類有關的事物都貼上了商品的標籤。無論是宗教的、倫理的、美學的、情感的等等，全部脫離了原先神聖的光環，取而代之的，是金錢的顏色──金黃或者銅綠。

猶太民族在生活上的眾多、嚴格的禁忌，在世界各民族中是不多見的，並且這些禁忌歷經兩千多年仍舊一以貫之，至今極少改變。但猶太商人在經營商品時，卻有著百無禁忌的一面，也是在各民族中不多見的。現代世界的許多原先非商業性的領域，幾乎都是被猶太商人打破禁區而納入商業範圍的。對待政治也是這樣，只要有錢賺，不管你是誰，猶太人照樣和你做生意。

當年，蘇聯剛剛成立，許多商人把蘇聯看做洪水猛獸，只有猶太人哈默不受局限，獨闢蹊徑，結果在蘇聯發了大財。成功令哈默信心大增，他產生了一個想法，回到祖國聯合機器和其他產品的生產企業，與蘇聯進行更多的貿易。他說服的第一個人是亨利·福特。福特汽車早已聞名遐邇，其創始人亨利·福特也是個有名的反蘇派。哈默經人介紹與福特見了面，可是這位汽車巨擘開門見山的提出反對意見，福特承認在蘇聯市場上銷售自己公司的產品有可能賺錢，但是，他卻說：「我不會運一顆螺絲釘給敵人，除非蘇聯換了政府。」

福特的態度非常堅定，但是哈默並沒有退卻，他說：「您要是等蘇聯換了政府才去那裡做生意，豈不是要在很長一段時間裡失去一個大市場嗎？」哈默把自己在蘇聯的見聞、經商的經歷以及列寧如何替自己開綠燈的事，原原本本的講給福特聽，哈默說：「我們是商人，只管做我們的生意，而生意就是生意。」

福特對哈默的話漸漸引起福特的興趣，還和哈默共進了午餐。餐後，福特又陪哈默去參觀自己的機械化農場，兩人談得非常投機，最後，福特答應讓哈默作為自己產品在蘇聯的獨家代理人。哈默從福特這裡取得了成功，很快又說服了橡膠公司、機床公司、機械公司等許多家企業，成為蘇聯的獨家代理。

後來，在哈默的周旋下，福特公司和蘇聯政府又簽訂了聯合興辦汽車、曳引機生產工廠的合作協定，由此福特獲得了滾滾利潤，自然哈默也受益匪淺。

還有一個例子，說的是猶太商人羅恩斯坦，用自己的美國國籍進行投資，為自己做成了一筆收入可觀的生意。

施華洛世奇（Swarovski）家族是奧地利的一個世家名門，世代相傳從事仿鑽石飾品的生產。在第二次世界大戰結束時，奧地利被盟軍占領，法軍當局要沒收施華洛世奇公司，因為在大戰中，該公司曾為納粹德國生產了望遠鏡等其他軍用物資。

這時，有個叫羅恩斯坦的美國籍猶太商人正在奧地利，他聽說此事，馬上趕到施華洛世奇公司，表明自己可以去和法軍交涉，阻止法軍沒收施華洛世奇公司。他開出的條件是：如果交涉成功，他能擁有施華洛世奇公司產品的銷售權，並且在他有生之年，他有權從銷售總額中提取10%作為報酬。

羅恩斯坦提出的條件無疑是非常苛刻的，但是他能提供的幫助，卻能挽救施華洛世奇公司滅亡的命運，施華洛世奇公司沒有別的選擇，只

能接受羅恩斯坦的條件。

羅恩斯坦與施華洛世奇公司簽好了協議，馬上趕往法國司令部，鄭重申述：「我，羅恩斯坦，是美國公民，我剛與施華洛世奇公司達成協議，從現在起，這個公司已經歸屬於我，因而，施華洛世奇公司現在已屬於美國的財產，法軍無權對它進行處置。」

面對既成事實，法軍無可奈何，施華洛世奇公司由此保存下來。羅恩斯坦馬上設立了施華洛世奇公司的銷售代理公司。這家代理公司僅僅開開發票並沒有進行實質性的銷售活動，以此來確保10%的銷售額能成為羅恩斯坦的利潤。

把國籍當做商品進行交換，這也許只有徹底的把「生意就是生意」奉為信條的猶太商人才能想出的主意。在一般人眼裡，國籍是神聖的，他們會認為，用國籍來做生意，是對國籍的一種褻瀆嗎？

在別人走投無路之時，要脅別人屈從自己的條件，一般人都會把這種做法斥之為乘人之危。

但是，一個顯而易見的事實是，施華洛世奇家族在當時雖說是「勉強同意」，但在事後還是按照協議向羅恩斯坦支付了銷售額10%的利潤，且從未中斷過，這說明他們與羅恩斯坦的這筆交易，對其家族還是有利的。而且，羅恩斯坦的做法，也沒有明顯違犯有關法律的地方，否則的話，施華洛世奇家族也不會心甘情願的一直忍受著。

從「生意就是生意」這一信條的角度看，「國籍神聖」的觀念和「乘人之危」的道德考慮，都是迂腐的、多餘的自我束縛。當一般人面對著種種的道德倫理觀念，猶豫不決、舉棋不定的時候，他們已經把簽好的協議拿在手中了。

哈默在天然氣開採方面幾經失敗後，終於鑽探成功，這使他非常高興。於是他急急忙忙趕到太平洋瓦電公司，心中下定決定準備與這家公

司簽訂為期二十年的天然氣出售合約。但卻遭到拒絕，太平洋煤氣與電力公司三言兩語就把他打發走了。因為他們最近已經耗費鉅資準備從加拿大向舊金山修建一條天然氣管道，大量的天然氣可以從加拿大透過管道輸來。他們抱歉的告訴他他們不需要他的天然氣。這對哈默來說，無疑是當頭潑了一盆冷水，頓時手足無措。等他冷靜後，他就很快找到了一條釜底抽薪的辦法，以制服太平洋瓦電公司。

哈默趕往洛杉磯，因為太平洋瓦電公司把天然氣賣到該市，是直接的承受單位。他與該市的議員，繪聲繪色的描繪了他計劃從拉思羅普修築一條直到洛杉磯市的天然氣管道的設想，他打算比所有公司都低的價格供應天然氣，以此來滿足洛杉磯市的需求。議員為之心動，準備接受哈默石油公司的計畫。哈默這一辦法果然奏效，太平洋瓦電公司得到消息後，一下子就亂了方寸，很快找到哈默表示願意接受他的天然氣。這時的哈默可神氣了，他趁此機會提出了一系列很苛刻的條件，對方只好乖乖的接受。

哈默的成功之道就是抓住機會，敢想敢做。猶太人嗜錢如命，為了賺錢，他們絞盡腦汁，千方百計。

冒險越大，賺錢越多

商人應該十分的精明、幹練，要運用自己的精明，突破現實的障礙。做商業的人真正需要的就是精明，不懂得精明就是不會做生意。

猶太人善於精明，這讓他們在商界占盡了便宜，而他們也絲毫不掩飾自己的精明。他們自豪的坦言，只有精明才有錢賺。

當時，利比亞的財政收入不高。在義大利占領期間，墨索里尼為了尋找石油，在這裡大概花了一千萬美元，結果一無所獲。埃索石油公司在花費了幾百萬美元，收效甚微，正準備撤退時，卻在最後一口井裡打出油來。殼牌石油公司大約花了五千萬美元，但打出來的井毫無商業價

值。西方石油公司到達利比亞的時候，正值利比亞政府準備進行第二輪出讓租借地的談判，出租的地區大部分都是原先一些大公司放棄了的租借地。根據利比亞法律，石油公司要在最快的時間內開發他們的租借地，如若找不到石油，就必須把一部分租借地還給利比亞政府。第二輪談判中就包括已經打了很多眼的「乾井」的土地，但也有許多塊與產油區相鄰的沙漠地。

有來自九個國家的四十幾家公司參加了這次招標。其中有很多公司是「空架子」，他們希望拿到租借地後再轉租。另一些公司，其中包括西方石油公司，雖財力不夠雄厚，但或多或少都具有經營石油工業的經驗。利比亞政府允許一些規模較小的公司參加招標，因為它首先要免遭大石油公司和大財團的控制，其次再考慮資金有限等問題。

哈默雖然充滿信心，但前程難料，儘管他和利比亞國王私人關係良好。他這方面經驗非常不足，而且和那些一舉手就可以推倒山的石油龍頭相比，競爭實力懸殊太大，真可謂小巫見大巫。但決定成敗的關鍵不僅僅取決於這些。

哈默的董事都坐飛機趕來了，他們在四塊租借地招了標。他們的招標方式極其特殊，招標書採用羊皮證件的形式，捲成一卷後用代表利比亞國旗顏色的紅、綠、黑三色緞帶紮束。在正文中，哈默加了一條：他願意從尚未扣稅的毛利中拿出一部分錢用於利比亞的農業發展。此外，還許諾在國王和王后的誕生地庫夫拉附近的沙漠綠洲中尋找水源。另外，他還將進行一項可行性研究，一旦在利比亞發現水源，他們將同利比亞政府共同興建一座製氨廠。

最後，哈默獲得了兩塊租借地，這使那些強大的對手都很吃驚。因為這兩塊租借地都是其他公司耗鉅資後一無所獲而放棄的。

這兩塊租借地很快也成了哈默的煩惱。他鑽出的頭三口井都是滴油不見的乾孔，僅打井費就花了近三百萬美元，另外還有兩百萬美元用於地震探測和祕密向利比亞政府的官員交納的賄賂金。於是，董事會裡開

始有許多人把這項雄心勃勃的計畫叫做「哈默的蠢事」，甚至連哈默的知己、公司的第二股東里德也開始灰心了。

但是哈默的直覺促使一定要堅持下去。在和股東之間發生意見分歧的幾週裡，第一口油井出油了，此後另外八口井也出油了。這下可把公司的人樂壞了。這塊油田的日產量是十萬桶，而且還是不同平常的高級原油。更重要的是，油田位於蘇伊士運河以西，運輸非常方便。與此同時，哈默在另一塊租借地上，採用了最先進的探測法，鑽出了一口日產73,000桶自動噴油的油井，這是利比亞最大的一口油井。接著，哈默又出資1.5億美元，修建了一條日輸油量達100萬桶的輸油管道。而在當時，西方石油公司的資產淨值僅有4,800萬美元，足見哈默的膽識與魄力。之後，哈默又大膽併吞了好幾家大公司，等到利比亞實行「國有化」的時候，他的羽翼已變得強壯有力了。這樣，西方石油公司一躍成為世界石油行業的第八強。

哈默的一系列的成功，完全緣於他的膽識和魄力，他不愧為一個猶太大冒險家。

1921年的蘇聯，經歷了內戰與災荒，亟需救援物資，特別是糧食。哈默本來可以拿著聽診器，坐在乾淨的醫院裡，無憂無慮的安度一生。

但他厭煩這種生活。在他的意識裡，總認為那些未被人們認識的地方，才是值得自己去冒險、去幹一番大事業的戰場。他做出了一般人認為是發了瘋的抉擇，踏上了被西方看做是地獄的可怕的蘇聯。當時，蘇聯處在內戰、外國軍事干涉和封鎖下，經濟衰敗人民生活十分困難；霍亂、斑疹、傷寒等傳染病和饑荒嚴重的威脅著人們的生命。列寧領導的蘇維埃政權制定了重大的決策──新經濟政策，鼓勵吸引外資，重建蘇聯經濟。但很多西方人士把蘇維埃政權看作是可怕的怪物，對蘇聯充滿偏見和仇視。到蘇聯經商、投資辦企業，被稱為是「到月球去探險」。

哈默心裡對此當然也非常清楚，但風險大，其利潤就大，值得去冒

險。於是哈默在飽嘗大西洋航行中暈船之苦和英國祕密員警糾纏的煩惱之後，終於乘火車到達了蘇聯。沿途景象慘不忍睹：霍亂、傷寒等傳染病流行，都市和鄉村到處有暴露的屍體，專吃腐屍爛肉的飛禽在頭頂上盤旋。哈默痛苦的閉上眼睛，但商人的精明告訴他：被災荒困擾著的蘇聯目前最亟需的是糧食。他又想到這時美國的糧食大豐收，而價格卻慘跌到每蒲式耳一美元。農民寧肯把糧食燒掉，也不願以這樣的低價送到市場出售。而蘇聯這裡有的是美國需要的毛皮、白金、綠寶石等。如果能夠讓雙方進行交換，豈不兩全其美？從一次蘇維埃緊急會議上，哈默獲悉蘇聯需要大約一百萬蒲式耳的小麥才能使烏拉爾山區的饑民渡過災荒。當機立斷，哈默立刻向蘇聯官員建議，從美國運來糧食換取蘇聯的貨物。雙方很快達成協議，初戰告捷。

很快，哈默成了第一個在蘇聯經營租讓企業的美國人。此後，列寧賦予了他更大的特權，讓他負責蘇聯對美貿易的代理商，哈默成為美國福特汽車公司、美國橡膠公司、艾利斯‧查理斯機械設備公司等三十幾家公司在蘇聯的總代表。生意日漸擴大，他的收益也越來越多。他存在莫斯科銀行裡的盧布數額讓人難以置信。

第一次冒險使哈默嘗到了很大的甜頭。於是，「只要值得，不惜血本也要冒險」成了哈默做生意的最大特色。

高風險，意味著高報酬。只有勇於冒險的人，才會擁有人生的輝煌；只有膽識過人，面對風險樂觀從容，知難而進、逆流而上的人，才會贏得出人意料的成功。

勇於抓住財富機會

在我們一生中，機會像流星一樣稍縱即逝。它燃燒的時間雖然很短，但散發出的能量卻非常龐大。尤其是在追求財富的過程中，也許只有那麼一次小小的機會，就能讓我們大發其財，成為鉅富。猶太人總是

第一篇　商場智慧：猶太人致富的經營之道

這樣鼓勵對方：「試著去做一件自己早就想做但總是沒有勇氣去做的事，你的人生會煥然一新。」

有一個叫菲勒的猶太富翁，他活了七十七歲，臨終前，他讓祕書在報紙上發布了一個消息，說他即將去天堂，願意替逝去親人的人帶口信，每人收費一百美元。這消息看似荒唐，卻引起了無數人的好奇心，結果他賺了十萬美元。如果他能在病床上多堅持幾天，可能賺得還會更多。他的遺囑更是離奇，他讓祕書又登了一則廣告，說他是一位禮貌的紳士，想找尋一位有教養的女士共居一個墓穴。結果，真有一位貴婦人願意出資五萬美元和他一起長眠。

這就是「愛財如命」的猶太人，就算在生命的最後一刻和生命結束後也盡量爭取每一個賺錢的機會。在猶太人的眼裡，上帝是萬能的神，金錢就是上帝賜予的禮物。崇拜上帝，敬慕上帝是他們生命中萬萬不可缺少的。

猶太人的精明看起來很神奇，其實說白了，不過是換個角度思考問題而已。一個事物都是有其兩面性的，我們經常看到的僅僅是其中的一個方面，而把另一個方面忽略了。如果能跳出大家的慣性思維的限制，多從別人經常忽略的地方看問題。往往就有出其不意的想法。

他們理直氣壯的告訴大家：精明就要堂堂正正，這沒有什麼錯誤。其他民族的人經常對精明的人懷有敵意，認為他們難於對付，其實只是因為他的心志不如別人聰明，由佩服別人的機智轉為敬畏別人的精明。

精明既沒有違反法律，也不會妨礙自己的道德。猶太人只是用很巧妙的辦法，解決了對別人而言很困難的事情。而這種精明是大家所接受的，大家也很歡迎這樣的精明。這就是猶太人的精明觀。他們明確的告訴顧客「我要賺錢」，他們讓別人清清楚楚的看著他們怎樣賺錢。

在商務中，猶太人總是很謹慎的應付每一筆生意，對每一筆生意都非常重視，他們不會因為任何原因而忽略每一筆生意所能獲得的利潤。他們的生意名言就是「每次生意都是初交。」

有一個故事就是說了一個法國人因粗心大意而被不會輕易相信別人的猶太人所戲弄：

在法國商界有個很著名的商人請一位猶太畫家吃飯，賓主落座之後，在等菜的時候，畫家由於無事可做，想練練筆，於是，就替坐在旁邊的餐館女主人畫速寫。

很快，速寫畫好了，他把自己的畫遞給法國人看。他畫得果然不錯，畫上的女主人被他畫得形神兼備維妙維肖，法國人看了連聲稱讚：「太棒了！太棒了！」

聽到法國人的誇獎，猶太畫家就對著法國人，開始在紙上勾勾畫畫起來，還不住的向他伸出大拇指。

法國商人一看猶太畫家如此架勢，知道這回畫的是自己，於是他迅速擺好姿勢，讓猶太人畫家畫他。

法國人一動不動的堅持坐著，看著畫家一會在紙上勾畫，一會又向他豎起大拇指，足足有十幾分鐘，「好了，畫好了！」畫家停下筆來說道。

聽到這話，法國人鬆了一口氣，迫不及待的上前查看。結果卻大吃一驚：原來畫家根本不是在畫那位法國商人，而是他的左手大拇指！

法國商人有點氣憤的說：「我特意擺好姿勢，你……卻捉弄人。」

猶太畫家卻笑著說道：「我聽說你做生意很精明，所以才特意考考你。你看我第一次畫了別人，怎麼就能肯定我第二次一定畫的定是你呢？要知道我們猶太人做什麼都是和第一次不一樣的啊，從這裡可以看出，你太輕易相信別人了，這點比我們猶太人可差遠了。」

法國商人不禁連連點頭，開始佩服這個猶太畫家了。

第一篇　商場智慧：猶太人致富的經營之道

猶太人就是這樣，從來不相信上一次的合作夥伴。就算他們合作十分融洽，到了下一次的生意上，他們還是一樣認真的和對方談，那真是斤斤計較，似乎上次的合作從來沒有過一樣。

猶太人和對方合作的時候，會表現顯得十分親熱，熱情的請你吃飯，親切的和你交談，極力和你套近乎。他們通常殷勤的勸酒，和你稱兄道弟，吃飯的氣氛十分熱烈與親密。他們覺得這樣才顯得隆重和友好。

但是，一旦離開餐廳，進入了談判的時候，他們便沒有了半點的情面，絲毫不念剛才大家是如何「情同手足」的，寸步不讓，你休想占到他們任何便宜。生意做完了，人情也就結束了。

猶太人就是這樣，無論合作夥伴有多熟悉，上一次合作有多成功，都不會放鬆對這次生意的各項條件、要求的審視。他們習慣於把每次生意都當做是一次獨立的生意，把每次接觸的商務夥伴都看做是第一次合作的夥伴。

其他民族的人對猶太人這種做事情的邏輯也許感覺很奇怪，但是他們卻正是靠著這種奇怪的邏輯賺取了大量的金錢。

由於他們對任何人都是一視同仁，所以不會因對方先前的印象而掉以輕心。任何人都不會由於熟人的面子而讓他們掉進陷阱。他們更不會僅憑一面之交的熟人面子而輕易動心，從而相信他們所說的話，也不會因為上次合作的一些小「成功」而忽視這次的利益，更不會輕易上別人的圈套。他們隨時把「每次都是初交」作為自己經商活動的座右銘。保證自己第一次千辛萬苦爭取來的盈利，不至於在第二次生意中因為念及舊情而做出的讓步所斷送。生意就是生意，容不得「溫情脈脈」，否則第一次就沒有必要斤斤計較。

猶太商人深知，由於人情是作用於人的潛意識層面，往往被人們隨意的忽略了，而其厲害之處就在於沒有人意識到去糾正它，直到結果出來了，才在大失所望甚至絕望之餘，不無懊悔的察覺自己的疏忽。

所以，「每次都是初交」實在是猶太商人在漫長的歷史時期中，由活生生的商業活動而得出的精明，而其適用範圍竟然已經到達潛意識層面。只有一個創立了精神分析學的民族商人，才會在這種極其細微、極不容易覺察的地方，保留異常清晰的認識，並且駕輕就熟、遊刃有餘。這真是一條保持內心平衡、不被他人策動的精明。

有意思的是，猶太商人對自己都要做到「每次都是初交」，不為別人策動；但對別人，猶太商人則精明的利用對方因「第二次」的先入之見來策動別人。

挫折並不可怕

西爾斯·羅巴克公司是全美最大的百貨公司，羅森沃德是該公司最大的股東，也是全美二十世紀商界的風雲人物。然而，這個做服裝生意起家的富翁也經歷了許多創業時的失敗與艱辛。

西元1862年，羅森沃德出生在德國的一個猶太人家庭，少年時隨家人移居北美，在伊利諾州春田市定居。

羅森沃德的家境不好，為了維持生活，中學畢業後，就到紐約的服裝店當跑腿，做雜工。從年幼時羅森沃德就受猶太人的教育影響，擁有了艱苦奮鬥的精神。他確信凡人皆有出頭日，一個人只要選定了目標，然後堅持不懈的朝著目標前進，百折不撓，勝利一定會酬報有心之人。羅森沃德本著這種精神，十分賣力的賺了幾百塊美金。

「我要當一個服裝老闆。」這是羅森沃德的奮鬥目標。為了達成這個確定的目標，他除了在工作中留心學習和注意時事外，利用全部的業

餘時間來學習商業知識，閱讀有關的書刊。到西元1884年，他自認為有些經驗和小額本金了，決定自己開家服裝店。可是，他的商店門前稀稀落落，生意極為慘澹。經營了一年多，把多年辛苦積攢的一點點血汗錢全部賠光了，商店只好關門。羅森沃德懊惱的離開紐約，回到了伊利諾州。

　　痛定思痛，羅森沃德苦苦尋找自己失敗的原因。最後，他發現：服裝是人們的生活必需品，但也是一種裝飾品。它應該在實用的基礎上，加上新穎的特色，這樣才能滿足各種客戶的需求。而自己經營的服裝店，既沒有自己的特色，也無任何新意，再加上自己的商店還沒有一份聲譽，缺乏銷售管道，那是注定要失敗的。針對自己出師不利的原因，羅森沃德決心改進。他毫不氣餒，繼續學習和研究服裝的經營辦法。他一邊到服裝設計學校去學習，一邊到服裝市場進行調查，特別是對世界各國時裝進行專門研究。一年後，他對服裝設計頗有心得，對市場行情也看得較為透澈。於是，決定東山再起。

　　他向朋友借來幾百美元，先在芝加哥開設了一間只有十幾平方公尺的服裝加工店。他的服裝店除了展出他親自設計的新款服式外，還可以根據顧客的需求對已定型的服式進行改進，甚至可以完全按顧客的口述要求重新設計。因為他的服裝設計款式多，新穎精美，再加上靈活經營，很快就引來了眾多的客戶，生意十分興旺。兩年後，他把自己的服裝加工店擴大了數十倍，把服裝店改為服裝公司，開始大批量的生產。從此以後，他便財源旺盛，聲名鵲起。

　　在人生的遊戲中，失敗會時常伴隨你，每個人都不必悲觀，因為失敗並不代表沒有希望，相反，「失敗」是成功之母，活用失敗與錯誤，是自我教育和獲得提高的有效途徑。商場如戰場，所有成功的背後都可能有很多失敗的辛酸。作為商人，面對失敗，就應該像愛迪生那樣坦然而絕不氣餒。愛迪生一生有上千項科技發明，當有人問他經過許多次試驗

卻失敗的時候,是否會灰心喪氣,他回答說:「不,我放棄了錯誤的試驗,可以採取新的方法,絕不沮喪!」的確,面對失敗,一定要記住,不應氣餒!現代管理學有一種說法就是:失敗就是我們的學習曲線和經驗曲線的引數,只有歷經失敗,我們才會汲取教訓和累積經驗,為下一次做準備。

準確判斷與正確經營,才會賺得財富

　　1900年代初,史韋達跟隨父親從東歐移居到美國。一開始,他的父親在紐約開了一家雜貨店,但是經營狀況非常不佳。於是,他又搬到芝加哥從事別的買賣,但又失敗了。因為他的父親借了很多錢,已經無法回頭了,就全國各地跑。最後,他在科羅拉多州的迪邦市開了一家蔬菜店,還是沒有盈利。看樣子,他又要嘗試做別的工作了。史韋達看到因日夜奔波而面容憔悴的父親,就說:「讓我來經營吧。」

　　當時,迪邦是著名的療養勝地,每年客人都絡繹不絕。在蔬菜店的門口就能看到客人拎著手提箱從停車場出來,走向療養地。如果再仔細觀察,多半回來的客人,手提箱都壞了,只用一根拎帶綁著。他觀察到這一點,就把父親的蔬菜店改成了皮包店。真是近水樓臺先得月,這間店因為臨近停車場而使皮包的銷售量大增。

　　最初,是紐約的皮包製造商為其供貨。很快的,他們就爭相向史韋達的店供貨。僅僅兩年的時間裡,史韋達店的皮包銷量就在全美首屈一指,店鋪的規模也變得日益壯大。如果去看史韋達的總店,就會發現它僅是一個蓋在農村的平房,但裡面卻有紐約最新潮的及名家設計的皮包。就這樣,他的店開始遠近揚名。

　　在這期間,大生產商都會找時間和史韋達見面,對他表達感謝之

情。有一次，他們決定在紐約宴請史韋達。在史韋達到達的那一天，各個公司的代表或總經理都來到紐約鐵路的終點站迎接他，那景象好像是紐約經濟團體的大聚會。但當大家看到從列車上下來的史韋達竟然是一位十六歲的少年，都吃了一驚。這就是史韋達商會的總經理！

再往後，史韋達決定自己製造皮包。他開始專注於製作即使遭受碰撞也不易破損的堅固皮包。他稱自己製作的皮包為「參孫」。為什麼呢？他在小時候，一直被一個《聖經》的故事感動著，主角是一個具有超凡能力的英雄，名字叫「參孫」。他對這個名字一直牢記在心，所以就用它替自己的產品命名，以此來紀念自己兒時的夢。在他的店前駐足的客人都極度挑剔，正是如此，催生了「參孫」這個品牌的契機。

如果我們要說猶太人的經商法則，那就是：正視和把握現實，並對現實進行合理的判斷，最後靠個人的奮鬥取得成功。可能會有讀者認為這沒有什麼特別之處。其實，經商法則從來就是準確判斷時機和正確經營，這樣做生意就不會太難了。

賺取「嘴巴」上的錢

《塔木德》上說：「任何東西到了商人手裡，都會變成商品。」對這句話真正切實厲行的也只有《塔木德》的忠實信徒猶太商人了，他們早已把合約、公司乃至文化、藝術甚至於他們的耶和華上帝都商品化了。

善於觀察的猶太人發現：不管什麼入口的東西，必被胃酸消化而最終排出體外。小到一個一美元的雪糕，中到一盤五美元的炸雞腿，大到百元、千元的餐飲，無不是經過幾個小時之後，變成了廢物排泄而出。想想賣出去的東西，總是當天就會被消費掉，這種東西除了食品以外，還能有別的東西嗎？人們的生存總是需要持續的吸收能量、消耗能量才

可以支撐。人要繼續活下去，食品就要不斷的被消費，能提供人體所需能量的只有食品。

因此，食品的突出優點就是，它的盈利是經常的，沒有止境的，因為口腹之慾是人要生存的最基本條件。人的胃口是一個永遠也填不滿的黑洞，更沒有一樣消費品能像食品這樣，需要天天消費，讓人頓頓馬虎不得。所以，猶太人認為吃的東西絕對賺錢。正是看準了這點，很多猶太人在長期的漂泊中站穩了腳跟。於是以滿足生存問題和口腹之慾的食品生意一直長久不衰。大者如旅館、飯店；中者如餐館、酒樓、菜館、酒吧、卡拉OK；小的如水果店、蔬菜攤、肉鋪；以及再加工的食品，火腿腸、漢堡、牛肉餡餅、三明治、肯德基；還有可樂、啤酒、果汁、餅乾、奶粉。尤其是現代人，都知道了營養和健康之間的重要關係，吃飯不僅要吃飽，還要吃好，講究營養。現代科學甚至說：「你食用什麼樣的食物，就決定了你是什麼樣的人。」更是把這個浪潮推向了頂點。為了自己的健康，人們更注意天然的綠色食品。這一新興的現代理念不知道成就了多少企業。食品永遠是商人獲取龐大財富的重要來源。

一個猶太人靠經營馬鈴薯發了財，並且躋身當今世界上一百位最有錢的富翁之列，他就是大名鼎鼎的「馬鈴薯大王」辛普洛特。

第二次世界大戰爆發後，辛普洛特得知作戰部隊需要大量的脫水蔬菜。他感覺這是一個絕佳的賺錢機會，於是把當時全美最大的一家蔬菜脫水工廠買了下來，專門加工脫水馬鈴薯供應軍隊，辛普洛特從此走上了靠馬鈴薯起家的道路。

1950年代初，一家公司的化學師第一個研製出了凍炸馬鈴薯條。在當時卻遭到了很多人的輕視。有的人說：「馬鈴薯水分占四分之三以上，假如把它冷凍起來，就會變成軟糊糊的東西。」可是辛普洛特對此卻有獨到的看法，認為這是一種很有潛力的新產品，即使冒點風險也值得。

於是大量生產，果然不出所料，「凍炸馬鈴薯條」在市場上很暢銷，並成為他盈利的主要來源。

後來，辛普洛特發現，「炸馬鈴薯條」並沒有把馬鈴薯的潛力徹底的開發出來。因為，馬鈴薯經過分類、去皮、切條和光感測器去掉斑點等一系列精細程序後，只有一半得到利用，餘下的通常都被扔進了河裡。辛普洛特考慮把馬鈴薯的剩餘部分再加以利用呢？不久，他把馬鈴薯的剩餘部分摻入穀物用來做牲口飼料，單是用馬鈴薯皮就飼養了十五萬頭牛。

1973年年底，爆發了石油危機，代替石油的能源是形勢的需求。辛普洛特瞄準了這個難得的機會，把馬鈴薯製造成以酒精為主要成分的燃料添加劑。這種添加劑能夠提高汽油的燃燒值和降低汽油燃燒所造成的污染，頗受用戶歡迎。為了做到物盡其用，辛普洛特又用馬鈴薯加工過程中產生的含糖量豐富的廢水來灌溉農田，他還把牛糞收集起來，作為沼氣發電廠的燃料。

辛普洛特構築了一個龐大的馬鈴薯帝國。他每年銷售經過加工的馬鈴薯有十五億磅，其中有一半供應麥當勞速食店做炸馬鈴薯條。他從馬鈴薯的綜合利用中，每年獲取的利潤高達十五億美元。如今辛普洛特究竟擁有多少財富，難以計數。

賺取女人的錢財

猶太人經商，將商品只分為兩種：「女人」和「嘴巴」。

這是猶太人經商法四千年的公理。因為是公理，所以毋須再證明。

如用若干說明來代替證明，就是這樣：

猶太人的歷史，從《聖經·舊約》截止到1972年，正是5,732年。在猶太人的月曆上，就印有「5732年」的字樣。猶太人五千多年的歷史告訴我們，男人工作賺錢，女人使用男人所賺的錢，以此來維持生活。

所謂經商法,就是要席捲別人的錢。

所以不論古今中外,要想賺錢,就必須以女人為主要目標,來奪取她所持有的錢。這就是猶太人經商的公理。所以「瞄準女人」,就成為猶太人經商法的格言。

自認為經商才能超於常人的人,如瞄準女人經商時,定會成功。若感覺這是說謊而不相信時,不妨一試,絕對會賺錢的。

反之,經商若想席捲男人的錢,則要難上十倍以上,因為男人根本就未持有金錢,更準確來講,就是沒有消費金錢的許可權。

以上所述,可以看出以女性為對象的生意容易做。

就像特別閃耀發光的鑽石、豪華的女用禮服、戒指、別針及項鍊等服飾用品以及女用高級皮包等商品,都附帶有相當的利潤,來等待商人們親近它。只要商人運用它,就會賺得滿皮包的鈔票。

萬物皆蘊含著商機

1970 年代,尤伯羅斯(Ueberroth)是北美第二大旅遊公司的老闆,但在業界之外,幾乎沒有人聽說過他。雖然他曾經投票反對把納稅人的款項用於奧運會,但由於他愛好體育,具有創建、發展和管理大型企業的經驗,且精通全球公關事務,從而被一家名為科恩‧費里國際公司的體育經紀公司所看中,遊說他參與競爭洛杉磯奧運會組委會主席的職位,並一舉成功。

尤伯羅斯上任之初,沒有人願意出租辦公室給奧組委,因為擔心他們付不起房租。他只好自己花費一百美元為奧組委開了個帳戶。當時奧組委可謂困難重重,因為洛杉磯市政府禁止提供公共基金,加州又不准發行彩券,而這兩者都是奧運會籌款的傳統模式。精於算計的尤伯羅斯

於是用上了他所熟悉的種種商業手段：出售奧運會電視轉播權，獲得36億美元資金；與可口可樂等公司大打心理戰，贏得超出預計的860萬美元贊助費；甩掉只肯出價100萬美元的柯達公司，接受日本富士公司700萬美元的贊助合約等等。比起上屆莫斯科奧運會的381家贊助商，此次洛杉磯奧運會贊助商共有三十家。但上屆奧運會的900萬美金贊助，還不敵此次可口可樂公司一家的贊助。

尤伯羅斯的一系列措施，改變了奧運會賠錢的歷史。更重要的是，儘管洛杉磯奧運會受到了蘇聯等國的抵制，尤伯羅斯的努力讓包括羅馬尼亞、中國在內的一百四十幾個國家和地區參加了比賽，並為1988年漢城（今首爾）奧運會的舉辦成功奠定了良好的基礎。正是因為尤伯羅斯對現代奧運做出的突出貢獻，1984年他獲得了國際奧會頒發的傑出奧運組織獎。

雖然萬物可商，真要做到最好卻要商眼銳利，敏於先機。因為思想非凡，因為智識過人等諸方面的原因。這些在一般人百求難得的東西卻是猶太商人的特長。包括剛提到的奧運會，現代世界的許多原先非商性領域，大多是在將興未興之時，被猶太商人率先開啟閘門而納入商業世界的，比如娛樂業、收藏業等。

敏銳的捕捉資訊，利用資訊賺錢

猶太人似乎很早就懂得了這個道理，他們知道了資訊的重要性。並很早就開始利用資訊賺錢了。在猶太人的語言——希伯來語中，資訊和「經營活動」常常是一個意思。也許是受到了這一意思的啟示，猶太大亨把資訊看得極度重要。

亞默爾肉類加工公司的老闆菲普力·亞默爾有天天看報紙的習慣。無論生意多麼繁忙，但每天早上他只要到了辦公室，就會看祕書為他送來的當天各種報刊。

在1875年初春的一個上午,他像往常一樣細心的翻閱報紙,一條不顯眼的不過百字的消息牢牢的吸引住了他的目光:墨西哥疑有瘟疫。

亞默爾眼睛頓時一亮:墨西哥如果發生了瘟疫,就會很快傳到加州、德州,而加州和德州的畜牧業是供應北美肉類的主要基地,這裡若是發生瘟疫,全國的肉類供應就會縮減,相應的肉價肯定就會飛漲。

他立即派人到墨西哥進行實地調查。幾天後,調查人員回電,證實了這一消息的準確性。

亞默爾放下電報,立即調集大量資金收購加州和德州的肉牛和生豬,運到離加州和德州較遠的東部餵養。兩三個星期後,瘟疫果然從墨西哥傳染到聯邦西部的幾個州。聯邦政府立即嚴令禁止從這幾個州外運食品,北美市場的肉立馬供不應求、價格暴漲。

亞默爾抓準時機,高價出售了囤積在東部的肉牛和生豬。短短的三個月他淨賺了900萬美元(相當於現在1.3億美元)。這條消息讓他賺取了豐厚的利潤。

亞默爾的成功不是偶然的,這是他長期看報紙、累積資訊的原因。他手下有幾位專人為他負責收集資訊,他們的教育程度都比較高,長於經營,管理經驗也豐富。他們每天都在收集全美、英國、日本等世界的幾十份主要報紙,看完後,再將每份報紙的重要資料一一分類,然後對這些資訊做出評價,最後才由祕書送到辦公室來。

如果他認為某條資訊有價值就和他們共同研究。這樣,他在生意經營中就會因資訊準確而屢屢成功。

另一位猶太鉅富羅斯柴爾德的第三子納坦(Nathan),也是因為注重資訊,竟然僅僅在幾小時之內,賺了幾百萬英鎊。

西元1815年6月20日,倫敦證券交易所一大早便充滿了緊張氣氛。因為昨天,英國和法國進行了決定兩國命運的戰役——滑鐵盧之戰。很

明確,如果英國獲勝,英國政府的公債將會暴漲;若是法軍獲勝,英國的公債定是一落到底。此時,每一位投資者都心知肚明,只要能比別人早知道哪方獲勝,哪怕半小時、十分鐘,甚至幾分鐘就可以大賺一把了。

戰事發生在比利時首都布魯塞爾,路途遙遠當時還沒有無線電,沒有鐵路,資訊主要靠快馬傳遞。對方的主帥是鼎鼎大名的拿破崙。前幾次的幾場戰鬥,英國都失敗了,英國獲勝的希望不大。

大家都在看著納坦的一舉一動,他還是習慣的倚著廳裡的一根柱子——大家都把這根柱子叫做「羅斯柴爾德之柱」了。

這時,納坦面情淡然的靠在「羅斯柴爾德之柱」上,開始賣出英國公債了。「納坦賣了!」這條消息馬上傳遍了交易所,所有的人死心塌地的跟進,暫態英國公債暴跌,納坦還在拋出。

公債的價格跌得不能再跌了,納坦突然開始大量買進。

「納坦到底在做什麼,他在耍什麼花樣?」大家紛紛相互低語。

此時,官方宣布了英軍大勝的捷報,交易所又是一陣大亂,公債價格又暴漲,而納坦此時已經悠然自得的靠在柱子上,欣賞這亂哄哄的場景了。他狠狠的發了一大筆財!

納坦哪來的勇氣這麼大膽買賣?萬一英軍戰敗,他不是要大大的損失了嗎?

可是,誰也不知道,納坦擁有自己的情報網!

原來,羅斯柴爾德共有五個兒子,遍布西歐的各主要國家,他們都非常重視資訊,把資訊和情報看做是家族繁榮的命脈,所以他們別出心裁的建立了橫跨整個歐洲的專用情報網,並不惜花大錢購置當時最快最新的設備,從有關商務資訊到社會熱門話題無一遺漏,而且情報的準確性和傳遞速度遠超過英國政府的驛站和情報網。因此,人們稱他為:「無所不知的羅斯柴爾德」。正因為有了這一高效率的情報通訊網,才使納坦比英國政府搶先一步獲得滑鐵盧的戰況。

這個搶先靠資訊發大財的故事足以能證實情報和資訊對於生意人的重要性。

研究資訊，注重資訊，是猶太人走向成功的手段之一，他們總是依據最先的消息，快速出擊，當別人還處於模糊階段時候，他們就已經大賺了；等別人清醒的時候，他們就收場了；輪到別人進來的時候，就只好替猶太人收拾戰場了。

身邊有人，就有生意

猶太人長期沒有國家，這使他們生來就是世界公民；猶太商人沒有專一的市場，這使他們生來就是世界商人。猶太商人聲東擊西、轉戰南北、涉足廣泛，做成了一筆又一筆的大大小小的貿易。只要和猶太人做生意，誰都是朋友。

為錢走四方是猶太人的天性。他們不僅自己天馬行空，四處遊足，販進賣出，而且還鼓勵別人這麼做。資本主義世界市場形成後，猶太人不僅停止在小打小鬧了。他們遍及世界的各個角落，販布帛，賣珍珠，做四方的生意，賺取八方的錢財。

一個經濟神話是這樣寫猶太人的：猶太人控制著社區的、家庭的，還有全世界的銀行、貨幣供應、經濟和商業。猶太人是純粹的世界性的商人。

猶太人有兩大生意經：

一是誰都可以賺到錢；

二是任何時候任何地方都可以賺到錢。

威爾森是猶太人，頭銜是中士，但在尋常生活中，他過的卻是上層生活，遠比中士優渥得多。原因很簡單，他口袋中總是鼓鼓囊囊的塞滿了錢。

可是，錢從何而來呢？

錢就在身邊，在身邊人的口袋裡。身邊總有一些人平常花錢比較多，未到發薪水的日子就囊中空空，於是威爾森就替他們貸款，並要他們支付高額利息。

那些人為了應急只得如此。對許多人發放高利貸，讓威爾森月月有很高收入。因為每到開資的日子，威爾森會毫不留情的收回本息。如果有人還錢困難，他就與其磋商，讓其以相應的物資折價扣留，以作貸款抵押和利息，然後再將這些物資高價倒賣出去。

威爾森真是精明，翻著跟斗賺錢呢。若像威爾森這樣的人沒有錢，誰還會有錢呢？

在很短的時間內，威爾森便買了兩部車，而且在別墅區包養了一位漂亮女人。每逢節假日，威爾森就駕車帶著女郎去遊覽風景勝地。

這種生活，並不是所有的將校官員隨便都可以擁有。但是只有中士頭銜的威爾森卻享受著這樣的生活。

他靠的無非是錢。而錢來源的方式大家也一目了然。

猶太人的生意觀和享樂觀由此可見一斑。

我們並不是在勸導大家都去學威爾森，向身邊的人大放高利貸，然後帶著女人四處遊玩，而是要告訴大家猶太人靈活的頭腦值得我們學習，還有那見縫插針的賺錢術。

華人有華人的觀念和面子，而現實的商場卻不照顧這些。我們只好放下面子，改變觀念，學會一些簡單易行的賺錢辦法。

猶太富豪處世守富

猶太人愛若和英國人布若幾乎在同一時間受僱於一家超級市場，剛開始大家都一樣，做著最底層的工作。可是不久後愛若受到總經理青

睞，受到不斷的提拔從領班直到部門經理。布若卻像被人遺忘了，還處在最底層的職位。終於有一天布若難以忍耐了，向總經理提出辭呈，並痛斥總經理狗眼看人低，辛勤工作的人不提拔，倒提升那些溜鬚拍馬的人。

總經理耐心的聽著，他了解他，工作肯吃苦，但總是覺得他缺少了點什麼，缺什麼呢？三言兩語說不清楚，說明白了他也不服，看來⋯⋯他忽然有了個主意。

「布若先生，」總經理說，「您即刻到集市上去，看看今天有賣什麼。」

布若很快轉回來說，集市上只有一個農夫在賣一車馬鈴薯。

「一車大約有多少袋？多少斤？」總經理問。

布若又回到集市上，回來說有十袋。

「價格多少？」布若再次跑到集市上。

總經理望著累得上氣不接下氣的他說：「請先休息一下吧，你可以看看愛若是如何處理的。」說完叫來愛若，對他說：「愛若先生，你馬上到集市上去，看看今天有賣什麼。」

愛若很快從集市回來了，匯報說截止只有一個農夫在賣馬鈴薯，有十袋，價格適中，品質很好，他帶回幾個讓經理看。又說這個農夫過一會兒還會拉幾筐番茄來賣，據他個人看價格還算公道，可以進一些貨。他認為這種價格的番茄總經理可能會採購，所以他不僅帶回了幾個番茄做樣品，還把那個農夫也帶來了，他現在正在外面等著回話。

總經理看一眼紅了臉的布若，說：「現在你明白為什麼愛若受到提拔了吧？」

錢在富人手裡

在這個世界上，財產的分布並不是絕對的公平和平均的。

據初步統計，富有的人占世界人口的 22% 左右，但所持有的財產卻占總財產的 78%；而貧窮的人占 78%，而手中的財產卻只占有總財產的 22%。

這占有 78% 財產的 22% 的人，就是賺錢的主要對象。

如果你擁有公司，就請多與這些人建立交往關係，多與他們建立業務往來。他們賺大家的錢，你也賺他們的錢。

在國外，稅務部門每年要發表富人的納稅情況，這是你選擇生意對象的絕佳時機，你一定要把握住，千萬別錯失良機，否則你就失去了金錢。

藤田先生，被稱為「銀座的猶太人」，有一年在過年的時候，想和一家商店合作，租一個銷售櫥窗來做珠寶買賣，結果遭到拒絕。理由是：傻瓜才會在這年關即至的用錢時節拿鉅款來買珠寶呢！

藤田並不死心，到另家租來了櫥窗，展開了珠寶買賣。

美國紐約的珠寶商大力供貨，並於年底舉行大拍賣，出人意料之外，一炮打響，珠寶成了非常流行的商品。並且還創下了一日賣五千萬日圓的紀錄。

先前那個店主很後悔，重新找藤田交涉合作。藤田當然同意，因為他的生意已經需要擴大發展了。

藤田之所以成功，有兩個關鍵：第一他瞄準了有錢人；第二利用了人們難以滿足的消費欲望。

有錢人買珠寶既為了擺闊又為了保值和增值。物價上漲珠寶也跟著漲價，而且幅度遠遠超過物價的漲幅。

這種保值消費觀念也同時帶動和促進了中等階層以上的人們，他們也紛紛掏腰包購買珠寶。

買珠寶的時候，他們既把自己當做了一位富翁，又感覺什麼也沒有損失，兩全其美，何樂而不為呢？

藤田的成功深深的啟示我們：不要用下一層的眼光去看待上層人。

上層人闊綽，闊綽的人觀念與貧窮的人完全不同。

偵察和掌握不同階層人物的觀念和思維方式，是做大生意的人一定要特別予以重視。

賺取兒童的錢

孩子已經成為人類的上帝，是全世界的普遍狀況。

孩子的消費是無可辯駁的。雖然孩子是直接消費者，但掏錢的卻是大人，孩子的父母或者親戚。

一般來說，大人對孩子的欲望，大人總是盡量予以滿足。孩子的高興和幸福大人的高興和幸福，試問天下哪一對父母看著親生孩子高興和幸福而臉上會露出不高興的表情呢？

除了感情方面的因素之外，還有一項重要的緣由就是責任。即在法律上父母有撫養子女成人的直接責任。

孩子的日常吃住穿行都得由父母來照管。另外，父母還肩負著培養子女成人的重大責任。就是說孩子所有的學習用品也得靠父母來經手辦理。

於是從嬰兒開始，商品就開始環繞著他們。高級奶粉，品種繁多的高級營養粉，童車，玩具包括後來的兒童圖書、學習機、遊戲機等等，都成為生意人關注的一大中心。各種兒童用品的生產和銷售也就如雨後

春筍般,迅速占領市場。而新的有利於兒童智力開發的產品又正在源源不斷的研究與生產。

兒童的世界是五彩繽紛的。這燦爛多彩的世界背後隱藏著生意人智力的較量。生意人並不是在投機,而是為這些小「上帝」的成長做著有意義的事情,同時,他們也能得到豐厚的商業利潤。

錢在居住間

如果在戰爭期間出現大量的難民,那你只要拿出幾個帳篷,也能賣個好價錢。因為遮風避雨的房屋是人們生活的必需品。

和平年代中,經營房地產也是最賺錢的買賣。蓋小房子賺小錢,蓋大房子賺大錢。蓋大機構的辦公室、工廠、橋、體育館那更是賺錢。由房地產業輻射開去,連鎖性質企業簡直多得不得了。

建築材料包括:磚、瓦、水泥、鋼筋、瀝青、瓷片、裝飾料、照明燈具、木材、炊具、廁所用具、洗澡用具……真是不勝枚舉。而其中任何一項行業,都有發不盡的財。

尤其是目前,人類更注重生活品質,對房屋的設計建築裝飾要求愈來愈高,豪華別墅也紛紛湧現。而每間、每棟房屋和每座別墅從設計到施工,都蘊藏著財富。

當然,不可能人人都去做房地產商人。當你沒有這個綜合能力的時候,你可以選其中一項來專門經營,或磚瓦、或水泥、或鋼材、或門窗製作、或裝飾、或木材……任何一項,只要經營成功都會賺大錢。因為房地產業是一個長久不衰的行業,需貨量供不應求。

當你發了大財翅膀變硬具有綜合實力時,你再轉而經營房地產也不為遲。

不管在哪個國家，房地產行業都是一個非常盈利的行業。香港的霍英東就是從美國撤軍時開始經營房地產而發家致富的。

日本的情況尤其如此，人多地少，人口密度大，地價異常昂貴，可以說是寸土寸金。猶太人獨具慧眼，迅速打入日本房地產經營業，就連小小的停車場都不放過。設計建造經營，實行一條龍服務。

猶太人見縫插針的銳利眼光是值得學習的。

他人耕種，我來收獲

享有「銀座的猶太人」稱號的藤田先生遇到了這樣的事情。

猶太人在商戰中以獲取最大利益為主要目的。只要能謀取大利，猶太人甚至連自己的公司都敢賣掉。

猶太人毫不以此為恥。因為公司本身就是大商品，既是商品，就可買賣，沒有半點可奇怪的。

整體而言，這還算是有本買賣。

猶太人更絕的是，敢做商品的無本買賣，這就是買賣商業契約。

在猶太人的眼裡，公司和契約都是商品，於是有人專門從事買賣契約的生意。他們購買契約後替賣方履行契約條款，一絲不苟，並且從中謀利。

當然，猶太人也極其聰明，在購買契約時只挑選那些信用非常好的商人。因為不守信用的商人只能讓他們經受劫難。

在臺灣，這種做契約買賣的人叫「中間人」或者「仲介人」。

猶太人見了你問候語說得很隨便，其實是頗有心計的。

「你好，藤田先生，閣下正在經營什麼？」

「剛與紐約一高級婦女用品商簽定了一筆20萬美元的進口合約。」

「哦，棒極了，可不可以把這個權利轉讓給我，我付給你20%的現鈔。」

20%的現鈔當然很划算，權利就轉讓了。猶太人懷揣合約立即飛往紐約，向甲方表示：「今後藤田先生的這筆業務的經營權歸我所有。」

藤田獲得了20%的現鈔，而猶太人卻從高級女式皮鞋中大賺一筆。似乎是周瑜打黃蓋，兩廂情願又相互獲利的事情。

仔細推算，這位猶太人既沒有生產產品的製造能力，也沒有自己的品牌信譽，又無商業契約，但他卻把生意做得特別漂亮。原因就是他以較好的購買條件（現鈔）取得了差價利潤。

猶太人的精明在於：

既不為產品操心，也不為銷路動心思，一切都是現成的，用20%的現鈔來買通許多環節，既經濟又划算。利潤雖不太豐厚，卻是穩操勝算。

利用別人的錢來賺錢

美國人詹姆斯·林恩已經是全國聞名的資本家了。但他的腦子從未停止運轉，竟然有了利用別人的錢賺錢的新思路。

他買下一些大公司，然後用他公司的股票去交換，或者拿他公司的股票作抵押來借錢。

問題的關鍵就是，股票要看市場價格，市場越高，能利用的購買力就越大，那麼該怎樣提高股票的市場價格呢？

林恩想起了他那家小公司當初發行股票時的情景。光是推銷股票，就可以使他的小公司在市場上有了相當的身價。現在他又想，像LTV中的那些公司，為什麼不能採取同樣的步驟呢？

之前，在收購其他公司時，僅僅把他們吸收過來而已。作業照舊，

只是不再獨立存在了。它們原來的股票也不再出現了。每一個公司賣了以後，股票持有人就過來交換林恩的股票。你不能單買那些公司的股票，只能買 LTV 這個大公司的股票。

這些一度獨立存在的公司，以它們的「本值」，列在 LTV 的財務報表上，一個公司的本值，數字是相當保守的。

林恩知道，在經濟事態良好的時候，股票市場就會抬高那些能穩定公司的價值。就是說，如果你把該公司市場上的價格──投資者願意付出的價格──乘以該公司股票的總數，得出的數字肯定大於該公司所預算的本值，因為股票價格既蘊含著目前這個公司的價值，還有投資者希望、祈禱將來能達到的價值，這種因素算本值是不會算在裡面的。

林恩想：為什麼要讓那些公司留住本值？為什麼不讓他們單獨存在，替它們發行股票賣給大眾，讓市場增加它的價值？

林恩首先把 LTV 公司分為三個子公司，分別行股票，母公司擁有每個子公司 70%～80% 的股票，其餘的買給大眾。

未出林恩所料，投資者抬高了三個子公司的股票價格，母公司因擁有子公司的大部分股票，本身的價值也增加了。母公司股票價格也隨之升高。

林恩沒有耗費什麼代價，只用了一點點手續費而已，卻利用大眾的錢來達到了自己的目的。

林恩既擁有好幾十萬 LTV 的股票，又擁有能以低於市場的價格再買許多股的特權。

LTV 不斷上漲，林恩的錢和身價也隨之上漲。有好幾個星期，林恩發現自己的股票在星期五下午交易中心關門時，比星期一睜開眼時又增加了一百萬美元。

這就是有智慧的人，先運籌帷幄，然後躺在床上等著錢滾進來。

富商臨死前的忠告

希爾頓的商業遊戲是房地產,主要是旅館。他買下它們,然後建造、經營、整理,最後賣掉它們,就像下棋一樣擺布這些手中的小棋子。

當第一次世界大戰結束後,希爾頓的父親死了,希爾頓本人處於茫然之中,不知該做些什麼。

他父親的一個朋友生病了,希爾頓去阿爾奎看他。他歪在病床上,說:

「我很快就要走了,上天要把我帶走了。如果你去德州的話,你會發大財。」

這是一個臨死之人給希爾頓的忠告,深深的感動了他,於是準備去試一試。

沒想到這一句話,竟然改變了希爾頓的一生。

希爾頓試圖買下一家小型銀行,雖然他只有五千美元,但當一個銀行家是他的夢想。可惜他碰壁了。希爾頓不知所措了,當地一位朋友提醒他:

「為什麼不到南方的那些油田去呢?那裡有個繁榮的小城市,我覺得你能在那邊找到銀行。」

希爾頓聽從朋友的建議,去了西斯柯城。那個地方挖油井的風氣很興盛,希爾頓找到了一家要賣的銀行,價錢是 75,000 美元。

這正是希爾頓想要的。他訪問了那個地方,竟然找到了一個以前認識的銀行家,他把自己的想法告訴了那個人。銀行家說:「你這個大傻瓜,這是一筆好交易,趕快把它買下來。至於錢的問題,跟我借就是了。」

希爾頓回頭便辦交涉,然而要賣的銀行變卦了,價格至少要 8 萬美

元。希爾頓差點氣瘋了，認為對方開價本來與自己的預估及經驗就不符，現在竟然又抬高價格。

在天黑時，希爾頓回到旅館，發現人擠人，一切忙碌不堪。有人為了一間房子，等了八小時之久。二十四小時，房客換了三次。希爾頓便找到老闆說：「你的生意看似不錯嘛。」

老闆說：「我的生意倒是不錯，如果我到油田去，我能賺更多的錢。」

希爾頓說：「那你是要賣掉旅館了？」

老闆說：「以後也許我會把它賣掉。」

希爾頓心中暗道：「我一定要把這家旅館買下來。」

後來，希爾頓果然如願以償，將旅館歸於自己的名下。

這便是希爾頓創業之初的情形。

夢想當一位銀行家，結果歪打正著，進入了旅館業。

希爾頓的旅館業經營得很有起色。錢越賺越多，店面越做越大，之後轉而殺回大都市，連房地產和旅館同時經營。後來發展為連鎖店、跨國公司。幾乎全世界有名的城市，都有他名下的旅館或者餐館。

一切似乎都是上帝安排好的。

行銷能使你成為鉅富

起初，格蘭‧特納跟人家借了五千美元，但是三年後，他的身價就上升到一億元！他說：

「你如果有綁鞋帶的能力，你就有上天摘星星的機會。」

特納說：「我的牙齒是假的，但是我的舌頭卻是真的。我當縫紉機推銷員，去挨家挨戶推銷的時候，有 27 次遭到了失敗。我認為我就是亞伯拉罕

或者林肯的化身。因為我們的想法相近，林肯失敗了18次才當上總統。」

特納的銷售的原則是引起爭論的「多階層」銷售上。本質上，他在他的化妝品公司裡出售配銷權。買到他的配銷權的人，不但有資格推銷柯思柯生產的美容器材，還可以出售銷售權給其他人，進而領取一大筆費用。

舉例說，某個人用五千美元購得柯思柯的配銷權，在理論上他就已經踏進了推銷化妝品的行列。但是他也有資格以兩千美元替柯思柯公司簽訂銷售權，而每簽訂一次經銷權的時候，就可以得到七百美元的佣金。

各級檢察官對柯思柯公司這種快速發展開始進行調查的時候，發現大部分的配銷商並不是以推銷化妝品主責，而是想領取招徠經銷商的佣金。一位檢察官認為這種生意是建立金字塔的陰謀；另一個說它是連環信；還有一位說他是發行「彩券」或「欺詐」或「出售非法股票的騙子」。

特納的代表在推銷大會上築造空中樓閣，揮舞著鉅額支票宣揚說柯思柯的配銷商一年能夠賺取五萬到十萬美元。紐約的檢察官辦事處對這一事實特別關注。他們估計到1970年為止，單獨在他自己的州就有1,600個配銷員。假如他們要找其他人參加他們的組織，而大家都能賺十萬美元的話，那麼他們在一年裡必須引誘15萬以上的配銷員。然後，這些配銷員在第二年的年底又必須找到1.5億人參加。

賓州的一個檢察官說，柯思柯的每一個配銷員規定一年要說服12個人加入這個計畫，這好辦。但這12個人中每人再找12個人參加，那就變成144人，如此造金字塔，累積到第十二層，底層的人數，就是整個地球人口的兩千倍了。

賓州的檢察官起訴了，說特納騙了很多錢。特納則說自己成功了，

便聘請律師跟政府打官司,這個律師名叫華利。

華利認為柯思柯只是組織不健全,並不違法,於是幫他健全財務。他們讓每一個州定出一個配銷限額,每七千人中設一個配銷人,各州對他的化妝品品質都很信任。

特納一個月發表十二場演說,既推銷產品,又推銷哲學。特納最高興的是把一個人的潛能發揮出來。特納的直銷公司越來越活躍,也越來越合法。

無形的潛力,價值更大

斯通對公司資產的實際數目並不感興趣。

斯通是個怪人,並不是他不清楚公司的實際資產數目。而他更關心是它的無形資產,潛在的價值。

「賓夕法尼亞傷損公司」雖然停業了,但它仍擁有35個州的營業執照。

斯通命令自己:馬上行動!

他帶著律師立即去了巴爾的摩,找「商業信託公司」的人,對他們說:「我要買你的保險公司。」商業信託公司是傷損公司的主人。

商業信託公司非常直接:「好的,160萬美元,你有這麼多錢嗎?」

斯通說:「沒有,但我能借到。」

商業信託公司問:「跟誰?」

斯通說:「跟你們。」

這顯然是一個大膽的賭博。但是斯通很合理的指出「商業信託公司」的營業範圍就是貸款。雖然對方開出的條件有點特殊:一個顧客要買下

自己的一批資產，卻要以自己本身的錢來付帳。但細想一下，這也不是說不可能的事。

幾經交涉，信託公司還是同意了。

它完成了斯通王國的一個奠基。最初的小保險公司，一步一步變成了今天龐大的「美國聯合健康保險公司」，經營範圍除了美國，還伸展至國外，1970年的銷售額是2.13億美元。公司擁有五千名推銷員，每個推銷員都獲得PMA。他們很富裕，其中有20人是百萬富翁。

斯通在經營保險公司同時，還在尋找新的拓展潛力。

有一天，一個聰明的年輕人到斯通這裡來借一筆錢，說要開個小化妝品公司。斯通認真聽了年輕人的談話，覺得很有道理。這個年輕人叫拉文，跟斯通學會了借別人錢來賺錢。斯通沒有借錢給他，而是向他許諾，替他歸還一筆45萬美元的銀行貸款，代價是拉文這個新公司的四分之一股份屬於斯通。

拉文創立的公司名叫「阿拉度・卡佛」，是1960年代一個很有成就的公司。斯通擁有的股份截至1969年，已有三千萬美元了。

與此同時，斯通又開始涉足於出版界。斯通先是出版了自己的書，見銷路不錯，便又創辦了一本雜誌，名叫《成功無限》，然後又買了幾家出版公司的分公司，合併成「霍智公司」。

出版公司與「聯合健康保險公司」相比，不算很大，但仍然很賺錢。更具重要意義的是：斯通有了一個大力宣傳自己和公司的講壇。這一潛在價值是難以估量的。

另外，斯通還投資支持一些玄妙學的研究，可見斯通對一切潛在的力量都十分關注。

做個資訊捕手

威廉‧戈爾利在《出類拔萃》一書中說到:「為了走向更高的境界,您必須掌握關於每一個使用者訂單和商業中所有資產的所有資訊。為什麼呢?這是因為獲益的唯一措施,就是全方位使用資訊技術。」對於經商,資訊的把握是最為重要的;在管理中也是如此,把資訊管理看做對智力資本的一種投資,它最終會導致公司具有更高的智商——即您的公司獲得最佳集體思想和行動能力。資訊,從來就是一個不甘寂寞的詞語。戰場上用兵打仗要靠資訊情報,在激烈的市場競爭中,商人運籌決策同樣要以情報資訊為基石。

事實上,猶太商人的消息靈通於世界聞名。據日本商人說,猶太商人最擅長收購國外破產企業,只要日本有讓猶太商人中意的企業破產,遠在美國的猶太商人就會在第一時間獲知這一消息,而許多日本企業近在咫尺,卻是「出口轉內銷」,獲得的相關情報還是來自於猶太人。

在這方面,素有猶太經商之道的代表這一美稱的羅斯柴爾德家族,是一個最好的實例。羅斯柴爾德家族遍布西歐各國,這種分布就使這個家族較易於獲得情報資訊,也使各種資訊具有了特別重大的價值:在一地已經過時的消息,在另一地可能仍有價值。為此,羅斯柴爾德家族特地組織了一個專為其家族服務的資訊快速傳遞網。在交通和通訊還沒達到今日這般便利快捷的時代,這個快速傳遞網還真正發揮過一段作用。有一次,羅斯柴爾德家族中的一員為了獲取資訊,甚至親身躬行當了一回快遞員。

十九世紀初,拿破崙在法國和歐洲聯軍正苦苦鏖戰,戰局變化不定、撲朔迷離,誰勝誰負,一時難以定論。後來,聯軍統帥、英國惠靈頓將軍在比利時發起了新的攻勢,一開始打得十分不利,為此,歐洲證

券市場上的英國股票異常的委靡。

這時，倫敦的納坦・羅斯柴爾德為了了解戰局形勢，專程渡過英吉利海峽，實地到法國打探戰況。當戰事終於發生逆轉，法軍戰敗已成定局之時，納坦・羅斯柴爾德就在滑鐵盧戰地上。如此精準的第一手資訊，自然為他之後的股票運作大開方便之門。

隨時進行理性算計

在商戰中搏擊，就要學會收集情報資訊，掌握多方面的知識。在面臨抉擇的關鍵時刻，與其如賭徒般僅靠瞬息間的閃念作出輕率的判斷，倒不如獲取資訊，以數據為準繩，進行推理做出判斷。當然，光把資料收集起來，也無法作出正確的判斷。無論擁有多麼大型的電腦，僅憑輸入其中的數據和資料，是不能得出正確判斷的。重要的是，如何對這些情報判斷。所以，我們應該把收集到的情報預先在頭腦中整理好，以便隨時都可以取用。這樣一來，我們的頭腦中就好像有了幾個儲存這些情報的箱子。而這些箱子越多，我們的判斷就會越準確。

美國著名的猶太企業家，同時又被譽為政治家和哲人的巴尼・巴納托（Barney Barnato），在創業初期是頗為不易的。但憑著猶太人對資訊的敏感和高超的處理能力，他一夜之間暴富。

在巴納托二十八歲那年，一天晚上，他正和父母一起待在家裡，忽然，廣播裡傳來消息，西班牙艦隊在聖地牙哥被美國海軍殲滅。這意味著美西戰爭走向結束。這天正好是星期天，第二天是星期一，按照慣例，美國的證券交易所在星期一停止營業的，但倫敦的交易所則照常進行。巴納托立刻意識到，如果他能在黎明前趕到自己的辦公室，那麼就能發一筆大財。當時小轎車尚未發明，而火車在夜間又停止運行。面對這種令人束手無策的情況，巴納托急中生智，想出了一個絕妙的主意：

他趕到火車站，租了一列專車。星光下，火車急速而去，在黎明前巴納托終於趕到了自己的辦公室，在其他投資者還處在迷糊之中，他已完成了幾筆大交易。

巴納托和納坦‧羅斯柴爾德不一樣，他利用的是公開的新聞，並不是「獨家消息」。所以，同其他投資者相比，他在獲得資訊的時間上，並不優先，但在如何從這一新聞中解析出對自己有用的資訊，據此做出決策，並採取相應的行動上，巴納托實實在在高人一籌。

巴納托自豪的回憶，自己多次使用類似手法都大有收穫。將這種金融技巧的創制權歸於羅斯柴爾德家族，但顯然，在對資訊的「理性算計」中，他是青出於藍而勝於藍的。

如果說前面兩者對於資訊的處理，還保持在非常個人化的階段，那麼，下面這個例子，則形成了一套現代的資訊管理體系，實現了前文所說的「公司智慧」。

米歇爾‧福里布林是個在比利時出生的猶太人，他經營的大陸穀物總公司是當今世界最大的兩家穀物公司之一。米歇爾‧福里布林是充滿猶太意識的經營者，他接任父輩產業後，改變前輩的經營方式，運用現代經營策略，把公司的業務迅速延伸到世界各地。到1980年代初，他已在五大洲各主要城市建立了自己的公司，總共一百多家，此時已是一個名副其實的跨國大公司。

大陸穀物總公司能在30多年裡迅速發展壯大，除了米歇爾‧福里布林超前的經營藝術外，最重要的是他對資訊的高度重視。自從開始跨國經營後，他就把資訊當做企業的生命線。在1950年代，通訊方式主要是電報、電話，而在當時這兩方面的成本十分昂貴。但為了及時掌握各地穀物生產、供應和消費的資訊，福里布林不惜代價，所有分公司都普遍應用電報、電話與總公司時刻保持聯絡。後來有了傳真機，他就率先購置這種最先進的通訊設備。而且，這些資訊通道都連接他分布在世界各

地的住宅，保證他隨時與各地分公司取得直接聯絡。

福里布林還聘僱大批懂技術的專業人才，隨時為他收集、分析來自世界各地的資訊情報。據統計，他的總公司每天接收來自分公司及情報代理人的電報、傳真、電話近萬次，由一個專門的資訊情報部門進行分類處理，最後集中儲存進電腦，供福里布林及總公司決策層參考。

福里布林的「資訊管理」中還有一張王牌，就是花高薪聘請包括美國中央情報局在內的各國情報局退休人員。這些人員提供的資訊或掌握的情報，對福里布林決策極有參考價值。

現在，福里布林的公司已經向各個方向經營方向發展。但不管在哪個領域，他都因準確運用資訊而獲得成功。例如：他從資訊情報中了解到美國海外輪船公司要出讓一部分股權，透過對資訊進行分析後，他果斷的購入它 14.3% 的股權，不到一年就獲利兩千多萬美元。

猶太商人都深知資訊的重要性。所以，反過來，他們會小心翼翼的對自己的資訊保密。上海最大的猶太富商沙遜家族，早期主要從事鴉片買賣，當時，上海經營鴉片的外商還有很多，不少公司比沙遜更早投入這一行。在這個過程中，沙遜由於和印度孟買和香港通訊往來多且便利，及時掌握行情，占了不少便宜，人家未跌，他可以先跌，人家未漲，他可以先漲，甚至吃進。所以，他極其重視這條資訊生命線，來往通訊全都使用自行編制的密電碼，確保他收集的商情不被他人竊用。這種做法現在可能已不足為奇，但在當時卻是獨此一家。

學會投機

猶太商人歷來擁有投機家的名聲。無論在西方還是東方，在相當長的一段時間裡，「投機」這個詞都帶有貶義。

猶太人顯著的「投機」能力，與他們的流亡生活和寄居身分密切相

關。由於地域和宗教的緣故，猶太人每到一處，常常受到當地人的排斥。而猶太人不會坐等「驅逐令」之類的厄運到來，他們只能主動出擊，為自己尋找每一寸生存空間。這種長此以往的「備戰」狀態，磨練了猶太人的眼光和思維，所以，一切有利的機會，都難逃猶太商人的「法眼」。

信心與嗅覺靈敏，能讓你贏得更多機會。

上海猶太裔富商哈同是靠經營「兩土」起家的，這「兩土」是指土地和煙土（未經熬煉的鴉片）。西元1883年，中法戰爭全面爆發，法國軍隊分海、陸兩路進攻中國。面對這種情況，上海租界，特別是法租界內的外國僑民，十分恐慌，紛紛外逃。

老沙遜洋行的老闆，也慌了手腳。在外逃與滯留之間左右為難，不知如何是好。哈同這時已擔任該洋行的地產部主管之職，見此機會難得，便向老闆獻策。

哈同提出緊張局勢不會維持太長時間，很快，上海的市面就會重新繁榮。現在人心不定，地價暴跌，正是低價購進地皮的大好機會，所以，他建議老闆大批購買地皮，多造房屋。

老闆將信將疑，但最終同意了哈同的意見。事態發展果然與哈同所料一致，不久，中法戰爭結束，法國殖民勢力繼續滲入中國領土，這不僅使原來遷出租界的人流返了回來，而且浙江、福建等地又有許多人移居上海，進入租界。這樣一來，房地產價格開始猛漲，老沙遜洋行僅這段時間裡的房地產獲利就高達五百多萬兩銀圓。而哈同也由於把握住了機會，一下子成了百萬富翁。

1908年，哈同的鴉片生意也面臨了一次投機。該年一月一日，英國政府同意與清政府的外務部訂立一項試辦禁煙的協約，規定「印度鴉片輸入中國額度，以最近五年（1901～1905年）平均額51,000箱為基準。自光緒三十四年開始（1908年），每年遞減十分之一，以十年減絕」。同時，清政府在國內禁令厲行，上海道臺貼出布告，要求城鄉煙館，無論

大小，於六個月內閉歇。還會同各租界領事，要求協同查禁關閉租界內的煙館。一時間禁煙聲浪迭起，清政府似乎動起了真槍實棒。

與其他鴉片商大量拋售鴉片的做法不同，這時的哈同無視禁令，將自己的一百多箱（約五千多公斤）鴉片壓住不放，同時還把客戶存放在銀行中的一百多萬兩銀子，全部用來收購低價鴉片。

沒有多久，清政府的禁煙令在列強的干擾下，變成了一紙空文，聲勢浩大的禁煙運動有頭無尾，不了了之。而這時市面上的鴉片奇缺，租界內的鴉片需求量急劇增加，價格也隨之一路瘋漲，最暢銷的印度煙土，價格幾乎等同於黃金。

這樣，哈同在煙土上獲取了幾百萬兩銀子的暴利。

哈同這兩次投機的成功，主要靠的是他靈敏的政治嗅覺。他清楚在當時的國際政治格局下，清政府不可能真有作為，所以才有勇氣在別人看來不好的形勢下，堅持己見，抓住了成功的機會。

除此之外，投機成功也許與經商時的積極樂觀態度有很大的關係。猶太民族歷盡劫難，但在看待事物的發展趨勢時，卻常以樂觀的態度而待之，並採取相應的措施。而事實是，無論經商還是做其他事情，只要有信心者總會贏得更多機會，投中的次數也會更多。

這句話應該是有道理的，前面提及的世界鑽石行業龍頭巴納托的發跡史，便是最好的證明。

巴尼·巴納托是一個舊服裝商的兒子，小時候就讀於一所免費學校，主要由羅斯柴爾德家族捐助、專為窮孩子建立的。在得知南非容易致富的消息後，他設法弄到了四十箱雪茄，作為經商資本，離開倫敦來到南非。

巴納托的雪茄原準備賣給探礦者，但到那裡之後，他卻伺機行事，見鑽石生意有利可圖，便以此為抵押，換取了少量的鑽石。從這開始，

短短幾年的時間裡，巴納托就成了一個從事鑽石與礦藏資源買賣的經紀人。他不是在城裡坐著等找礦者送上門來，而是步行或騎馬到礦上遍地查看，尋找便宜貨，並及時買下一些別人出售的礦區。當這種生意進行得有困難時，他就改做其他生意。1876 年，他以自己的全部財產共三千英鎊買下了毗鄰他原有礦區的一些小礦區，這些礦區經過度開採，一週可獲得 20 克拉鑽石和兩千英鎊利潤。最後，隨著他的投機買賣的擴大，他開始涉足證券交易。

西元 1880 年，巴納托為創辦資金達 11.5 萬英鎊的「巴納托鑽石公司」發行了大量股票，這些股票在幾小時內就被搶購一空，所集資金比預計超出三倍。第二年，公司股票隨同南非證券交易市場上的股票一起大跌，而他卻有足夠的股份以維持自己的企業，並乘機折價買下大量的其他股東拋出的股票。這一出一進之間，其他股東最初投放的資金有相當大的一部分無償的進入他的手中。到證券市場復甦之後，公司的股票跟著上漲，巴納托的財源滾滾而來。巴納托從倫敦一個身無分文的窮小子，搖身一變為資產百萬計的大富翁，此時他三十八歲。他四面出擊，投資開採蘭德金礦和購買新興城市約翰尼斯堡的地產。有一段時間，南非經濟衰敗，但巴納持卻充滿信心，低價收購了大量的地產和股票，還投資酒類貿易、建築材料、運輸、印刷出版等行業。隨著市場日趨繁榮，巴納托也成了投機家的代表。

利用別人的危機，填滿自己的腰包

投機並不等於亂搞，一個高明的投機者，懂得區分良莠，深諳取捨之道。猶太金融家威爾就是一個目光敏銳、判斷力極其準確的金融投機家。

在 1970 年代，股票行情一直不穩定，股票價格也飄忽不定，較小的經紀所朝不保夕，紛紛倒閉。威爾乘機併吞了大批較小的商號，而且接

手了一部分經濟不景氣的大商號。例如：洛布·羅茲公司也是一家投資商號，在華爾街的經濟實力曾與威爾經營的希爾森公司相當，然而它的機構比較僵硬，管理方法有些落後，威爾看到這一點之後，立即提出合併洛布·羅茲公司。在合併談判過程中，威爾先是在幕後操縱，在關鍵時刻親自出馬，充分發揮自己的聰明才智，最後合併成功。威爾就這樣既脫離了困境，又賺了大錢，從而在華爾街鞏固了地位。然而，威爾並不是輕易投機的，相反，他對這類問題非常謹慎。他常說：「涉及到合併的談判，人人都會緊張，因為處處都有陷阱。」

投機無罪，在投機中取巧更是棋高一招。只要不出法律範圍，機巧一點又有何妨？

困境創造商機

如果你曾經搭乘過飛機，你會從靠近機翼的視窗發現這樣的現象：一架巨型 747 在跑道上準備起飛之前，機翼的尾部是朝下的。因為這樣，機翼就能夠藉助空氣的衝力而得到一股向上的助力，把幾十噸重的飛機推向前方，令飛機振翅高飛。而當飛機要減速降落在跑道上的時候，則會啟動機翼上的減速器，以藉助空氣的巨大阻力減慢飛機的速度，最後使飛機停下來。

同樣的空氣，既可能成為阻力，也可能變成助力，關鍵在於機師怎樣調校機翼。我們遇到的很多事也是這種道理，它可能成為絆腳石，讓我們止步不前，失去成功的機會，也可以是墊腳石，幫助我們提升能力，體會成功的喜悅。關鍵點就在於我們如何控制思想的翅膀，從哪個角度去理解。所以，我們應該培養這樣的能力：把帶給我們阻力的限制性信念變成能帶給我們助力的創造性信念。猶太商人有一種極好的心理

素養,就是能在逆境中,我行我素的做生意,甚至把逆境變為做生意的最佳機會。有這麼一個笑話,很好的說明了這一點:

　　猶太人有個規矩,休息日不能工作,只能在家盡情休息,學習典籍。可是有個別商店的老闆卻照常營業,褻瀆了安息日。一次講道時,拉比(Rabbi,是猶太人的特別階層,主要為有學問的學者,是老師,也是智者的象徵)對這樣的店主大加斥責。禮拜結束後,褻瀆安息日最甚的一個老闆,送給拉比一大筆錢。拉比非常高興。

　　到第二個禮拜時,拉比對安息日營業的老闆就不再過分的指責了,因為他指望這樣一來,那個老闆給的錢會更多一點。誰知結果一毛錢都沒有拿到。拉比猶豫了好長時間,鼓足勇氣來到這個老闆家裡,問他到底是怎麼回事。

　　「事情很簡單。在你嚴厲譴責我的時候,我的競爭對手都很害怕了,所以,安息日只有我一個人開店,生意很好。而你這次說話語氣溫和客氣,恐怕下週大家都會在安息日營業了。」

　　心理學家指出,考慮問題的方式,有肯定思考和否定思考兩種。經常帶否定思考的人,總是背離成功;相反,經常進行肯定思考的人,他的思想大多是積極的、建設性的,所以,這樣的人更容易成功。正是這種肯定思考的方式,讓猶太人將逆境變成了順境,化阻力為助力,從而達到了「逆商」的高級境界。逆商的內涵,不僅是指著人被動的忍耐艱難困苦,更是指主動將逆境扭轉為順境,不但不被逆境牽著鼻子走,反而駕馭逆境。

生意無禁區

　　猶太人的飲食律法中明文規定,他們不吃豬肉。不過,猶太商人十分樂意經營豬肉的買賣。美國芝加哥有一個飼養豬的猶太商人,數量多

達七百萬頭；美國的屠宰業有 50% 掌握在猶太人的手裡，其中也不乏有殺豬的工作。

《塔木德》對酒的評價並不高，深信「當魔鬼要想造訪某人而又無空閒的時候，便會派酒當自己的代表」。這與我們日常語言中的「醉鬼」一詞有異曲同工之妙：喝醉之人形同於鬼。為此，《塔木德》叮囑猶太人：「錢應該為買賣而用，不應該為酒精而用。」但世界上最大的釀酒公司施格蘭釀酒公司，就是屬於猶太人的。施格蘭釀酒公司創立於 1927 年，到 1971 年，這個公司共擁有 57 家酒廠，分布於美國和世界各地，生產 114 種不同商標的飲料。

看似如此矛盾的事，在猶太人的身上又如此和諧的統一呢？因為但凡猶太商人，都會有一張經商「底牌」，那就是生意無禁區。猶太人素以繁多的清規戒律全世聞名，對此猶太人常常引以為豪。但是，許多人卻認為他們是作繭自縛，受的約束太多了。

其實，這多半出於對猶太人的不了解。在實際生活中，猶太人反倒比許多民族都少受限制。因為規則越多越詳盡，某種意義上意味著可以明確不受限制的地方也越多。反之，表面上看幾乎沒什麼限制，但做起來卻極易違法，反倒讓人畏首畏尾、難以放鬆。所以，相比之下，猶太人更加自由，展現在商業活動中，就是猶太人做生意幾乎沒有禁區。

1. 以買賣合約盈利

我們說過，猶太民族是個契約的民族，他們極其重視立約與守約，並使之高度神聖化。在商業活動中，猶太人一貫重信守約。然而，這種意識並沒有導致猶太人把合約書都供奉在神龕裡。相反，只要有買賣可做，合約本身也是商品，也可以進行買賣。前提，這種合約必須是合法的、可靠的，而且首先是有利可圖的。

那麼，出售合約到底有什麼好處呢？

合約本身是商談雙方簽訂的約定，用以規定雙方必須履行的責任和所享受的權力，是兩方的事。銷售合約則是把這些能享受的權力轉給「第三者」，連同必須履行的責任。條件就是「第三者」要支付一定的價錢。賣合約的人簡直是坐享其成，他不需要經營業務，也不需要擔負合約中所指定的責任，輕而易舉就可賺取其中的利潤。這對於會賺錢的猶太人來說，何樂而不為呢？

因此，只要他們覺得買賣雙方都能接受，就十分樂意把合約賣掉！

我們常說的「代理商」就是指這種靠買賣合約而穩賺利潤的人。在猶太人的原稱中是「factor」，譯成漢語也叫「掮客」。他們把別的公司企業所訂立的合約買下來，代替賣方履行合約，從中獲利。

合約是商品，公司也是商品。猶太人很喜歡建立公司，特別喜歡創立盈利的公司，不過，他們最喜歡的也許正是創立盈利的公司之後，把它賣了再來盈利。

1981年6月，猶太商人威爾做了一件令人摸不著頭腦的大事，他居然把辛辛苦苦花了二十年時間創建的希爾森公司，出售給擁有80億美元銷售額的美國地鐵公司。美國地鐵是一家經營賒帳卡、旅遊支票和銀行等業務的大公司，雖然威爾的希爾森公司規模較小，但很有發展前景。因此，許多人認為威爾非常吃虧。然而一段時間後，人們就不改變了對威爾的看法。現在威爾在地鐵公司的職位僅次於董事長和總裁，他的股份總額有2,700萬美元，個人年收入高達190萬美元。

2. 靠國籍致富賺錢

在今天這個商品世界裡，時間是商品，知識是商品，那麼國籍也可以作為商品，是一種特殊的商品。在猶太人的眼中，時間可以用錢買，國籍更容易。只要有錢，便可以買到別國的國籍。他們買國籍的目的是

為了方便賺錢，為經商道路剷除障礙。猶太商人羅恩斯坦就是一個典型的靠國籍致富的人。

羅恩斯坦的國籍是列支敦斯登，但他生來卻不是列支敦斯登的國民，他的國籍是用錢買來的。

列支敦斯登是一個極小的國家，處於奧地利和瑞士交界處，人口只有19,000人，面積157平方公里。這個小國與眾不同的特點，就是稅金極其低。這一特點對外國商人產生了極大的吸引力。該國為了賺錢，出售國籍。獲取該國國籍後，無論收入多少，只要每年繳納9萬元稅款就行了（不分貧富）。因而，列支敦斯登國便成為世界各國有錢人嚮往的理想國家。他們特別渴望能購買該國的國籍，然而，原來只有19,000人的小國無法容納太多的人，所以想買到該國國籍也較困難。但是，這難不倒機靈的猶太商人。羅恩斯坦把總公司設在列支敦斯登，辦公室卻設在紐約，在美國賺錢，卻不用交納美國的各種稅款，只要一年向列支敦斯登交納9萬元就足夠了。

他是個合法的逃稅者，減少稅金，獲取了最大利潤。

3.「商人士兵」賺錢，無師自通

猶太人甚至在軍隊中也不忘賺錢。在韓戰時期，一些猶太中士由於級別較低，經常遭到周圍一些美國兵的歧視，被罵為出賣耶穌基督的「猶太豬」。但這些士兵卻從沒放在心上，不但不垂頭喪氣，反而把錢貸給蔑視他的美國士兵。等一到發餉之日，他們就毫不客氣的向那些士兵追討，連本帶利分文都不能少，如無現款，就用物資作抵償，然後他們把這些物資拿到外面黑市上賣個高價，從而獲得大把大把的美金。

其時，一般美國軍士每月的補助約有一萬美元，而這些猶太士兵大部分都擁有價值七十萬美元的汽車。每當假日，他們就和漂亮的日本女孩到外面兜風，特別愜意，連那些美國將校都可望而不可即。我們對此只有感嘆，猶太人真是天生的無師自通，連軍人也懂得放高利貸賺錢！

4.「多元化」造就企業巨人

「生意無禁區」，反映的是一種「多元化」的經營思維。世界著名的大企業差不多都是經過多元化擴張才發展成企業巨人的，並且企業的歷史越長，經營規模越宏大，所涉足的領域就越廣泛。一個企業在發展過程中必須不間歇的尋找成長點，才能適應市場需求的變化。因此，企業一般都會設法突破成長的極限，尋找新的利潤成長點，選擇投資報酬率高的專案進行多元化成長。一個企業在多年的經營和成長中，擁有了一定的技術、市場行銷、產品開發及經營管理的優勢。如果充分發揮這些資源優勢，拓寬業務空間及領域，就會為你的企業帶來新的成長機遇和利潤成長點。

這裡，不得不提到詹姆士・高史密斯這個名字。

詹姆士最初經營藥廠買賣，幾年之後，他將藥廠出讓，買下「加雲坎食品公司」的控股權，轉營食品同時出售菸草。公司規模不大，但經營類別繁多。詹姆士掌權該公司後，在經營管理和銷售活動上進行了一系列改革。他首先對生產產品的規格、式樣進行擴展，然後對糖果、餅乾進行系列化延伸，如糖果往巧克力、口香糖等開始多樣化發展；餅乾除了增加品種，開始進行分類為兒童、成人、老人餅乾，還向蛋糕、蛋捲等等發展。接著，詹姆士在市場拓展上動了很大的心思，他除了在法國巴黎經營外，還在其他城市設分店，甚至擴展至歐洲各國，形成廣闊的連鎖銷售網路。隨著業務成長，資金不斷累積，詹姆士開展了一連串的收購行動。他將若干荷蘭、英國的食品公司納入旗下。起到相互彌補、相互依存的作用。

雄心勃勃的詹姆士從 1973 年起，又開始打入美國市場。他斥資 6,200 萬美元購下美國 Grand Union 超級市場連鎖店的控股權，準備在這個世界最大的市場施展拳腳。這家超級市場在當時位美國超級市場中第十名，有連鎖店六百間，每年銷售額達 15 億美元。詹姆士主控了這家超

級市場後，擴增連鎖店，又將公司在歐洲生產和組織的貨源，運到美國連鎖店銷售，同時將美國的貨源運到歐洲的連鎖店銷售。這樣，豐富了兩地的連鎖店產品，壯大了經營力量。詹姆士接著向銀行業、地產業、石油業、木材業乃至出版業涉足，行業涉獵非常寬廣，並且每個行業的開拓，都取得了輝煌的成就。

總之，多元化經營，有效利用現有資源，既能規避風險，又能實現資源分享，產生一加一大於二的效果。然而，面對越來越高的多元化呼聲，我們也應當保持理智的頭腦：企業選擇多元化的發展策略，可能面對許多誘因，但必須恪守一條根本：企業主業要發展到了一定的高度，要擁有極強的核心能力，如果以犧牲主業核心為代價，那就得不償失了。

賺錢者沒有履歷表

金錢無姓氏，更無履歷表。猶太商人自信，依靠經營賺來的錢，均可以安心的享有。因此，他們進行千方百計的經營，盡量賺取更多的錢，不管這些錢是農夫出賣產品得來的，或是賭徒贏來的，靠大腦思考得來的，都是收之無愧，泰然處之。

伊拉克猶太人哈同，西元1872年，前往中國上海謀生。當時他二十四歲，年輕力壯，卻一無所有。他立志來中國發財賺錢，但一無資本，二無專業知識或技能，他決心從一個立足點開始。因自己長得身體魁梧，就在一家洋行找到一份警衛工作。

哈同在當警衛時，非常認真，忠於職守。他利用晚間的一切可用時間，閱讀各種經濟和財務的書籍。不久，老闆覺得此人工作出色，腦子機靈，便把他調入業務部門當辦事員。哈同一如往常，工作業績不錯，一步一步被提升為服務員、領班等。這時，他的收入大大增加了，心懷

壯志的他，並沒有因此而自足。1901年，他找了個理由離職，開始自己獨立經營商行。

猶太人賺錢不講貴賤，與我們今日所謂的「行行出狀元」有異曲同工之妙。賺錢只是手段，只要靠合法所得，又何來高低之分？

好商品賣好價錢

暢銷商品標準是：名牌、品質絕對有保障、市場需求量看好。對於這類商品，經營者一定要抱有足夠的信心。對於這類商品，寧可不賣，也不能降價。

能獲厚利者，絕不薄利多銷。厚利多銷才是猶太人生意的原則之一。

對於此類產品，猶太人的做法是，找出所有的資料來證明高價出售是極其正確。他們甚至製作、印發統計資料，小手冊，卡片……各經營者的辦公室裡，幾乎每天都會收到猶太人寄來的各種資料。猶太人常常這樣說：

「請用我送給你的資料去說服消費者。」而對議價和折扣的問題絕口不提。

結論是：談議價，說明你對商品沒有信心。

臺灣人在處理暢銷商品時不及猶太人聰明。容易哄抬物價，或者利用職權囤積奇貨。而奇品一旦飽和或過時，則大批量低價處理。這樣的商戰之法說明心理不正常。投機心理也強，傾軋心理強。而不是把暢銷商品納入厚利多銷的長久的經營管道。

因為這些生意人不明白，厚利多銷的產品主宰市場的時間將長，將要替代薄利多銷的產品。

薄利多銷的產品已日暮途窮，就該三思之後忍痛割愛了。

有時候賺錢也要適可而止

猶太人賣出美元後買回美元，賺取差價的方法是十分巧妙的。

當日本限制外商買美元時，猶太人就鑽日本法律的空子。

日本戰後亟需外匯時，制定了一個「外匯預付制度」。即對已簽定出口合約的廠商，政府獎勵出口商提前交付外匯。但這項制度有一個嚴重的漏洞，即允許解除合約。

聰明的猶太人正是利用這一點，與廠商簽訂合約並把美元賣給需要外匯的別的廠商，然後又在需要的時候解除合約，再把美元買回去。

差價就在這個時間差中賺到了。

當時日本政府並沒有採取規定措施，買回美元時也必須以１：360 的比價來進行。

日本政府後來才認識到了外匯的超額儲備引起日圓短缺的嚴重性，這種嚴重性將可能促使日本經濟的急速大滑坡。減少外匯儲蓄勢在必行。

日本政府打出了「振興進口」的旗號。

藤田先生當初的選擇這時候派上了用場，足夠應付這種必然出現的局面。藤田先生對局勢的判斷和遠見卓識的現實所驗證：正確無誤。

商戰好多戰例可以見證：事在人為。

這場商戰的總勝利者是猶太人，藤田先生的一位猶太朋友看到從日本賺到的金錢堆積如山，由於激動過度而死了。

人們搖頭戲稱：猶太人賺錢賺死了。

有時候，錢賺得太多也有害。

有錢人領導消費新潮流

既能領導消費潮流，駕馭潮流，還要顧忌到有潮起必有潮落的時候。

見風使舵，轉入他港，這是「銀座的猶太人」的高明之處。

藤田先生一方面聽從海曼的忠告，但又經不住珠寶鑽石的誘惑，於是他選擇了珠寶，有目的進口珠寶首飾。

藤田先生聽從了猶太人的建議，捨棄了那些當時西方流行的東西，因為西方的珠寶首飾是針對白皮膚藍眼睛金頭髮設計的。這種設計不一定適合亞洲人種。

這一點，別的珠寶商沒有意識到，只知道跟在藤田先生屁股後面進口珠寶，結果生意失敗了，貨很難售出。而藤田先生的珠寶生意卻非常興隆。

藤田的成功在於選對目標，只進口適合黃皮膚、黑眼睛黑頭髮的人佩帶的珠寶首飾。

要使這些珠寶首飾流行起來，成為一種熱潮，其中有一個訣竅，這就是包裝和宣傳，讓所有的人最後都為之心動。

通常情況下，潮流總是由兩個方向流淌起來。一是有錢人，二是尋常百姓。可想而知，珠光寶氣的東西肯定要先定位在有錢人，讓大家一同羨慕，最後效仿。另一種樸素的東西，容易從尋常百姓入手，給人一種追求自然的感覺。

而在有錢人中容易興起的東西，莫過於高級進口商品了。因為本國若能批量生產，就不會吊他們的胃口了。有錢人和周圍的人沒有什麼可比的，就和外國人比，外國人有的，他們要是沒有，心裡就不舒服。

這正是珠寶首飾能時興起來的背景，心理的經濟的人文的因素。

世上所有的人都是同一種心理：

比高不比低，比上不比下。

臺灣人說比上不足，比下有餘，實在是我們的自嘲。

低者看高，高者想更高。有錢的上層人是老百姓學習和模仿的對象。有錢的上層人又互相攀比或者和外國人比。你若為他們提供可比的東西，這東西肯定很快就會流行起來。

在這其中，女人較具虛榮心，較容易羨慕別人，較愛和別人攀比。而珠寶首飾正是針對女人。

男人當然也喜愛豪華和貴族生活，更希望自己的女人打扮得勝過別人的女人。女人勝過別人其實也是男人臉上的光彩。

藤田先生分析了上面諸多因素，抓住機會，先使珠寶首飾在上層社會中流行起來，進而推向全社會。銷售量當然是成倍成倍的往上翻了。

藤田先生聰明的之處還在於，知道再流行再時髦的東西也有其週期，也有衰敗的時候。他算準了週期年限，覺得四年是一個階段。

當珠寶首飾將近普及的時候，貨多而價廉了。藤田先生見無厚利可賺，就開始轉行，尋找新的商品去了。薄利多銷沒有意義，這一點是跟猶太人學的。

第二章　金錢觀念：信用至高無上

從小就擁有處理金錢的正確觀念

　　猶太小孩從小就與兩件事頻繁的打交道。一是工作，二是金錢。

　　小孩每天幫助大人在院子裡除草，獲得十美元報酬。早晨起早拿牛奶，給兩美元。根據工作量來付酬金。孩子長幼不論，同工同酬。

　　猶太人不按宗教之分，只按工作能力給錢。

　　這一觀念已被西方人接受。公司裡職員和工人實行效益薪資制和能力薪資制，工作相同，程度相同，二十歲的年輕人與四十歲的中年人拿同

等的薪資。做事多的、貢獻大的就收穫得多。而華人總是想要比別人做得少，但錢要比別人多。工人實行級別制。做同樣的工作，高級別的人多拿錢，低級別的人少拿錢。嚴重挫傷了工人的工作積極性，非常不好。

　　猶太人從小就把這些基本東西分得清清楚楚。這就培養了猶太人的良好習慣：熱愛工作，喜歡金錢。這兩者為猶太人以後取得大成就奠定了基礎。

面對金錢保持健康正常的理性

　　節儉用錢，並不是做一個吝嗇鬼，像巴爾札克小說《歐也妮‧葛朗台》所描述的那樣。那樣的話，就成了金錢的奴隸。

　　節儉，是一種美德，展現了對工作的尊重，當然也是對金錢的尊重。如果對金錢任意揮霍的話，那既是浪費，也是有意炫耀，甚至還可能是一種人格變態。反過來說，過於吝嗇，時時處處刻薄自己和他人的人，也是一種不健康的表現。只有心靈健康的人，才能夠在金錢面前保持一種正常的心態。猶太人的《傳道書》是這樣描述生活的：

　　美麗、力量、財富、榮譽、智慧、成熟、年老和孩子氣都是正常的，這就是世界。去吧，高高興興的吃麵包，快快樂樂的喝酒，你的行為早已經得到了上帝的恩准。把你的衣服洗得乾乾淨淨，頭上總是塗了香油，和你鍾情的女人共浴愛河吧。一生中飛馳而過的歲月都是在陽光下你所擁有的──你所有飛馳而過的歲月。僅僅為此，憑著你在陽光下所獲得的權利，你可以盡情的享受你的生活。

　　不管什麼，你只要在權利許可的範圍內，你就用最大限度的去做。因為在你即將進入的未來世界裡，沒有行動，沒有思想，沒有學問，沒有智慧。

　　不管一個人已經活了多久，都要讓他盡情享受。要記得將來黑暗的

日子會多麼漫長。那唯一的將來是一片虛空。

卡恩來到一家大型百貨公司裡，滿眼看著琳琅滿目的商品，感到有些眼花撩亂。此時，一位衣冠楚楚的紳士正站在他的面前，嘴裡叼著一根雪茄。卡恩腦子很靈敏，他走上去對紳士說：「我在那邊就聞到您抽的雪茄香味了，味道真的很香，價格一定不便宜吧？」

紳士回答說：「一支要兩美元吧！」

卡恩一聽，不禁叫了起來：

「好傢伙，果真很貴啊！請問您一天要抽幾支雪茄呢？」

「十支左右。」

「天啊，您抽了多久了？」

「四十年了。」

「什麼？四十年！太可惜了。要我說呀，您這四十年要是不抽菸的話，省下的錢足夠買下這家百貨公司了。」卡恩用手指著周圍的商品和貨架，誇張的說道。

這時那位紳士反過來問他：

「您一定不抽菸了？」

「對我不抽菸。」

「那麼，您打算買下這家百貨公司嗎？」

「哪裡，這得多少錢呀，我可不敢奢望這樣的事情。」

「我告訴你吧，這家百貨公司就是我的！」

這位紳士，這位猶太人，他處理生意和生活的關係就是這樣理智。

「78：22」的宇宙法則

猶太人經商有它的法則，支持這法則的，就是宇宙的大法則。我們是不能推翻這宇宙的大法則。猶太人經商的方法，既然是在此大法則的

支持下,他們自然不會吃虧了。

猶太人經商法,是以「78：22」的法則為基礎的。嚴格來說是78：22,但現實中可能有些微小的誤差,所以,78：22,有時會變成79：21或78.5：21.5等。

例如正方形和與它相切的圓的關係。正方形的面積為100時,其圓的面積則為78.5,即正方形內的圓面積約為78時,正方形剩餘的面積約為23。如畫一個邊長為19公分的正方形而加以計算,則可一目了然。所以,正方形內的圓與正方形所餘面積的比,正和「78：22」的法則相吻合。

此外,人們都知道:空氣的成分,氮與氧的比例為78：22;我們的身體,水分與其他物質的比例,也是78：22。

此外,「78：22」的法則,是大自然的宇宙法則,我們人類是不可更改的。例如我們人類就無法生活在氮為60％,氧為40％的「人造空氣」中,若人體的水分變成69％時,人就不能活了。所以,「78：22」的法則,絕不可變成「75：25」或「60：40」,這真是一成不變的真理法則。

賺錢的法則也是78：22。

猶太人經商的方法就是以此法則為基礎。

例如世上「放款的人」多,還是「借款的人」多？答案肯定「放款的人」。一般都認為「借款的人」多,但真正的情況卻相反。銀行是將從很多人那裡借來的錢,再轉借給少數人,假如「借款的人」多,銀行頃刻間就會破產。如薪水階級也能賺很多錢時,那麼「放款的人」還是很多,有許多人受投資高級公寓等金融機構的欺騙。這正充分證明了「放款的人」多於「借款的人」。換言之,以猶太人的說法,這個世界,是以78「放款的人」比22「借款的人」的比例所構成的。如此在「放款的人」與「借款的人」之間,也存在著「78：22」的法則。

信仰不是賺錢的障礙

在中世紀，歐洲的猶太人因為被從農業和手工業排擠了出去，被迫進入商業和金融業。在西元 1179 年，羅馬的亞歷山大三世頒布命令，禁止猶太教徒從事金融業。這種禁令是對《聖經》上「不能有目的的借東西給別人」這句話做了擴大化的解釋。

羅馬教皇頒布這樣偏激而非現實的法令，是因為他被《聖經》中的一句話所限制，並沒有整體領受耶穌全部教義的精神。耶穌向他的弟子是這樣訓誡的：「借人以物，為求以後得以借他人之物，能為善事？壞人藉以朋友之物，尚要求歸還等值之物。所以，我的弟子，借人以物，不要心存期待。」

耶穌並沒有否定經濟社會中不可或缺的金融手段。他教人在借給他人東西的時候，自己要有有所損失的思想準備。但在真正的借與還中，很快演變成貸款者逼迫借款者歸還錢財的現象，結果是由最初的善行轉變為惡行，這也是人世中的常情。耶穌的思想具有現實性的特點，與之相比，羅馬教皇的做法僅是停留在觀念上。

一般說來，猶太人的行事方法是由眾多事實總結出來的經驗。歐洲人的做事方式是先注重理論和觀念，只專注於某一狹隘的道理而漠視事實。要用片面的理論來扼制事實，需要有強大的力量。而歐洲人正是用其力量型的體魄和行事方式實現了世界霸權。缺乏這種力量的猶太人必須要先客觀的看待事實，在這個基礎上考慮最符合事實的方法，然後處理問題。這是一種柔性的力量，它也遍布於世界的每一個角落。無論是在科學還是在商業上，猶太人都取得了顯著的成績，這難道不是他們立足於現實的結果嗎？

戰勝困難的唯一法則 —— 堅韌

　　猶太人在兩千多年的流浪中，在受盡歧視與排擠，他們經歷了太多的苦難和失敗。但是，今天他們依然屹立於世界民族之林，並且成為世界政治、經濟、思想、文化、藝術舞臺上的佼佼者。他們取得的成就就是緣於其民族特有的智慧和性格，其中之一，就是其堅忍不拔、永不氣餒的奮鬥和進取精神。

　　猶太女作家戈迪默無疑是猶太民族的驕傲。她是第一位獲諾貝爾獎的女作家，也是諾貝爾文學獎設立以來的第七位獲獎者。然而，這份榮譽來自於四十年的心血和汗水，這當中，她多次面臨困苦與失敗，但她從不沉淪，毫不氣餒。四十年的風雨，是一段特別漫長的苦難記憶。

　　戈迪默於 1923 年 11 月 20 日，出生在約翰尼斯堡附近的小鎮——斯普林斯村。她是猶太移民的後裔，父親是來自波羅的海沿岸的珠寶商，母親是英國人，幸福的家庭生活給了小戈迪默無限的憧憬和夢想。

　　六歲那年，她撫摸和凝視著自己纖細而柔軟的軀體，渴望著當一位芭蕾舞演員，她從劇院裡得知，舞臺生涯最能完美的表現人的修養和思想情感，這也許就是她追求的事業。於是，一個陰雨連綿的星期六，她報了名，加入了小芭蕾劇團的行列。事與願違，由於體質太弱，她不能適應大活動量的舞蹈，時不時鬧一些小病小災。久而久之，小戈迪默被迫放棄了這個夢想。

　　遺憾之餘，這位倔強的女性暗暗發誓：條條大道通羅馬，她一定要找到適合自己的成功之路。

　　然而，命運不但不賜福給她，反而把她逼上更加痛苦的深淵。八歲時，她又因患病離開了學校，中斷了學業。夜晚，她常常無奈流著淚，期盼著天明。她只能終日坐在床上與書為伴了。一個明媚的夏日，心煩意亂又十分孤獨的戈迪默，偷偷的走上了大街，她想在車水馬龍的街上

尋找一點快樂。突然，她被一塊不大不小的木牌所吸引，並久久沒有挪步：「斯普林斯圖書館」，她欣喜若狂，早已將課本爛熟於心的她，最渴望的莫過於讀書了。

此後，她一頭埋進了這家圖書館，整日泡在書堆裡。圖書館下班鈴響了，她就一頭鑽到桌子底下，等圖書館的大門確實鎖上了，她才爬出來。在這自由自在的王國裡，她盡情而貪婪的汲取著知識的營養。無數個日夜，使她對文學產生了濃厚的興趣。

她那稚嫩的小手終於拿起了筆，情感似一股股噴泉流淌到了白紙上。那年，她剛剛九歲，文學生涯就此開始。出人意料，十五歲，她的第一篇小說在當地一家文學雜誌上發表了。然而，不認識她的人，誰也不知道小說竟出自一位少女之手。

幾年以後，戈迪默的第一部長篇小說《虛妄年代》問世。優美的筆調、深刻的思想內涵，轟動了當時的文壇。戲劇界、文學界幾乎同時關注著這位非同一般的女作家 —— 納丁·戈迪默（Nadine Gordimer）。

像一匹脫韁的野馬，戈迪默的創作再也無法停止。漫長的創作生涯，她相繼寫出十部長篇小說，兩百篇短篇小說。多產及優質的創作使她連連獲獎：她的《星期五的足跡》獲英國史密斯獎；之後她意外的又獲得了英國的文學獎。

創作上的黃金季節，使戈迪默越發勤奮刻苦。她說：「我要用心血浸泡筆端，謳歌黑人生活。」滿腔的熱忱很快就有了回報。她的《對體面的追求》一出版，就受到了瑞典文學院的注意，成為成名之作。

接著，她創作的《資產階級世界的末日》、《陌生人的世界》和《尊貴之客》等佳作，也輕鬆的打入諾貝爾文學獎評選的角逐。

然而，就在她春風得意、乘風揚帆之時，一個浪頭伴一個漩渦讓她挫折連連 —— 瑞典文學院多次將她提名為諾貝爾文學獎的候選人，但每次都因種種原因而落選。面對打擊，這位猶太女性開始失望，她曾在自

己著作的扉頁上，莊重的寫下：「納丁・戈迪默獲諾貝爾文學獎」，然後在括弧內註明「失敗」兩字。但暫時的失望並沒阻止她對事業的追求，她一刻也沒放鬆過文學創作。終於，她從荊棘中闖出了一條成功的路。

絕不漏稅

某人到海外旅行，回來時，偷偷的夾帶了一些鑽石，企圖不透過納稅入境，結果被海關查出扣留，鑽石差點被全部沒收。

一個猶太人面對這種情況時，非常驚奇：「為什麼不依法納稅，正大光明的入境呢？」

在猶太人的生活中，很多行動都要進行納稅。來去必須納稅，為了與信奉同一宗教的人一齊祈禱必須要納稅，結婚要納稅，生孩子要納稅，甚至連替死者舉行葬禮也要納稅。猶太人認為，稅金就是與國家所訂的「契約」，不論發生什麼情況，都要履行。誰逃稅，誰就是違背了和國家所簽的契約。違背神聖的契約，對猶太人來說是無法容忍的。猶太民族是個流浪民族，受迫害的猶太人必須處處學會保護自己。他們保證為國家納稅，無疑是為自己能擁有居住國的國籍，受人尊重而交了學費。千百年來，他們能在別人的國家長期居住，並且賺得比其國民更多的金錢，這其中一部分當然要歸歸於「絕不漏稅」帶來的效應。

但是，猶太人「絕不漏稅」並不代表他們輕易的就交不必要的稅款。也就是說，他們絕對不會被人胡亂徵稅。這是由他們精明的商業頭腦決定的。猶太商人在做一筆生意之前，總是要先經過全方面考慮，算出除去稅金以外，他們大約能獲得多少純利潤。

一般商人在計算利潤時，總是把稅金加進去。而猶太人的利潤則是除掉稅金的淨利。「我想在這場交易中，賺十萬美元的利潤。」當猶太

人這樣說時,那麼這十萬美元的利潤,絕對不包括稅金。

如果說在「絕不漏稅」方面,猶太人有股「傻」勁,那麼計算利潤除去稅金,這確是合乎猶太人精打細算的風格。

守約就是注重形式

古時候,有個賢明的猶太商人,把兒子送到很遠的耶路撒冷去學習。一天,他突然患了重病,知道來不及見兒子最後一面了,便在彌留之際,立了一份遺囑。上面寫清楚,家中所有財產都轉讓給一個奴隸;不過若兒子想要哪一件財產的話,可以讓給兒子,但只能是一件。

父親死了之後,奴隸很高興自己得了好運,他連夜趕往耶路撒冷,找到死者的兒子,向他報喪,並把老人立下的遺囑給他看。兒子看了非常驚訝,也很傷心。

辦完喪事後,這個兒子一直在盤算自己應該怎麼辦,但想來想去也是一頭亂麻。於是,他跑去找社團中的拉比,向他說明情況後,就發起了牢騷,認為父親一點不愛他。

拉比聽了卻說:「從遺書來看,你父親非常賢明,而且真心愛你。」

兒子卻厭煩的說:「把財產全部送給奴隸,不留一點給兒子,還賢明呢,只讓人覺得愚蠢。」

拉比叫他靜心想一下,好好動動腦子。只要想通了父親的希望,就可以知道,父親為他留下了豐厚的遺產。拉比告訴他,父親知道:如果自己死了,兒子又不在,奴隸可能會帶著財產逃走,連喪事也不告知他。因此,父親才把全部財產都送給奴隸,這樣,奴隸就會急著去見兒子,還會好好的財產保管,而奴隸也屬於財產之一。所以,兒子只需要占有奴隸,奴隸的財產也就全部屬於兒子──即他的主人了。

很明顯,這個猶太商人確實是用了一個小計謀,讓奴隸吃了一個「空心湯圓」。遺囑所給予奴隸的一切都建立在一個「但是」的基礎上,前

提一變,一切所有都化為泡影。這樣一個心機暗藏的話術,是這個猶太商人所立遺囑的關鍵。

說穿了,猶太商人在立遺囑時就抱著無效的打算。換句話說,也就是在立約時就打算毀約,因為這是一份出於無奈之下所立的遺囑。誠如拉比分析的,他當時面臨的是「或者讓步,或者徹底失去」這樣一種無可奈何的選擇,所以他只能讓步,透過把全部財產轉讓給奴隸,使奴隸不至於帶著財產逃走。

然而,這種讓步又是他不情願的,真的把財產都給奴隸,和奴隸帶了財產逃走,這兩者對他兒子來說,基本上是一樣的。但按照猶太人的規矩,無論他還是兒子,都不能隨便毀約。

為了解決這個難題,猶太商人聰明的想出了這樣的辦法,他在遺囑中裝進了一個自毀裝置,兒子只要找到這個裝置,就可以在履約的形式下取得毀約的結果。果然,在拉比的開導下,兒子真的啟動了這個自毀裝置,嚴肅的遺囑在形式上得到了履行,而實際上,至少對那個奴隸而言,則完全作廢了。

所以,這個寓言真正要告訴人們的是:如何藉履行契約的形式來取得毀約的效果。這個命題看上去極不像話,一個素以守法守約著稱的民族,怎麼可以產生這樣的想法,這豈不是極不磊落極不光彩的小人之舉?然而,這恰好符合現代法制的本質與精神。

貨幣經濟範圍內的合理、合法或正當等觀念以及保證這些觀念得以實現的法律、規章、程序等等,從本質而言都是某種形式化的東西。相應的,在經濟領域中,對人們守法守約的要求,也只能是從形式上守法守約的要求。

所以,以守法的形式取得違法的效果,以履約的形式取得毀約的效

果，正是最符合形式合理化精神的守法守約行為。這就是說，猶太商人在差不多兩千年前立下的一張遺囑，就已經內含著現代資本主義經濟秩序的本質要求。

猶太商人良好的法律素養，使他們既樂於守法守約，又非常善於守法守約。這個「善於」指的是他們有能力有辦法最大限度的達成自己的目的，或許這一目的在實質上，是不符合法律或契約規定的。這種強調形式上守法的精神還有一種說法，叫「雅各的樹枝」。所謂「雅各的樹枝」，也就是在合約中暗設與己有利而對方一時又察覺不出的機關。

猶太商人很清楚，商場上，首要的不是講道德不道德，而在於合法不合法。只要合約是在雙方完全自願的情況下達成，並且符合相關法規，即使結果很偏頗，也只能怪吃虧一方自己事先沒考慮周全。正因為這個道理，《聖經》才堂而皇之的記下了「雅各的樹枝」的典故。

酵母、鹽和猶豫

猶太人的比喻總是富含幽默的成分，他們說，有三種東西不能使用過多：

做麵包的酵母、鹽和猶豫。

酵母放多了，麵包是酸的，鹽放多了，菜是苦的，猶豫多了則會喪失稍縱即逝的商機。

猶豫是因為恐懼和失敗。失敗讓人變得膽小謹微。猶豫的表現是以各式各樣的藉口延緩行動。結果是坐失良機。

朗訊技術公司董事長兼執行長理查・麥克金有一句名言：「或者高速前進，或者失敗。」在今天，數位資訊的力量正在營造著一個瞬息萬變的商務環境，其變動的速度快得令人難以置信。所以，為了開展業務，

成功的商界領袖應該利用一種新的方式,即提高業務流程和組織的效率並使之現代化。

在很早以前,猶太人的格言裡就有這樣一句話:「人生之門不是自動門,若我們不主動推開或拉開,它就永遠關閉著。」坐而言不如起而行。不採取行動,一切會越來越糟糕。有行動才有事物的轉變。讓不成熟的行動走在萬全的想法之前,才是上上之策。儘管行動不完全成熟,但可以收到實效。只有產生實效的行動才可能為想法提供依據,有依據的想法才會碰出巧妙的火花。

拙速勝於遲巧

在經商方面,猶太人一方面信奉忍耐,但另一方面,他們又提倡決策時的果敢與迅速。在交易中,猶太人會耐著性子,等待對方態度的改變。然而,當其知道不划算時,不用說三年,哪怕半天,猶太人也不會等待。猶太人一旦決定在某項事業上投入人力、物力,他會制定投資一個月後、兩個月後和三個月後的三套計畫。

一個月後,就算實際情況與事前預測出現相當的差距,他也絲毫不會吃驚或動搖,仍一個勁兒的追加資本。兩個月後,實際情況仍不理想,還會進一步追加資本。關鍵就看第三個月的實際情況。這時如果情況仍與計畫不符,又沒有確切的事實證明將來會有好轉的跡象,那麼猶太人會毅然決然的放棄這種事業。

放棄也就放棄在此以前的投資和努力。儘管如此,猶太人仍會泰然自若。生意雖然不如意,但因為不留後患,將來不必為一堆爛攤子而費腦筋,這樣反倒樂得自在。換成一般人,情況就不同了。

「好不容易才達到這個地步,再堅持一陣子就⋯⋯」

「現在放棄的話,三個月的努力不就付諸東流了嗎?」

抱著留戀的猶豫心情繼續下去,結果越陷越深,終於弄得粉身碎骨。

公司並不是戀愛對象,僅是創造利益的工具——這就是猶太人冷靜的公司觀。

S這個字,是「旅行皮包」的代名詞,它代表著世界上最著名的旅行皮包公司。而該公司的董事長,也是猶太人。

S公司最初將總公司設在芝加哥,公司經營狀況良好。可是,芝加哥的空氣污染嚴重,董事長患上了肺結核。醫生勸他外出治療,暫時避居南部。考慮到若戰線拉得太長,將不利於自己管理公司,再加上猶太人素來珍視自己的健康,所以董事長毅然賣掉了芝加哥的總公司,前往南部。在療養期間,他充分利用時間,在當地建廠,繼續製造出售旅行皮包,公司最後規模越來越大。決斷時乾淨俐落,毫不拖泥帶水、遺留後患,才促成日後的成功。

當斷不斷是最大失策

經營是對魄力的一種檢驗。對經商者而言,深思熟慮,左右權衡是必須的,但「該出手時就出手」的決斷能力,卻也是萬萬不能缺乏的。猶太商人在經營生意中,能依據外部環境的變化,特別是市場和競爭對手的變化,來及時調整自己的策略戰術,這確實是非常高明的。

二十世紀中期,英國一個叫詹姆士‧戈德史密斯的猶太人,從哥哥那裡借來一筆錢,自己開辦一間小藥廠。他親自在廠裡組織生產和銷售,從早到晚每天工作十八個小時。幾年後,他的藥廠發展得有點規模了,每年盈利幾十萬美元。但靈敏的詹姆士經過市場調查和分析研究後,發現藥物當時發展前景不大,而食品市場前途無量。因為世界有幾

十億人口，每天要消耗大量的各式各樣的食物。經過深思熟慮，他賣掉了自己的藥廠。之後，他向銀行貸得一些錢，買下「加雲坎食品公司」的控股權。二十年後，他的食品連鎖店達到 2,500 家，成為英國最大的食品公司，而詹姆士本人也成為了世界二十位超級富豪之一。

設想，如果當初詹姆士抱著自己的小藥廠死死不鬆手，又怎麼會有今日跨國連鎖店的輝煌呢？猶豫不決常常會貽誤戰機，只有迅速出擊，搶先行動，才能坐穩頭把交椅。對於這一點，勞埃德公司恐怕最有發言權。

勞埃德公司最早設在倫敦泰晤士河附近的一家咖啡館內，那裡是商人聚集洽談交易的場所，後來逐漸發展為保險公司。當時咖啡館的創辦人是猶太人愛德華・勞埃德，公司就是以勞埃德命名。如今，英國的勞埃德保險公司已成為世界保險行業中名氣最大、資金最雄厚、信譽最佳、歷史最久、賺錢最多的企業。

西元 1866 年，汽車誕生了。為滿足客戶的要求，勞埃德公司在 1909 年第一個承接了這一新事物的保險。在當時的情況下，還沒有「汽車」這一名詞，勞埃德公司將這一專案暫時命名為「在陸地航行的船」。

在開發保險專案中，勞埃德公司不喜歡步他人之後塵，而喜歡另闢蹊徑，始終走在他人前頭。該公司首創了太空技術領域的保險。目前，勞埃德公司承保的專案可謂五花八門，從太空衛星、超級油輪直到脫衣舞女郎的大腿和主演動作片的男影星的人身安全。但令人驚奇的是，勞埃德公司卻不受理各國最普通的人壽保險業務。

世界保險市場行情風雲變幻，標價懸殊。為了防止競爭對手搶先，就得講速度、講效率。勞埃德公司在倫敦的總行是一個像火車站一樣的三層樓房。每層都隔成了小房間洽談保險業務，經紀人川流不息的出入這些鴿籠式的房間，遞上紙條，寫明申保專案細節，當面做些說明或解答，雙方達成協議後，承辦的保險商簽個字，一筆保險費高達百萬美元的生意在短短幾分鐘內就做成了。

日本經營大師土光敏夫說過：「一味追求完美，就會錯失良機。即使只能得六十分，也要速戰速決，決斷就是保住時機。該決定時不決定是最大失策。」事實證明，那些快速行動的公司常常是最有成效的公司。快速行動既能調整業務，而且還能抓住新機遇。如果不能快速的滿足客戶的需求，就會被競爭對手取而代之。一旦思想方式適應了行動的需求，商業運作就會產生明顯的奏效。

用錢買生存

由於歷史和宗教的原因，猶太人的命運總是飄蕩不定之中。為了保證基本的生存條件，猶太人動用了他們身邊最有效的一件武器——金錢。在遭受異族排擠時，在面臨反猶分子的血腥慘殺時，他們無數次的供出了「錢」——這根金色的魔杖。這時，我們或許能明白猶太商人不顧一切賺錢的真正原因了。賺錢，在我們看來，只是為了遊戲或者享受，而在他們，卻關乎著生存。

在歷史上，金錢曾多次充當了猶太人的「保護神」。十七世紀的荷蘭是世界上第一個典型的資本主義國家。當時，荷蘭一方面已經擺脫了西班牙的軍事政治管轄，另一方面脫離了宗教的干涉和紛爭。工商業尤其是商業發展迅速，它的資本總額超過了當時歐洲其他所有國家的資本總額。

1654年9月，一艘名為「五月花」的航船由巴西抵達荷屬北美殖民地的一個小行政區——新阿姆斯特丹。這裡是荷蘭西印度公司的前哨陣地。

「五月花」為北美帶來了第一個猶太人團體——23個荷蘭的猶太人，他們是為了逃避異端審判而來到這裡的。但當他們耗盡氣力抵達這裡時，出於宗教偏見，當地的行政長官彼得‧施托伊弗桑特卻不收留

他們，要他們繼續向前航行。並呈請荷蘭西印度公司批准驅逐這些猶太人。

但是，出乎施托伊弗桑特的意料，當時的荷蘭已不是中世紀的荷蘭，猶太人也不是毫無權力任人宰割的猶太人了。這些新來的猶太人一方面據理力爭，一方面設法與荷蘭西印度公司中的猶太股東取得了聯絡。在這些猶太股東，也就是施托伊弗桑特的「雇主」的盡力干預下（荷蘭西印度公司對猶太股東的依賴遠甚於對施托伊弗桑特的依賴），這個小行政區的「君主」只好收回成命，准許猶太人留下來，但保留了一個條例：猶太人中的窮人必須設法自救，不得讓行政區或公司增加負擔。這個條件對猶太人來說毫無意義，因為自大流散以來，猶太人就沒有向基督教會乞討過，他們有完全自立的能力。這些猶太人就在這裡定居下來，並且建立了北美洲第一個猶太社團。之後，這裡成了北美洲最大的猶太居住區。

卡普蘭的報復

用商業手段來抵制反猶主義，幾乎成了猶太人自我保護的一種常規武器。自十九世紀出現大量猶太銀行之後，許多猶太金融家如羅斯柴爾德家族等，多次以貸款為武器，來抵制一些對其國內猶太人進行歧視虐待的政府。

J·M·卡普蘭是美國藝術界有名的「卡普蘭基金」創立人。他是靠做糖和糖漿生意起家的。有一次，他手裡儲存著大批的糖，但市場卻很委靡。為了讓這批貨有個出路，卡普蘭去找一個大客戶——威爾士葡萄公司，想尋找點希望。該公司對他手裡的糖很感興趣，卻不願跟他做生意，因為他是一個猶太人。

卡普蘭一氣之下，決定對這個公司的幾個經理予以回擊。當時威爾士公司是個公營公司，股票已經上市。

卡普蘭便開始收購威爾士公司的股票,一直到他有足夠的股權,有了在董事會上拍板做主的權力。這時,他就毫不客氣的請這幾個經理走人。清理完反猶主義分子之後,卡普蘭隨即把威爾士公司的股票一拋,改行做別的生意去了。

希夫的力量,金錢的力量

猶太人不僅善於用金錢自保,並且強烈的民族感讓他們也善於用金錢保護自己的同胞。1933年希特勒上臺,猶太民族陷入了空前劫難,納粹德國鐵蹄所到之處,猶太人大批被屠殺,家破人亡。為求生路,他們大規模逃離德國和已被德國兼併的奧地利。

然而,亡命逃走的猶太人仍走投無路,各國政府出於種種原因,都不肯收留他們。只有當時世界大城市中唯一不需簽證的上海,向猶太人敞開了大門,約17,000名德國和奧地利猶太人,以及約1,000名波蘭猶太人,跋山涉水,流亡而來,在整個戰爭期間虎口餘生般的倖存下來。

當時的上海,名為中國城市,實際被日本占領著,所以,儘管上海本身不一定會拒絕猶太難民,但真正的決定權掌握在日本占領當局或者日本軍部手中。

眾所周知,第二次世界大戰中,日本和德國和義大利結盟,同為軸心國。日本政府和軍部的政治決策,很大程度上受納粹德國的影響,而且,日本方面負責猶太事務的軍官,反猶傾向也極其強烈,並在德國方面的催逼下,也一曾制定過滅絕上海猶太人的「河豚計畫」。但正是日本人,在猶太人逃離納粹德國的魔爪時提供了過境簽證的方便,在猶太難民湧向上海時開門接納他們,最後即使把上海猶太人關進隔離區,也並沒有真正的滿足德國人「最後解決」猶太人的要求,從而使這近兩萬名猶太人得以倖存下來。

原來，日本之所以放過猶太人，是因為在它作為一個遠東軍事強國崛起的過程中，曾經接受過一個猶太富商雅各布·希夫的至關重要的幫助。

當時，日本在甲午戰爭中消滅了清王朝的北洋水師，它在東方的海上霸權基本確立，唯一的對手是俄國海軍。這兩個擴張中的帝國互不抗衡，終於爆發了 1904～1905 年的日俄戰爭。

當時的日本家底還很薄，戰爭爆發後，亟需資金，尤其是海軍方面更是迫切。然而，當日本政府向西歐各國要求貸款時，各國政府和金融界都非常淡漠，因為它們都懷疑日本是否有能力作為一個現代國家存在下去，不願意做這筆可能賠本的買賣。

正當日本政府走投無路之時，雅各布·希夫的庫恩·洛布公司出面，為日本政府發行了兩億美元的多國債券，籌集起數筆貸款，借給日本，為其解了燃眉之急。這些貸款中有半數用於海軍方面，從而使日本海軍隨後能決定性的打敗俄國的波羅的海艦隊，確立了日本的遠東霸權。

不僅如此，庫恩·洛布公司的貸款還帶動了歐洲的金融界，使它們開始信服和支持日本，完全改變了日本國在歐洲金融界的形象。

日本人包括政府和國民，都視雅各布·希夫為恩人，日本天皇親自授予他旭日勳章。

對一個像雅各布·希夫那樣精明而講求實際的銀行家來說，資助日本人顯然是一個不同尋常的舉措，但不能僅僅用生意的眼光來看待。原來，希夫是把資助日本作為緊急抗議俄國政府虐待俄國猶太人的行動之一：這筆貸款是在 1903 年俄國發生屠殺猶太人事件的抗議之後借出的。可見，希夫的這筆貸款，旨在使日本人打敗俄國人，以此來保護俄國猶太人的生存權利。

作為一個企業家，儘管希夫業務繁忙，但他仍安排出足夠多的時間關心猶太共同體的事務。希夫在美國的地位與羅斯柴爾德在英國的地位相當，是美國猶太人的實際領導人。人們甚至可以說，幾乎所有對全世界猶太人具有影響的重大決策都是由庫恩·洛布董事會仔細敲定的。

希夫曾經宣稱：「我可以一分為三，我是個美國人，我是個德國人，我是個猶太人。」雖然他和猶太復國主義者保持著一定的距離，但為猶太民族的復興做了很多的工作，他出力建立了「海法技術學校」和「阿提特農業實驗站」。第一次世界大戰剛開始時，巴勒斯坦猶太人面臨可怕的危機，在美國猶太人委員會為此籌集捐款，希夫的資金了一半。在整個大戰期間，要是沒有他的幫助，巴勒斯坦的猶太人可能早就餓死了。

1967 年，東歐各國跟隨蘇聯，都跟以色列斷絕外交關係，只有羅馬尼亞除外。以色列政府經過反覆談判，終於說服羅馬尼亞總統西奧塞古（Ceauşescu），答應讓羅馬尼亞的猶太公民離境，條件是：以色列為羅馬尼亞的軍事裝備進行檢修；向羅馬尼亞進口商品，數量一定要超過其直接的需求；最重要的是，為獲准離境的每一位猶太人提供 3,000 美元。到 1989 年西奧塞古下臺並被處死之前，以色列政府共支付了 6,000 萬美元的猶太人離境費，其中約有一半以現金的形式交付與西奧塞古及其家人。這筆費用的主要來源是美國猶太商人。

米特曼與「摩西行動」

衣索比亞猶太人是黑人猶太人，他們自稱是「貝塔以色列」，意為「以色列之家」。為了讓這些衣索比亞猶太人返回故園，面對衣索比亞政府不肯放猶太人出境情況，以色列政府設法打通了和衣索比亞毗鄰的蘇丹，讓猶太人先透過邊境到達蘇丹，然後再由蘇丹返回以色列。

而當時蘇丹政府對以色列抱有敵視態度，為了讓其同意以色列接運這些猶太人，以色列政府再次採用金錢的方式。以色列一方面請求美國向蘇丹提供高達數億美元的財政援助，一方面也差不多支付每人 3,000 美元的費用，向蘇丹共支付了 6,000 萬美元的贖金。資金的來源同樣是世界各地猶太人的捐款。

這次行動被稱為「摩西行動」，共有一萬多名猶太人回到了以色列。由於行動是在蘇丹政府默許的情況下進行的，所以事情不能過於公開化。在這時候，以色列政府受到了一個真正的猶太商人的大力協助，即比利時的百萬富翁喬治·米特曼。

米特曼擁有一個航空公司——跨歐洲航空公司，由於飛行員和機組人員每年運送蘇丹的穆斯林去麥加朝拜，所以對蘇丹首都喀土木的機場情況非常熟悉。米特曼願將公司的飛機交由以色列政府隨意支配，並對此事保密。

後來，由於運送猶太移民的情報洩露，蘇丹通道被關閉了。這樣從 1979 年起到 1985 年上半年為止，雖有一萬多名衣索比亞猶太人回到了以色列，但仍有一萬名仍滯留在衣索比亞。這就證明，以色列政府為每一個由蘇丹返回的猶太人支付了 6,000 美元。

靠奇招異術賺大錢

我們所說的奇門異術主要是指收藏。

收藏是一個很能積攢財富的行業。世界上很多東西無法再造，那麼它們存在的數量只會越來越少，正應了那句話，物以稀為貴。

古錢幣，因為朝代更迭，歷史遠去早已廢棄不用。這些古錢幣雖然沒有流通價值，但收藏價值卻很大。既是研究人類歷史和人類經濟史的

實物實證,又是研究人類製造藝術史的第一手資料,所以其價值反而遠遠超過流通價值。

收集並買賣古錢幣能賺很多利潤。羅斯柴爾德家族的創始人邁爾就是靠收集和買賣古錢幣而積聚自己的財富。

古董的收藏更能賺大錢。有時候,一件古董就可以使你家族終生富有。

中國、印度、埃及、巴比倫並稱四大文明古國,有很多文物埋於地下。若能對這些東西進行收藏,實際上是擁有了鉅額財富。

但是,古董的收藏和買賣必須合法,絕對不能走私,進行違法的勾當。

中國的古董品種眾多,遍布中國各地。秦磚漢瓦、青銅器、金器、銀器、玉器、漆器、瓷器……應有盡有。

名人字畫,屬於高級藝術品。名人仙逝,作品價格往往倍增,甚而會在一夜間變得價值連城。能夠持有或者收藏他們的作品,也是為子孫後代積攢一大筆財富。

世界上名人字畫的拍賣價居高不下,甚至於連創新紀錄,簡直有些不可思議。這不光是人的愛好,更說明人類對自身文明的高度重視。家中懸掛名人字畫,也會提高主人的修養和人格。

另外紀念章、石頭也很有收藏價值。

陝西有位石頭收藏家,用兩百多塊人民幣買了一塊黃河石,石上天然生就一位偉人頭像,這塊石頭今日恐怕值一二十萬(1 人民幣≒新臺幣 4.5 元)也沒什麼問題。

收藏行業的生意屬於高級生意,一般人很難做。

收藏首先要有相關的專業知識以及特別豐富的實踐經驗，還得具備一定的資金。沒有家傳的知識和經驗很難做到。

收藏時要時時睜大慧眼，不可放過一絲一毫的蛛絲馬跡。而對收藏的鑑賞和估價又更難了，沒有幾十年的經驗很難掌握要領。

從事這個行業需要特殊的人才，常人不要輕易染指。這行業容易上癮，沒有特殊才華和本領而又上癮，絕對會身敗名裂。

錢就是錢，沒有高低貴賤

錢是貨幣，象徵著富有或者貧窮，但錢本身不存在貴賤問題。

我們只需注意一個問題：錢的來路合法即可。

猶太人的賺錢觀念和傳統的道德觀念完全不同。他們絲毫不認為開旅館、開計程車、開汽車旅館、春樓妓院等賺來的錢就骯髒，也不以為賣苦力賺的錢就乾淨。

錢到了手裡，誰還能分辨哪一張是乾淨的，哪一張是帶菌的？

因傳統的文化倫理觀念和基本的良心發現，偷和搶被禁止，而妓女的錢卻是乾淨的。因為在許多國家，妓女的存在是合法的，合法的就是乾淨的。

這裡絕對沒有叫大家都去開妓院的意思，而是讓大家明白一個觀點：在法律許可的邊緣和縫隙裡去尋找生錢的方法。

這些東西的利潤往往很豐厚。

讀書人沒有必要自命清高，老年人也沒有必要過於正統。社會的改革和進步總會產生一些新鮮的東西，也將淘汰一些陳腐的東西。合理的生存下來，非合理的隨著時間淹沒。

所以從事科學的沒必要瞧不起開餐廳的；富有、受過良好教育的人也沒必要瞧不起在路邊叫賣的人。

錢首先是生計之需，其次是事業和社會進步的需求。

無論怎麼弄到錢，只要不犯法，都是英雄和好漢。

錢不分新舊貴賤，具有同等的價值作用。這才是猶太人的賺錢觀念。

有錢人的特點 ── 熱衷於比賽

大富翁有個特點，不知道自己究竟有多少錢，金錢本身也不能令他們快樂。他們對金錢可以說已經熟視無睹。他們喜歡的是金錢的運作過程。金錢只是一個分子，富翁喜歡的是比賽這個分母。

林恩已過退休之年，仍然衝殺第一線，決心買下威爾森公司。

威爾森是個老牌大公司，也算得上是一個小型的集團企業。從事三種行業：肉類麵包、運動器材、藥品。年銷量達十億美元，是LTV的兩倍。林恩這隻老狐狸開始打它的主意了。

方法：用別人的錢。

威爾森公司是華爾街的低值公司，就是說他的盈利額與同類公司相比太低了，當然股票價格也不會高。原因是公司聲望不高，沒有引起投資者的關注。

因威爾森公司股價低，林恩花八千萬美元就能擁有該公司的控股權了。

八千萬從何而來，用LTV股票去借！

他借錢買下威爾森的大部分股票，使威爾森成為LTV的一部分。

但是，又面臨一個問題：八千萬的帳怎麼辦？

他把大部分的欠債轉移到威爾森公司的帳上，然後，把威爾森三個子公司分別發行股票。這些新股票大部分歸LTV，其餘的賣給大眾。股票賣出所得的錢，基本上可以償還那筆債務。

幾乎沒花錢，又收獲了一個大公司，讓人驚嘆不已。

好戲還在後頭。

大眾知道林恩是威爾森的後臺老闆後，子公司的股價一路上漲，而LTV擁有四分之三威爾森公司的股票，威爾森的股票上漲，LTV的價值也隨之上漲。

結果，三個子公司的價值合起來，幾乎是原來威爾森母公司的兩倍。

林恩就是這樣，利用別人的錢，把那些大公司一家一家的買了下來。

但事物的發展軌道總是否極泰來，盛極而衰。最後LTV由於國家和世界經濟的不景氣而滑坡，股票從每股135美元跌至9美元。

是不是上帝在懲罰人，空手而來的東西得送還於人？

但無論結局如何，林恩的聰明才智和精湛手法還是值得經商之人認真學習的。

致富的方法是可以學習的

致富是天經地義的事，任何人都可以學習致富。

致富並不難，就看你有沒有決心。

斯通就是持這種觀點的人。他堅信賺錢方法是可以學習的。

所以斯通一生的大部分時間用在宣揚致富之道上。他以此為主題寫書，所創辦的雜誌也是大力宣揚致富主題。

致富之法真的可以學到嗎？

坐下來閱讀、聽講、吸收，然後用這個萬無一失的公式出擊，就能創業賺錢嗎？

這符合生活的實際情況嗎？

但有一點是不容置疑的，不管致富的方法能不能傳授，一般學校是不會開發財學這門課程的。

而人生的一般規律是：許多東西是要在受過教育之後靠自己去摸索的。教育本身給他們的是無形的能力。

我們目前的教育制度，並沒有教人如何專門致富。那麼就讓我們的書本來擔當這個角色，來填補這個空白。這就是致富之書大受歡迎的原因。

人人都想致富，在課堂上卻無法學到，只好就求助於書本。

讀書不可能一絲不變的沿著富翁的腳步走，但書中那種潛在的奮發力，那種樂觀的人生態度和由此而產生的希望，很可能使人們沉迷於成功。這種觀念的產生就足以改變人們的一生。命運之航就從這裡啟程了。如果你一點都不去做，成功的機會等於零。

金錢和性

世界上許多宗教都是禁慾主義者，而猶太人是個特例，既有宗教信仰，卻不禁慾。猶太人不是一個禁慾主義的民族。

在猶太社會中，沒有「清貧」這個意識。猶太人認為，一個人在年輕時應該窮一點比較好，他們的意思是希望每一個貧窮一點的年輕人最後都能成功。一個人只要有青春的活力，那麼貧窮就會賦予他一種衝動最大的力量。年輕時候的貧窮是應該感謝的，因為它帶來了努力和希望。

可是到了中年以後，一個人仍然一貧如洗，那就太悲慘了。因為年輕是開始，中年是結果。中年以後還貧窮，說明開始存在問題了。

猶太人從不認為金錢和性是骯髒的東西，相反，還會有益於人生。同時，他們也不把貧窮當做一種罪惡和羞恥，只是覺著貧窮很不方便。

金錢和性有其共同點，兩者缺一，都會讓人時常掛念，直到得到之後，才有心去享受其他樂趣。金錢和女人是人生不可或缺的安慰。

從人類的幸福來看，貧窮是最大的敵人，而要在貧窮中保持精神的獨立，幾乎是難以做到的。

《聖經》上說：

「貧窮人的智慧被人藐視，他的話也無人聽從。」

從《聖經》開始至現今，這種觀念都沒有改變。

猶太社會裡也有乞丐存在，人們對此一點毋須驚異。乞丐是神允許的職業，是人們行善的對象。猶太人的乞丐有個特點，並不挨家挨戶去行乞。

在猶太乞丐中，也有許多愛讀書的人，其中有些人竟然也通曉《塔木德》和《猶太教則》的討論。大概正因為這個原因，《塔木德》中才有許多為窮人辯護的格言：

「不要看不起窮人，因為有很多窮人也學識滿車。」

「不要輕視窮人，他們的襯衫裡面藏著智慧的珍珠。」

古代猶太社會裡，曾有許多隱士，他們擺脫了一切世俗的煩惱，去尋求神仙般的生活。他們一方面苦修宗教，一方面向神禱告，猶太人稱他們為「那吉爾人」。這些人遠離了酒色，在沙漠上過一年或十年，但一旦回到社會，便立即請求神寬恕自己。因為在猶太教中，對生存的愉悅

進行否定是一種罪行。這種觀念至今保留著。

金錢，美酒，歌聲，性……都是人生所需要的樂趣。但是人有時可以讓自己擺脫一下常軌：時而酩酊大醉、口出囈語；時而引吭高歌，放鬆心情；甚至還要打打架，來趕走心中的煩悶，這原本就是無可非議的。可是一個人無論如何擺脫常軌，都應該讓自己的行為有益於正常的生活秩序。

不害怕人生齒輪的亂轉，怕得是人生齒輪終生亂轉，那就麻煩了。

衡量人的尺度

古代有位拉比說：

「若要測知你是否對神真心敬愛，只要看你是否真心愛你的朋友就知道了。」

請看《聖經》上是怎麼寫的：

古時候，有一個國家戰爭連年，所以要徵兵，運糧，打造兵器，弄得老百姓的生活苦不堪言。偏偏在這個時候，前線傳來戰爭失利的消息。國王聽了非常生氣，他解除了將軍的職務，還把他驅逐出境，重新調派了一個將軍去前線作戰指揮。

國王懷疑第一個將軍，想看看他到底是愛國還是憎恨這個國家。國王經過一番思量，終於想出一個好的測試方法。

「假如我所懷疑的人衷心祝賀繼任者的勝利，他便是一個值得信任的人；反之，若對繼任者有不利的言行，那肯定是個賣國賊。那時候，就該治他的罪了。」

神創造人時，本來就希望人能與居住在自己心中的邪惡作戰。有些人與邪惡搏鬥的結果是敬愛神，趕走邪惡；但是有些人在這種苛刻而激

烈的作戰中，一敗塗地，成為邪惡的奴隸和俘虜。

衡量人的價值時，完全可以看這人是否誠心實意慶賀全隊的幸福。因為心同此理，當自己心中充滿幸福時，假如有鄰人來與我們共用喜悅，我們的喜悅就會翻倍。

上面這個方法是塊試金石，它可以讓我們了解普遍的人性：憎愛有別，態度鮮明。

有幾句格言送給大家：

◆ 假如你要尋找一個完美無缺的朋友，那你這輩子注定不會擁有朋友；
◆ 選擇妻子時要向下踏一層階梯，選擇朋友時要向上爬一層階梯；
◆ 喝下一口酒，就可以結識一百個朋友；
◆ 衡量人的尺度，說白了就是想知道這個人的心是否誠實。

現實主義是猶太人的生活準繩

猶太人有其特別的人生觀，也有其特別的價值觀，就是現實主義。在金錢上表現為占有心很強，一旦實施，占有為安。

現實的生活需求和高級的享受追求，使猶太人非常實際。手中必須要有錢。不追求金錢而安於貧窮的人為猶太人所輕視。

追求金錢和追求享受是同一回事。

有個猶太人，臨終前，召集所有的親友前來，對他們說：

「請把我的財產全部換成現金，用這些現金去買一張最高級、最流行的毛毯和床，剩餘的錢放在我的枕頭下面，我死後把這些錢放入墳墓作陪葬。我要把這些錢帶到那個世界去。到了那個世界沒有錢花可不行。」

親友們依照他的吩咐，買來了床和毛毯。這位富翁躺在豪華的床

上,蓋著柔和的毛毯,凝望著枕邊的金錢,安詳的合上了眼睛。

親友遵照遺囑,把餘額財富和他的遺體一道放進棺木。

這時候,來了一位朋友,聽說現金被放進了棺木,連忙掏出支票來,飛快的填上金額,放入棺木,拿走現金,並輕拍遺體的肩膀,說:

「金額與現金相同,你會滿意的。」

一對好友,一個希望把現金帶入另一個世界,一個卻用支票把它調包了。可見對現金的熱愛,到了何種程度。

可以看出,猶太人是最會算計的現實主義者。

賺錢和追女人同理

錢這個東西,有時也有些靈性,你輕視她,沒有辦法討她歡心,她就會遠離你,終生與你無緣。即使迎面相撞,也不會惠顧於你。而對那些會賺錢又想賺錢的人,錢就會主動找上門來讓你賺。

這就像那些特有魅力的男性,對女性極具吸引力。

說服好女人跟談生意一樣,嘴要會說,光會說好聽話不行,不好聽的話也會適時的說出而又能變得好聽。最少得會幾國文字吧,不然就難討女人的欣賞。

學識的淵博是很重要的。女人最初欣賞的是學識和風度。如果缺乏這兩點,說幾句話就沒詞了,那只好說拜拜。又如果剛開始就談性,恐怕就要被女人賞耳光了。

錢和女人一樣,光用追是難以成功的。錢和女人都生有結實的翅膀,你越追她逃得越快。你得召喚,喚動她的芳心,那她就會飛快的向你飛來。你不要把她拉進懷裡,而要讓她主動投入你的懷抱,這樣才是兩情相悅。

但要做到這一點，需要有許多具體技巧。首先你的「演技」要比對方高，否則被對方一眼看穿了可就沒戲唱了。要尊重對方，體貼對方，還要想一些點子計謀，讓對方覺得你很迷人，很有吸引力，願意與你周旋下去。

這最後的俘虜是非常難的。對方在你的尊重、體貼和各方的呵護下對你產生好感，就逐漸被你吸引，主動來到你身邊。

勤儉節約但不吝嗇

在吃飯送禮等好多小事情上，能夠反映出不同的金錢觀念。

有些傳統中式餐館沒有明碼標價，只有一張菜單。而你要了一桌菜，到結帳時老闆只說一句一共多少錢。華人又極其注重臉面，根本不好意思看帳單，說多少就拿多少。結果，這裡面就有很大的差距，有的是服務員少記了一道菜，餐館吃虧；更多的是跟顧客多算錢，顧客掏了冤枉錢。有的餐館水準很差，專門利用顧客這種心理撈取無本金錢。假如被有心計的顧客知曉了，最多說一聲對不起，把錢退給你就行。有些人呢，一走了之。華人算帳是八九不離十，不要太誇張就不開口細究。

至於猶太人，西方人的習慣是吃完飯後說一句請算帳。這句話的涵義是把帳單拿給我看看。華人現在學會了「買單」一詞，但只學了皮毛，沒學到實質。說是買單，帳單沒拿來，照樣付錢。外國人是看清帳單上的款項和價格後才交錢。他們絕不願意掏冤枉錢。

猶太人和西方人這樣做並不是吝嗇，而是節儉。華人的大方卻是浪費，是極其不認真的態度。

外國人過節也有送禮的習慣，一般都遵循一個原則：禮輕人意重。外國人只送小禮品，好玩，有紀念意義就行。並不是外國人沒有大禮，

而是不送,他們歷來奉行節省的原則。另外,也與法律的制約有關,外國公司的職員,如果收到價值 50 美元的禮物,便被視為受賄。

在真正的商戰中,這樣做肯定要吃大虧,重者可能要坐牢或被槍斃。

絕不亂花一分「冤枉錢」

美國是世界上最富裕的國家,猶太人則是世界上最富有的民族。長期以來美國的國民經濟生產總值一直高居世界第一,約占全世界經濟生產總值的三分之一。可以這麼說,天下財富,美國是三分天下而有其一。

但是,在美國的兩億多人口中,相當大的一部分財產卻被僅占區區六百萬的猶太人掌控著。很難說猶太人的財產到底在美國人中有多少占有率,但是,美國人自己有這樣一句話,叫做:美國人的錢在猶太人的口袋裡。這樣說,自然有誇張的意思,雖說是為了形象的表達一種普遍存在的看法,但它卻有著事實依據。

在商界,還有著這麼一句話:說若三個猶太人在家打個噴嚏,全世界銀行業都將大流行。五個猶太商人湊在一起,便能控制世界所有的黃金市場。猶太人富甲天下,富得流油,富得冒汗,富可敵國,那麼,他們應該過著世界上最幸福、最奢華、最講究的生活了吧?事實卻並非如此!他們絕對不輕易揮霍和浪費錢財,甚至不願花費能夠節省下的每一分錢,極其節儉與簡樸,猶太人有這麼一句古訓:簡樸讓人接近上帝,奢侈讓人招致懲罰。作為一個信教的民族,猶太人自始至終都遵循著這樣一條古訓。

日本學者手島佑郎曾經常年生活在美國,他發現,無論是在芝加哥、紐約還是在洛杉磯,只要猶太人逛街,他們總是有辦法買到便宜

貨。而許多猶太人購物，總是去專賣廉價品的商店。他們並不像常人所認為的那樣喜歡使用名牌商品，而是買非品牌的化妝品、餐具之類加以替代。透過他長時期的觀察，他認為，猶太人的節儉，並不等同於吝嗇。吝嗇鬼是在一切事物中都表現出一種特別的小氣，那麼猶太人則不同，他們只是對奢侈的東西表現得吝嗇。換句話說，他們絕不會為了滿足欲望而縱情揮霍，花半分的「冤枉錢」。

奢侈是一種病態心理

美國康乃爾大學的經濟學、倫理學和公共政策教授羅伯特專門研究現代世界正在一些地方蔓延的揮霍無節制的現象，發現產生這種現象的原因在很大程度上源於現代人的一種虛榮心。他認為，那些所謂成功人士和富裕階層的人，之所以會超越自己的消費需求不斷的浪費金錢和資源，只不過是為了向世人炫耀自己的「能力」。

他舉例說，在美國，一名執行長購買一幢面積達 1,500 平方公尺（約 453 坪）的住宅，不是因為居住的需求，而是因為與其地位相同的老闆都擁有如此大的住宅。達到一定地位的人，不僅要花錢購買與其地位相稱的住宅、遊艇、轎車，還必須擁有紅木傢俱，穿價值 200 美元一雙的鞋、旅行一天要耗費 350 美元等等。這些東西其實對於他來說，實用意義微乎其微，但會讓別人知道自己已經所獲得的身分。他引用另一位經濟學家范伯倫（Veblen）發明的術語，稱這是一種「奢侈病」，其病因是，人們「關注相對處境」勝過了「關注實際處境」。

之所以這樣說，是因為，當一個年收入 10 萬美元的人和一個年收入 8 萬美元的人在一起的時候，他就擁有強烈的幸福感，而當他與一個年收入 15 萬美元的人在一起時，他體驗到的竟不再是幸福，總是顧影自憐。

當然不僅是個人經驗了,在旁人眼裡,同樣會產生這種心理變化。假如兩個同樣成就的人,一個駕駛法拉利跑車出行,而另一個開一輛普通的商務轎車,那麼別人就會對前者高看一眼,而對後者的經營能力表示懷疑。有一位名叫史密斯的英國人在文章中這樣說:

同樣多的財富,讓你在世界絕大部分角落感到和克利薩斯一樣富有,但在蒙地卡羅或巴哈馬,你就會感覺自己如同叫花子。三位瑞典經濟學家發現,人類的幸福不僅取決於絕對收入,還取決於他們在收入等級上的相對地位……很大程度上是因為,他們害怕在不平等的社會裡掉入最底層。很多相互衝突的因素出現在這個公式中。人們受「與左鄰右舍比富」的欲望所驅使,奮發前進。「馬有大有小。只要鄰居家的馬比自己的小,住戶的一切社會要求就滿足了。可要是在這房子旁邊砌上一座宮殿,這座可愛的房子立刻縮成了小破棚子。」

我們稱這種心理為「比較心理」。

奢侈病對社會的危害是相當大的。上層消費行為的失控,並不僅僅影響著一個階層,他們對於整個社會的消費行為具有帶動作用,它會刺激各個階層的人狂熱也追求奢華,引起一種非理性的消費潮流。並且,這種病很容易影響到下一代,它就像病毒一樣,會傳染給當事人的妻子、孩子、親友以及所有與他親近的人。

僅僅是為了滿足少數成功人士的消費心態,我們的社會資源消耗已經到了難以承受的地步。曾有人這樣估算:假如全世界的人們都能理智消費的話,將資源消耗控制在實際需求而非虛榮需求的程度上,那麼,世界上的貧窮、飢餓、疾病現象將大大減少,因為現代生產力所創造的財富,幾乎能夠滿足地球上所有人的生存需求。

洛克斐勒的孫子是如何用錢的

洛克斐勒是世界上第一位億萬富翁，他在教育子女方面非常嚴格，從小就鍛鍊他們吃苦耐勞和獨立自主的能力。洛克斐勒建立了他的金錢帝國，但他絕不任意消費這些金錢，也絕不允許自己的家族成員躺在金錢的大廈裡恣意揮霍。他僅僅把自己當作這個帝國全部財產的管理者卻並非擁有者。

他的兒子小約翰‧戴維森‧洛克斐勒（與其父親同名，因此人們在其父親的名字前加上一個「老」字以示區別）繼承了父親的優點，同樣視勤勉和節儉為整個家族不可丟棄的傳統。不知是巧合還是有意的安排，一九二〇年五月一日，這一天是國際工人勞動節，小約翰‧戴維森‧洛克斐勒替自己十四歲的兒子（後來人們稱之為洛克斐勒三世）寫了一封信，信的主要內容是指定將來兒子要成為洛克斐勒基金會（由老約翰‧戴維森‧洛克斐勒設立的慈善機構）的主席，同時，與兒子簽下了一份備忘錄。備忘錄就是一份關於洛克斐勒三世應該怎麼對待零用錢的原則，共計十四項要求，現抄錄如下：

(1) 從五月一日起，約翰（指洛克斐勒三世）的零用錢起始標準為每週1美元50美分。

(2) 每週末核對帳目，如果當週約翰的財政紀錄讓父親滿意，下週的零用錢將增加10美分（最高零用錢全額可等於但不超過每週2美元）。

(3) 每週末核對帳目，如果當週約翰的財政紀錄不符合規定或無法讓父親滿意，下週的零用錢縮減10美分。

(4) 在任何一週，如果沒有可記錄的收入或支出，下週的零用錢保持本週水準。

(5) 每週末核對帳目，如果約翰當週的財政紀錄合乎規定，但書寫或計算不能令爸爸滿意，下週的零用錢保持本週水準。

(6) 爸爸是零用錢水準調節的唯一評判人。

(7) 雙方同意至少兩成的零用錢將用於公益事業。

(8) 雙方同意至少兩成的零用錢將用於儲蓄。

(9) 雙方同意每項支出都必須清楚、仔細的被記錄。

(10) 雙方同意沒有經過爸爸、媽媽或斯格爾思小姐（按：約翰的家庭教師）的許可，約翰不可以購買商品，也不可以跟爸爸、媽媽要錢。

(11) 雙方同意如果約翰需要購買的商品超用過零用錢使用範圍以外時，必須徵得爸爸、媽媽或斯格爾思小姐的同意。後者將給予約翰足夠的資金。找回的零錢和商品標注價格、找零的收據必須在商品購買的當天晚上交給資金的給予方。

(12) 雙方同意約翰不能向家庭教師、爸爸的助手和任何其他人要求墊付資金（車費除外）。

(13) 對於約翰存進銀行帳戶的零用錢，其超過兩成的部分（見細則第八條），爸爸將向約翰的帳戶追加同等數量的存款。

(14) 以上零用錢公約細則將長期有效，直到簽字雙方同時決定修改其內容。

上面就是老約翰・戴維森・洛克斐勒和他兒子的簽名。

這樣一份合約，可能會讓我們大跌眼鏡，頗感意外。可是，這正展現了猶太人對待金錢的一項基本原則。這也正是洛克斐勒家族的基本傳統之一。

生活富裕但有限度

洛克斐勒在十六歲那年，自己開始創業。他心裡埋藏著一個夢想，就是想擁有十萬美元。而此時，他幾乎可以說是一文不名。夢想和現實

之間的距離，讓他急於想了解賺錢的祕密。就在這時，他看見報紙上刊登了一則書訊，說它可以教你發財的祕訣。洛克斐勒迫不及待的把書買回來，翻開一看，只見書上僅印著一行字：

把你所有的錢當做辛苦錢！

這句話給剛剛走上人生之路的洛克斐勒極大的震撼。他發誓一生都要堅守這則「箴言」。他養成了一個習慣：每天晚上禱告之前，都要把自己當天所花的每一便士（英鎊輔幣的最小幣值）記下來，弄明白自己賺的錢去哪了，都是如何花掉的，理由是什麼等等。在他的財產迅速成長之後，他仍舊保持著自己的習慣，也沒有忘記自己的誓言。當孩子漸漸長大的時候，他把這句箴言傳授給孩子，而且親身躬行的教他們實踐。他經常會收到各地寄來的包裹，當著孩子的面，他將包裹的紙和用來捆綁的繩子保留起來，以備使用。為了節省，也為了讓孩子們懂得謙讓，他只買了一輛腳踏車，讓他們輪流騎。在他的影響下，孩子都學會了如何節省，如何克制自己的欲望。

身在石油大王的家庭，他的女兒看到暫時沒人在用的煤氣燈，會走過去將燈芯轉小一點，而他的兒子小約翰·洛克斐勒直到八歲的時候，身上穿的竟然全是姐姐們都穿不了的裙子，他頭上有三個姐姐。在我們許多人看來，洛克斐勒家族簡直到了吝嗇的地步，可是，要是反觀這個家族在慈善事業方面的大方和慷慨，你就會明白，他們的節儉來自優秀的民族傳統。

猶太人的新一代富豪謝爾蓋·布林儘管已經躋身美國富人榜五十強，在個人消費方面他卻保持了難得的簡樸本色。據說，他至今租住著一套兩居室的住宅，開一輛日本產的五座混合動力轎車，價格不過兩萬多美元，至多屬於中級水準。作為美國當今最年輕的富翁，布林宣導應過一種「有限度的富裕生活」，應當說，這展現了一種非常有益的精神。

第三章　行動力是致富的關鍵

生活富裕但有限度

只有快速出擊，才能搶占制高點。

一個猶豫不決的人是很難賺到大錢的，只有動作迅疾，行動敏捷，才有可能在激烈的競爭中獲得成功。這就像在拳擊場上一樣，不論你有多好的素養，多高的水準，多強的實力，但是你的動作不夠敏捷的話，就很難抓住那稍縱即逝的機會。猶太人在這方面的才能，可以說是訓練有素的。

第一篇　商場智慧：猶太人致富的經營之道

巴魯克，是著名的美國猶太企業家，在三十歲時，就成為讓人羨慕的百萬富翁。他聰明過人，知識豐富，曾擔任美國政府的多項重任。說起他的發跡，不能不歸功於他那迅捷行動的能力。在西元1898年時，年輕的巴魯克尚和父母親住在一起。當時，正在迅速崛起的美國和老牌帝國主義國家西班牙進行了一場戰爭。西班牙曾一度百戰百勝、威名遠揚的艦隊遠征美洲，在聖地牙哥附近被美國海軍一舉打落。這天晚上，巴魯克從廣播裡面聽到了這一消息，知道美國股票在各地證券市場將會大幅度上揚。於是連夜朝自己的辦公室趕去。

其實，第二天是星期一，按照美國證券交易市場的規矩，星期一停止營業，但英國的證券市場卻會照常營業。他著急的趕回去，就是要透過長途通信運作自己的股票資金。但時間實在是太晚了，已經沒有通往紐約的客運火車了。巴魯克當即決定租下一列專車，終於在黎明之前趕到自己的辦公室。當倫敦股市開始交易的時候，他果斷的賣出買進，做成了幾筆「大生意」。他的財產就此大幅升值，而他也因此有了一定的名氣。

透過巴魯克的行為，我們可以反省一下自己：

首先，你能從一條與經濟沒有任何直接關係的新聞中尋求到自己致富的資訊嗎？

第二，你獲得了這條資訊，能夠迅速做出相應的決策嗎？

第三，你做出了決策，能夠這樣立馬行動，而不是按照正常的作息規律行事嗎？

第四，你開始行動了，當行動受到阻礙的時候，會有克服那些阻礙的辦法嗎？

實際上，巴魯克在面對第四個問題時，是用超乎常理的思考方式來克服障礙。因為如果不果斷的租用專車，那麼他就不可能及時趕回自己

的辦公地點;如果按照當地正常時間交易,那他也就不可能在第一時間裡完成自己的交易。現在回過頭來看巴魯克採取的措施,覺得似乎並沒有什麼特別,但在當時,正是這些措施讓他果決而迅速的完成了決策。

後來,有人在談到巴魯克的經商經歷時說,正是由於他總是能夠比別人搶先一步,所以總是能夠及時的搶占制高點。

逆向思維,反其道而行之

所謂倒過來行動,並不是倒行逆施的意思,而是說,要把行動過程倒置,這樣做的目的,當然是為了使行動更主動,更迅速,也更順利、更漂亮。

西方的汽車工業,在二十世紀中葉就已經展開了激烈的市場爭奪戰。1960年代的時候,美國著名的福特汽車公司為了在競爭中戰勝對手,便奮發努力開發新車型。當時,福特公司的一家分公司,有一位名叫艾科卡的副總經理,他力圖創造銷售奇蹟,改善公司業績。為此,他主持研究開發了一款嶄新的福特轎車,他認為,這種設計大膽而新穎的轎車,一定頗受客戶的歡迎。可是,一年一度的大規模汽車行銷季節不久就要開始了,而這款新型轎車還僅僅展現在圖紙上。圖紙上的「轎車」,哪怕你設計得再好看,你的設計理念再新穎,若沒有樣車能夠讓顧客親駕駛著開一開的話,顧客是無論如何也不可能接受的。不光是顧客,還有汽車交易商。假如汽車交易商不能夠提前看到你的車型,不能夠對你新設計的車感興趣的話,一切也都會代為烏有。

艾科卡對此非常清楚。可是,以他的身分,他卻無法按照常規來部署這件事,因為,他終歸只是一位副總經理。但強烈的競爭意識和責任感,促使他不願被動的等待、聽天由命。於是他想了一個辦法,就是將

整個汽車生產過程倒過來：先規定轎車完成的最後期限，然後再分解時間，來安排生產流程。他先將目標徵得總部的同意，再運用總部的指示來調度全部的人力、設備和原材料，就這樣，僅僅過了幾個月，福特公司的新型「野馬」轎車就開下了流水線，順利進入了銷售商的展車室。當「野馬」轎車在整個美洲風靡一時的時候，艾科卡也從分公司的副總直接成為整個轎車和卡車集團的副總裁。

把握住機會，才能笑到最後

美國著名的石油大王洛克斐勒，最初並並沒有很強的實力。比起當時顯赫一時的亞利加尼德公司以及另外一些公司，他在人力、財力和物力上都顯得極其薄弱。但是，他善於尋找機會，一旦把握到了機會便即刻實行，將機遇的天平轉向有利於自己的一方面。

那時候，美國鐵路開發人在盛產石油的地方架設了鐵軌，因為他們知道石油生產出來，必須得運送出去。可是，由於盛產石油的地方都是些荒無人煙的地方，鐵路除了石油，沒有任何東西可運，所以，鐵路營運商只有等待石油公司的業務。

見鐵路開展業務必須依靠自己，當時幾家大型的石油公司都顯得非常傲慢。他們在有需要的時候才與鐵路營運商打交道，而在沒有業務的時候，則對他們置之不理。由於他們是唯一的客戶，所以還經常不守信用，這令鐵路公司非常苦惱。洛克斐勒和他的合作夥伴發現這一點，覺得這是個可以利用的機會。他們找到鐵路並與之協商，雙方簽訂一個合約，其內容就是，洛克斐勒石油公司固定向鐵路上提供石油運輸業務，每天的業務量是六十車皮（鐵路貨運列車車廂），而鐵路則給予洛克斐勒公司每桶讓利七分錢的優惠措施。對於正常的運輸價格來說，這個標準已經相當低廉了。於是，洛克斐勒抓緊機會，大力開拓自己的業務。由

於運輸價格比別的公司低了許多，因此在銷售的競爭中就占據了明顯的優勢。不久，洛克斐勒石油公司以驚人的速度快速發展，很快就躋身於世界最大的石油集團的行列。

從這個例子中可以看出，當年剛出道不久的洛克斐勒，雖然能力有限，但他卻以敏銳的嗅覺，時刻窺視著發展的機會和方向，一旦找到了有利時機，便果決的撲上去。因為他知道，像這樣的機會，只是在短期內才可能遇到，如果稍有遲疑，那就會轉瞬即逝的。而機會一旦把握住了，就有可能笑到最後。

在發現者眼裡，遍地都是機會

我們經常會聽到一些想致富、想發財的人感嘆：我怎麼這麼倒楣，總是與財神無緣相遇，幸運女神總是光顧別人那裡，卻從不關照於我。眼睜睜的看著機會跑到別人那裡去，別人紛紛下河裡撈魚去了，而自己只能站在河邊乾看。這種怨天尤人的情緒是那些缺少發現的人所一直持有的。但是，對那些善於發現者來說，發財的機會處處都是，你可以俯首即拾。不相信，講一個菲勒的故事給你聽：

菲勒從小在一個貧民窟裡長大。他小的時候，性格和一般的孩子沒什麼兩樣，喜歡打架、翹課、爭強好勝、調皮搗蛋，這些，似乎都算不上什麼特別之處。但是，有一樣，他和別的孩子不同，那就是，他天生有一種賺錢的本能。有一次，他在街上撿到別人丟棄的玩具車，回來後自己想辦法修好，然後帶到學校裡去給別的孩子玩。但是，他不是出借，而是出租，同學們想玩車可以，每人每次收取五角錢。僅僅一個星期之後，他賺的錢就夠買一輛新的玩具車了。

中學畢業後，菲勒因為家裡窮，不能再上學了，便走上街頭，當起了一名小販。他在街頭賣五金用品、電池、檸檬水，賣什麼都賺錢，讓

別的小販羨慕不已。又一次，菲勒下班後到酒吧喝酒，無意中聽見幾名來自日本的海員，正在那裡向酒吧服務員講述一件事，說是從日本來的一艘貨船在海上遇到風暴，一船絲綢全部被海水浸濕，絲綢上面的顏色互相浸染，弄成了大花臉，已經無法銷售，船長正為這件事煩惱不已。扔到港口嘛，怕被罰款，運回日本嘛，又是一船廢物，只好打算在回去的途中扔到大海裡算了。酒吧服務員和旁邊的人聽了後都嘖嘖感嘆，認為這麼好的東西變成廢物太可惜，只有菲勒從中看到了財神在向他呼喊。他馬上找到船長，說自己願意免費幫助他們處理這批絲綢，分文不取。船長大喜，馬上讓他帶車來將絲綢運下船去。

　　菲勒接收了這批絲綢重達一噸之多，全部用來製作成迷彩服裝、迷彩領帶和迷彩帽子，十分暢銷。就這樣，小販菲勒一下子賺取十幾萬美元。再後來，他到郊外買了一塊土地，出價十萬美元，這塊地皮的主人高興得合不攏嘴，心中還認為他是大傻子呢。沒想到僅僅過了一年，這邊成了高速公路的必經之地，那塊地的價格一下翻了150倍。有個富翁甚至願意出2,000萬美元買下它，可是菲勒還在待價而沽。又過了三年，等這塊地漲到了2,500萬美元的時候，菲勒才將它賣掉。僅這一次，菲勒整整賺了250倍的差價。後來，別人以為他是透過市政府的關係得到了內部消息，可是調查來調查去，竟發現他沒有任何朋友在市政府做事，這才不得不佩服他的眼光。到他臨死的時候，他還在報紙上發布消息，說是願意替失去親人的人帶口信到天堂去，又說願意和一位有教養的女士共用一個墓穴，竟然又賺到了15萬美元。

　　可以說，菲勒並沒有碰到什麼特別的機遇，他所遇到的情況，我們每個人都可能遇到，但他成為了富翁，而我們卻仍是一個普通的上班族，究其原因就是，我們的眼睛沒有發現那些隨時可遇的賺錢機會而已。

智取錢袋的故事

「機關算盡太聰明，反誤了卿卿性命。」這是《紅樓夢》中的一句話，是說一個人做事不可聰明過頭，若是過頭了反過來倒要損害自己的利益。我以為，所謂聰明過頭，其實就是不聰明。是被外在利益蒙住了眼睛，遮蔽了心智所至。而民間還有一句話，叫「冰雪聰明」，這是一句真正褒獎的話。一個人如能像冰雪一般透澈明白，不致因為利慾薰心而喪失理智，這並不是一件容易做到的事。猶太人的聰明屬於後一種。他們在商場上過關斬將，卻很少馬失前蹄，這裡面的奧妙的確值得深思。

有一本書上記載了這樣一個故事：

很早的時候，有個猶太商人來到一個市場裡做生意，當他獲悉幾天後，這裡所有的商品將要大拍賣時，就決定留下來等待。可是，他身上帶了很多金幣，當時還沒有銀行，把金幣放在旅店裡，又很不安全。

左思右想，他有了主意，於是帶上鏟子，晚上來到一個無人之處，在那裡打了個洞，將裝有金幣的錢袋放在洞裡埋藏起來。可是，等商品甩賣就要開始的時候，他跑到藏錢的地方去取錢，誰知錢袋竟然被擠破。

他反覆回想當時的情景，認為自己記憶的地方沒有錯，於是就對周圍環境觀察起來。一觀察，他發現，在離藏錢處有一段距離的地方有一間很小的房屋。由於房屋被地形遮擋，時間又在夜晚，他竟然沒有看見。情況很明顯：一定是那天晚上他在挖洞的時候，被屋子裡的人看了個正著。但是，分析、推理卻沒證據，他必須要有一個既能找回錢，又不致引起糾紛的辦法。對於猶太人而言，這樣的辦法似乎並不很難。

他走近那座房子，恭敬的對屋裡的主人說：

「您住在都市裡，是個都市人，您的頭腦一定很聰明。我來自外地，有件事情想請教您，讓您替我出個主意，不知道行不行？」

第一篇　商場智慧：猶太人致富的經營之道

見對方這麼客氣，對自己這麼恭維，屋子的主人心裡很高興，連忙說：

「可以，可以。」

猶太商人開始講出他預先設計好的計謀：

「我從外地來到這裡，打算和這裡的人做生意。我身上帶來了兩個錢袋，一個裡面裝了500個金幣，另一個裝了800個金幣。前幾天，我把比較小的錢袋埋藏到一個無人知曉的洞裡去了，現在身上還剩這個比較大的錢袋。我不知道是該把這個錢袋交給一個值得信任的人保管呢？還是把它連同先前那個錢袋藏到一起呢？」

屋子的主人連忙說：

「你一個外地人，頭一次到我們這個城市來，當然不能隨便信任任何人。我建議，你還是應該把這個錢袋和先前那個藏在一起比較好！」

猶太商人說：

「謝謝您的指教，我明天就按照您說的去做。」

接下來發生的事情就在預料之中：那個貪心的「都市人」馬上把偷來的錢悄悄藏回到洞裡，企圖等待著收獲另一袋金幣，結果可想而知，他當然是竹籃打水一場空了。

有一個人起初也想擠進這淘金的隊伍，可是等他來到西部的時候，這裡早已擠得無立足之地了。其他人來這裡，腦子裡只有金子，但是他想的不僅是金子，更是機會。他看見那些淘金的人整天鑽沙漠、下礦井，身上的衣服又髒又破，於是就想，假如有一種結實耐磨，不容易損壞的衣服穿在身上，那可以省去多少麻煩？厚而結實的牛仔服裝就這樣發明了，它不但在西部開發時大露風采，而且竟然引領服裝潮流一個多世紀，其魅力至今不衰。這個人名叫李維‧史特勞斯。

第二次世界大戰以後，美國的土地重新掀起了建設熱潮。建築業的

復興，使得磚瓦工人的薪資上漲，許多失業的人紛紛湧到城市裡面找磚瓦工作。可是，想從事磚瓦行業的人多，真正掌握技術的卻不多。在建築工地上，要想取得職缺，特別是想拿到薪資更高的職位，有熟練的技術顯得比沒有技術要好得多。從外地來到芝加哥的邁克剛開始一貧如洗，但他卻有著比別人更高一籌的眼光。他沒有和別人那樣擠到招工的隊伍中去，而是在報紙上刊登了一則廣告：

讓你成為瓦工的辦法！

結果，邁克賺到了遠比別人更多的錢。

「經營城市」的創新理念

「經營城市」的理念，我們在美國著名的猶太商人希爾頓那裡可以找到原型。

據說，年輕時期的希爾頓有著一股強烈的發財欲望，他一直在尋找機會。可是，他沒有錢財，沒有可供利用的社會資源，沒有任何人幫助，可以說，當年的他幾乎就是一個無背景、無依託、無錢財的「三無人員」。就是在這樣的困境下，猶太人仍能夠找到致富的理由。

這一天，希爾頓隻身一人在城裡最繁華的優林斯商業區閒轉，一路走，一路觀看。要知道，他這樣的舉動並不像我們平常說的那樣，是「小和尚念經，有口無心」，其實他的思維一直在轉動著。走著走著，他突然發現：在如此繁華熱鬧的地方，居然只有一家普普通通的飯店，連一個高級旅館也沒有。那些來這裡購物觀光的人，有的迫於時間緊張，只得來去匆匆，而商家居然對這種現象視若無睹。「這就是機會」──希爾頓意識到。他繼續逛著，這時，他開始注意的是，優林斯商業區是一個適合建旅館的地區。當然，要發現這樣的地方並不難，他很快在一個轉角處找到了一個最佳地點。他了解到，這塊地皮的主人是一個叫老

德米克的房地產商，而老德米克對這裡開出的售價是30萬美元。希爾頓口袋裡只有區區5,000美元，離30萬美元相差十萬八千里。但是，希爾頓卻另有辦法。他透過其他生意，存到5萬美元，又找了個合夥人，湊足10萬美元，然後開始了他的構想。

他和老德米克簽署了購買土地的協定，協定上簽的購地款整整為30萬美元。

一張完整的，具有法律效力的協議拿在老德米克手上，他等待著希爾頓按期償付資金，然後將土地賣出。

可是，希爾頓卻對土地所有者老德米克說出實情。他說，我的確想購買您這塊地，您看，這不是連合約都簽了？但是實話對您說，我手上並沒有那麼多錢。聽希爾頓這樣一說，老德米克當然是火冒三丈，他認為希爾頓在欺騙他，在撒謊，他要收回自己所簽的協議了。可是，希爾頓卻很冷靜，同時很誠懇的對老德米克說，我真是不想欺騙您，我不過是一下子拿不出這麼多錢來罷了。但是我有一個想法，可以保證您的利益不會受到半點傷害。他的對手老德米克對此將信將疑。希爾頓和盤托出他的設想。他將採取分期付款的方式，先租用地，租期90年，每年償付租金3萬元。

90年的分期付款期效，每年3萬元「租金」，兩者相乘就是270萬美元。時間雖說長了點，但與銀行利息相比，那還是高出好多。老德米克當然很會算帳，這樣一算，就覺得這也是一個可行的辦法，他深知，即使在90年之後，這塊地也不可能增值九倍的。

希爾頓繼續說出他的想法：假如在應該付款的時候而沒有給付，那麼，您有權收回您的土地，包括我在這塊地上所建的旅館。

面對希爾頓如此「慷慨」的表態，老德米克大喜過望。一塊價值30萬的土地，賣出了九倍的價錢，還很有可能（既然希爾頓只有10萬元的現款，他又要建旅館，每年還要償付3萬元的租金。到時候他能變出足夠的錢按時兌現嗎？）連土地帶旅館最後都歸自己，這可真是天大的一塊

餡餅。於是，他答應了希爾頓所有的要求。

希爾頓設想中的旅館開工了。他用老德米克的那塊地到銀行貸款，貸了 30 萬美元，又找了一個土地開發商一起投資，他手上的資金總額已經有 57 萬了。

即便如此，才夠建設一家豪華的高級旅館所需資金的一半。在工程進行到接近一半的時候，希爾頓所有的資金已用光了，這個時候，他又找到土地的所有者老德米克。他這次首先開出了將來保證給對方的利益，就是一旦旅館建成，旅館的主人就是老德米克先生，只要求自己押旅館的經營權，而自己可以每年繳納 10 萬美元的經營利潤。但是，條件是對方必須為尚未完工的工程注入新的資金，以保證它可以順利結束。

希爾頓的這次計畫和上一次幾乎一模一樣，也是給足甜頭（當然這個「甜頭」必須得到對方的支援，否則的話就只是一張畫餅而已），再請君入甕。甜頭很有誘惑力，很可觀，拒絕是不可能的 —— 不光是它的誘惑力不容拒絕，就是現在的現實也不容拒絕，因為這塊地已經在銀行抵押貸款，一旦貸款還不上的話，那希爾頓給自己的承諾就無法兌現。老德米克權衡利弊，只有選擇與希爾頓繼續合作。就這樣，兩年以後，那座名聞全球，以後在世界各個著名城市都開設了連鎖飯店的「希爾頓酒店」誕生了。30 年以後，希爾頓已經成為擁有 5.7 億美元資產的大富翁，他的成功代表了一種典範。

在希爾頓成功的背後，我們看見判斷力的光芒。第一，希爾頓對自己能力和預見性的判斷是正確的；第二，他正確判斷了老德米克人性的弱點；第三，他對於前來優林斯商業區的人們的需求的判斷是正確的。正是正確的判斷力加上他的心計，使得這個按常理分析幾乎不可能進行的計畫能夠完美實施。

第一篇　商場智慧：猶太人致富的經營之道

找到錢的運行路徑

　　我們經常會說想法是行動的先導。但是，我們過去一直把它當做是指引人生的總體理論，卻不懂得它就是行動的具體指南。賺錢，不是一個盲目的行為，更不能把它當做一場賭博。它是需要機智和頭腦的，同時也需要想像力和觀察力。但它不需要空想和幻想，若是怨天尤人和埋怨命運，那就更不應該了。

　　布朗從小就經受著父親嚴格的教育，即使在自己家開的工廠裡，小布朗一方面讀書、學習，一方面與工人一樣做著艱苦的工作。可是，布朗相信機遇總是會在某個地方等待著他。他一邊做工，一邊觀察社會，他發現，伴隨著機械工業的發展，汽車在美國、英國等地已經普遍應用，成為人們日常生活中不可缺少的運行工具。而且，許多人喜愛汽車的程度簡直如先人對馬的愛好相同。他堅信，在不久的將來，舉行汽車比賽將成為新時代的人群當中一種不可替代的流行娛樂。在他成熟以後，他成立了自己的大衛‧布朗公司，主要目標之一就是設計先進的專供比賽用的跑車。他投入資金，聘請一流的專家和技術人員，採用先進的設備進行開發和生產，在1948年比利時國際汽車大賽中，大衛‧布朗公司的「馬丁」牌賽車一舉奪魁，車型也受到了全世界的關注。當然，他的公司也由默默無聞而迅速名揚天下。

　　我們再來看看大師（我們歷來僅僅把具有科學發明和藝術創造的人稱之為「大師」，卻從未把賺錢的高人稱之為「大師」，這似乎有些不公）是如何對待這個問題的。

　　摩根在和別人討論投資的問題時這樣說：「玩撲克牌的時候，你應當仔細揣摩每一位玩家，你會看出一位冤大頭。如果你做不到，那這個冤大頭就是你。」

　　人生不是遊戲，它是有目的的行為。不要以為只有科學家和藝術家

112

才需要觀察和思考，賺錢也是一門思考的藝術。下面是洛克斐勒的一個故事，能夠說明這個問題：

洛克斐勒經常去一家餐館用餐。每次飯後，他都會掏出 15 美分的錢幣當做小費。可是，有一次不知為什麼，大概是口袋裡沒有零錢，他只付了 5 分錢小費。服務員拿著這 5 分錢，很不高興，用很酸的口氣說：

「我要是像你這麼有錢，絕對不會吝惜那一角錢的。」

洛克斐勒看出了這個人的小肚雞腸，他笑著說：

「這正說明你一輩子只能當服務員的原因。」

缺乏想法的人，總是被生活的表面現象所吸引，他們關注的就是那些微不足道的事物，卻從不懂得去挖掘生活裡面的奧祕。真正善於賺錢的人，他其實也是一個研究大師，他總能發現錢的運行路徑，而從不被動的等待上天的憐憫。

看似異曲同工，實則南轅北轍

人的相似性在於都有弱點，在商業競爭中，成功者的相似性在於能夠利用其判斷力準確的把握這些弱點。不過，在把握這些弱點並加以利用的過程中，卻存在極大的差別。我們下面講到的例子可以證明這一觀點。

《讀報參考》2005 年第二期雜誌刊登了一篇題為〈一個房產大鱷的自白〉的文章，以一個親歷者自述的口吻，敘述他在中國某城市經營過程中取得成功的歷程，其操作原理和運作手法與希爾頓有著極其相似之處。所不同的是，希爾頓的成功代表了一種進取的典範，它可以作為商戰教案備於經濟學教授的案頭，而這位房產大鱷的成功卻是一個畸形的產物，就連當事人自己都在文章的最後嘆言：「不到萬不得已的時候，我是會不再走那種陰險的捷徑，我寧願在陽光上緩慢行走。」

這位房產大鱷是從國外留學回來的，他來到某市，想參與開發該市一個占地上千畝的專案。有二十幾家開發商（其中不少實力遠高於他）參與了激烈的競爭，他在朋友的建議下，想到了出奇制勝的方法。他先千方百計接觸分管副市長的祕書，可是發現那位「滿臉堆笑的年輕人總是吃了糖衣再把炮彈吐出來」，於是又拚命去接近副市長的妻子。

雖然副市長的妻子對外界保持著高度的警惕，但卻十分關注自己的獨生子。獨生子的成績是她和丈夫副市長大人的一塊心病。這位「大鱷」掌握了第一手資料，開始了他的迂迴戰術。他先是花高薪聘請了一位「極富英語教學經驗的老師來幫助」那位公子——薪金當然由「大鱷」負責；然後又透過在國外的朋友，以「校友」的名義將一大筆款項捐給那所遠在八千多公里之外的某大學校友基金，當然，對捐助這筆錢有一個要求，就是它必須錄取中國某市某中學一名叫徐某的高中生，並為其提供全額獎學金。幾個月的時間裡，一切都在緊張忙碌的進行。徐公子終於拿到國外那所大學的錄取通知書的時候，這邊的形勢也開始明朗化。那個「讓人眼紅至極的房地產開發專案」成為這位「大鱷」的囊中之物，其餘的開發商只能一個個「站在一旁發呆」。

這個例子和希爾頓的例子從形式上看。相似點在於，同樣是走偏門違背常軌行事，同樣是利用人的弱點讓對方一步步就範，同樣對自己的成功具有足夠的自信，但希爾頓的一切操作都在法律的禁區之內，沒有半點的違法之處。儘管裡面幾度有踩邊線的可能，畢竟沒有跨越到法理之外的地方去，所以，充其量可以把它說成是陽光下的「陰謀」。而這位「房產大鱷」的行為就完全是黑箱操作，是棄法律於不顧的行為了。

猶太人僱德國人開飛船

有關猶太人工於心計的說法，世界上流傳很多。有這麼一個故事：

美國和蘇聯成功的發射了載人飛行的火箭，震撼了全世界。其他一

些國家認為，這可是提升國力、擴大國際影響的極有效的手段，也開始紛紛效仿。但任何別的國家都不具備獨自研射火箭的實力，於是，德國、法國和以色列三國便商議要聯合擬定一個載人飛船月球旅行計畫。當火箭和太空艙都造好的時候，便開始在這三個國家挑選飛行員。最後一名德國人應徵。工作人員在考察了他的條件後問：

「你準備索取什麼樣的待遇作為報酬？」

德國人回答說：「我要三千美元的報酬。」

工作人員又問：「你要這麼多錢，打算怎麼處理呢？」

德國人說：「我打算這樣安排。一千美元留著自己用；一千美元送給妻子；一千美元作為購房基金。」

接下來的應徵是法國人。法國人索要的報酬是四千美元。他說，除了德國人所想到的那些支出外，他還需要一千美元送給自己的情人。

下面是以色列人了。以色列的應徵者開出的條件是五千美元。他對主持面試的人說，拿到這筆錢後，一千美元給你，一千美元給自己。其餘三千美元，我將僱那個德國人來開飛船！

看了這個故事，人們會為之一笑：瞧瞧，多麼聰明狡猾的猶太人，竟然想空手套白狼！這可是他們的一貫作風。

替自己設計一個賺大錢的機會

想到一個主意，就可以賺來一大筆錢，這叫做「金點子」。有些主意是要動手的，比如透過設計、生產和行銷活動來達成；而有些主意只要說說，錢財就會滾滾而來。洛克斐勒就曾經有過這樣的主意。

那是在十九世紀初期的時候。有一對德國人兄弟，叫做梅里特，從德國移遷到美國。那個時候，美國還處於大開發階段，遍地孕育著發財的機會。梅里特兄弟鴻運當空，到美國不久，就發現他們所定居的密沙

比地區是一片礦區,含鐵非常豐富。於是,他們用以前積攢下來的錢,悄悄的大量購買土地,以準備將來作為開發鐵礦用。可是,世界上沒有不透風的牆,密沙比地區蘊藏豐富鐵礦石的消息四處傳開了,被以精明著稱的洛克斐勒知道了。但這裡的土地已經被梅里特兄弟買下了,你再聰明,總不可能伸手去搶。他只好等待時機,機會終於來了,而且被老洛克斐勒捕捉到了。

西元 1837 年,美國發生了嚴重的經濟危機,各家銀行告急,許多企業面臨著貸款難的重大困境。梅里特兄弟既然要開礦,僅憑原先的積蓄買了土地就再無多餘的資金,要開採鐵礦還必須繼續投入大筆的資金。就在他們萬分焦慮的時候,洛克斐勒出手了。

這天,梅里特兄弟的礦上來了一位聲望很高的牧師,在當地一直受到人們的尊敬,梅里特兄弟知道這一點,所以很恭敬的接待他。牧師人很好,學識淵源,講話也顯得很睿智。他們天南地北的聊天,最後談到了礦上當前的形勢,看見兩兄弟一臉愁容,牧師主動說:

「哎呀,你們資金緊張,應該直言告訴我呀,我可以助你們一臂之力。」

聽牧師這樣說,兩兄弟自然歡喜萬分,連忙問:「牧師有什麼辦法,說給我們聽聽。」

牧師不疾不徐的回答:「我有一位朋友,非常富有。要是我向他借錢,多少都沒有問題。你們大概需要多少錢呢?」

「有個四五十萬就行了。到時候,不管利息多少,我們一定會照付。」按照梅里特兄弟的想法,別人在這個時候出手援助,無非想得到報酬,利息當然會很高的。

但是,牧師卻很輕鬆的說:「這個算不了什麼。如果你們一定要付利息,那麼就比銀行低一些 —— 少個兩厘吧。」

梅里特兄弟都瞪大了眼睛,他們真是難以相信。可是,牧師又重複一遍,他們這才相信自己沒有聽錯。

用現在的角度看，四五十萬美元的確不算多，可是按那個時候的幣值計算，四五十萬美元至少相當於現在的四五千萬甚至會更多。利息竟然比銀行還低，這使兄弟倆感激不盡。隨後是寫借據，借據寫完，兩兄弟高興得不得了，以為這是上天在幫他們的忙。可是，他們卻沒有想到，天下哪有白吃的午餐？來得太輕易的東西，裡面總是藏著某種陷阱。猶太人做生意時時警惕這樣的事，可是梅里特兄弟卻由於高興和輕信而疏忽了。

借來的這筆錢投下去了，兩兄弟希望他們的事業能就此順利發展。誰知道，就在這時候，那個做好事的牧師又來找他們了。牧師帶著萬分的抱歉說：那筆錢的主人不是別人，而是大名鼎鼎的洛克斐勒先生。他今天早上來了一封十萬火急的電報，說自己馬上要用那筆錢，一定立刻還給他。

聽到這個消息，兩兄弟如五雷轟頂。所有的錢都已經變成設備和礦井之類的東西了，現在還錢，那不等於要命嗎？於是洛克斐勒把他們告上了法庭。

洛克斐勒在設計這個圈套的時候，已經仔細研究過法律了。在法庭上，他的律師誇誇其談。律師說：我要提請法庭注意的是，那份借據上記錄得清清楚楚，梅里特兄弟公司所借的款項屬於考爾貸款。按照美國的法律，對這種貸款，放貸人隨時可以要求歸還。如果借貸人不能按時歸還，只有一種選擇：立即宣布破產，以償還所借的債務。

所謂考爾貸款，是一種放貸人可以隨時討回的貸款，所以它的利息要比正常的銀行利息低。梅里特兄弟由於不熟悉美國法律，再加上迫切要得到這筆錢，所以中了洛克斐勒的計。

法庭最後的判決當然是有利於洛克斐勒的。儘管梅里特兄弟可能在心裡埋怨洛克斐勒「不道德」，但他的做法卻在法律的框架之內。於是，

梅里特兄弟只好正式宣布破產，他們的礦山被以 52 萬美元（僅比他們從洛克斐勒那裡得到的貸款多十萬美元）讓售給洛克斐勒。

幾年之後，隨著美國經濟復甦，洛克斐勒把密沙比礦山賣給了美國另外一家大財團，售價 1,941 萬美元，淨賺了好多倍。

面對各種算計一定要沉著

當猶太人遭到別人算計的時候會怎麼辦？自然，只要開動腦筋，問題便會迎刃而解。

有個叫梅西克的人向羅揚借了 1,200 馬克，卻一直拖著就是不還。羅揚每次去找他，他不是藉故逃脫就是避而不見。反覆多次，羅揚幾乎沒轍了。這時，他的一個朋友為他出了個計策：

「你不妨寫封信給他，就說他欠了你 1,800 馬克，要他盡快還債，不然就去告他。」

羅揚按照朋友的意見寫信給梅西克，說，你上次向我借了 1,800 塊錢，我多次上門討要你都不還。再拖下去，我就不客氣了。

梅西克倒不怕他現在去告，但是，卻怕羅揚把自己的借款數目搞錯了，之後必須還錢的時候，弄巧成拙，要多支付 600 馬克，於是立刻回信說：

「羅揚，我記得很清楚，我只跟你借了 1,200 馬克，你怎麼亂說我借了 1,800 馬克呢？隨信寄還你 1,200 馬克。順便告訴你，如果你要打官司的話，你輸定了！」

梅西克本想賴掉這筆 1,200 馬克的帳，可是當羅揚故意提高他欠帳的數額的時候，梅西克沉不住氣了，他擔心偷雞不成反蝕米，於是就主動把錢還了。故事告訴我們，運用大腦智慧，是可以打敗各種算計的。

空手套白狼靠的是靈感

曾經是世界船王的洛維格，年輕的時候一無所有，他的起步完全是白手起家。他發現有一艘被別人沉入海底的柴油機動船，並未完全破壞，於是請人將它打撈上來，然後從父親那裡借了部分錢，將船修理好，再出租給別人，這樣，他一共獲利 50 美元。這在當時不是個小數目。他心裡很興奮，由此也在朦朧中獲得了一些經商的靈感。他想透過到銀行借錢來發展自己的事業，可是由於沒有擔保，難以借到銀行的錢。

後來，他弄到一條很舊的油輪，也僅能支付每月的貸款利息而已。不過，對於洛維格來說，這不是問題，重要的是，有了錢事情就好辦多了。他用貸款買了一條貨輪，將它改造成可以跑遠洋的油輪。這樣，又有了一筆租金收入。他如法炮製，再用這條船的租金做抵押又貸了一筆款，而這一筆款依然用來購置新船。如此循環，他的船隊越來越大，所得的收益在不斷增加。最後，那些船在還清貸款後都成為他自己的船了。從白手起家，到擁有一支龐大的船隊，洛維格的成功，成為商界的一個範例。

尊重時間，運用時間

猶太人喜歡緊張的工作，一分鐘都不可以浪費，因為要經商就要有時間，必須有大量的時間可以讓你支配，否則是很難成功的，成功是經過大量艱苦的勞動得到的。他們善於利用和把握時間。

你在等待救世主的到來嗎？那你把每一天都當做最後一天吧。猶太人就是這樣看待時間的，時間就是金錢，是絕對不可以隨便浪費的，猶太人說「不要盜竊時間」。

第一篇　商場智慧：猶太人致富的經營之道

　　一個商人要賺錢，首先就要考慮好如何合理的利用好時間。有的人認為時間很多，有的人認為時間很少，其實時間對每個人來說都是一樣的，都是平等的。一樣長的時間就看你如何運用了。時間就像海綿裡的水，只要善於擠，肯定會擠出來。不善於擠，當然什麼也沒有了！商人的時間更是如此，要想賺錢，第一就得有賺錢的時間。有空閒才可以，只有這樣，才能集中精力經商。會賺錢的商人，就應該是一個管理時間的高手。

　　時間，是這個世界上最珍貴的東西，它不像金錢和寶物，丟失了是無法再找到或者賺回來，而時間只要被浪費掉了，就絕對不會回來了，再也不屬於你了。

　　人最不該浪費的東西就是時間，因為人都只能經歷一次時間，而他人的時間，更不可能隨便占用和浪費。對人而言，時間是命運；對於商人而言，時間是金錢。要經商，首先就要保證自己擁有足夠的時間。

　　在猶太人看來，時間和商品一樣，是賺錢的資本，可以增值，因此盜竊了時間，就是在盜竊商品，也就是盜竊金錢。

　　猶太人非常尊重時間，在工作中也往往以秒來計算，是分秒必爭的。一旦規定了工作的時間，就嚴格遵守。下班的鈴聲一響，打字員即使只剩幾個字沒打完，他們也會立即擱下工作回家。他們的理由是「我在工作時間沒有隨便浪費一秒鐘時間，因此我也不能浪費屬於我自己的時間」。瞧！這就是猶太人的時間觀念。

　　如此強烈的時間觀念大大提高了他們的工作效率，他們嚴格的杜絕浪費各種時間。他們把時間和金錢看得一樣重要，無故的浪費時間與盜竊別人金櫃裡的金錢一樣是罪惡的事情，猶太人還為此計算了浪費時間所帶來的經濟損失。一個猶太富商曾這樣計算過：他每天的薪資為 8,000

美元，那麼每分鐘約為 17 美元，假如他被打擾而因此浪費了五分鐘時間，這樣就等於自己被盜竊現款 85 美元。

猶太人的時間如果已經排定了，就按照這個時間表嚴格的進行，他們的計畫是誰都不可以打擾的。如果誰有什麼重要的事情，必須提前預約，他們才會替你安排時間，否則，他們只會按照自己既定的時間表進行他們的活動。

猶太人的思想觀念裡，時間是如此重要，從不隨便浪費。即使一些看來必要的活動，也被他們簡單化了。比如客人和主人約定時間談事情，說好在上午 10 點到 10 點 15 分，那麼時間一到，就請自動起身離開，無論你的事情是否談完，都請自動離開。猶太人為了盡量壓縮會談的時間，通常見面後，他們便直奔主題「今天我們來談談什麼事情……」，而不像其他民族，見面就談一些「今天的天氣不錯」等一些客套話，在猶太人眼中那是毫無意義的，純粹是在浪費時間，除非他覺得能在你的客套中得到什麼好處，才跟你客套幾句。

有位日本青年不知道猶太人的這些習慣，而遭到了拒絕。事情是這樣的：

日本某著名公司一位頗有能力的青年主管前往紐約市辦事，辦完事，看看還有時間，為了充分的運用時間，就前往紐約一位著名猶太商人的公司，打算與該公司的主管會晤。一進公司，他就開始了自我介紹。

「我是日本某公司的部門主任，想見一下貴公司的宣傳部主任。」

櫃檯小姐隨即問道：

「請問先生，您提前預約了嗎？」

這位青年主管被問得有點不好意思。為了不失面子，他繼續滔滔不

絕的說：「我是日本百貨店的，此次來紐約考察，因工作需要，特來向貴公司的宣傳部主任請教。」

「對不起，先生！」

就這樣，他被拒絕了。

這位日本職員珍惜時間、主動訪問同行的做法在日本處處得到誇獎。對方會感慨的說：「現在的年輕人，工作熱情積極，很有幹勁，真是令人佩服啊！」

可是，他們的這種工作作風，對以「不要盜竊時間」為原則的猶太人，是行不通的，他們從不接待未經預約的不速之客。

有些人覺得猶太人似乎不太禮貌，哪怕說幾句友好的話表示一下也好啊！可是猶太人卻說：「離約定的時間遲到了一分鐘，你已經不禮貌了。你和我客套，卻沒有為我帶來額外的好處，浪費了我賺錢的時間，你就更沒有禮貌了！說好談判25分鐘的，可是你卻談到30分鐘，還說只有幾句話，更是在嚴重的浪費我的時間，你連最起碼的尊重都沒有了！」

如果，你覺得他們很生硬，要說些什麼，他們就直接說一句：「商務不優待善意！」

約定時間，請務必準時赴約，即使晚一分鐘也是不禮貌的；一進辦公室，立即談及主題，這樣才是禮貌的商人。在規定的時間把話題說完，如果需要，請你來之前做好談話的準備，但是既然來了，一定不能延誤對方的時間，這就是禮貌。

商業就是時間的競爭，切勿被隱形的時間殺手所謀害。學會合理有效的安排時間，這是商人的最大智慧。

時間就是金錢

　　用金錢買時間，用智慧換效率。猶太商人總是能打破慣性思維，做出些與眾不同的事情。真正懂得時間價值的是猶太商人，他們把「時間也是商品」，「不要浪費時間」，作為做生意的格言之一。

　　「時間就是金錢」，我們每天工作八小時，常以一分鐘多少錢的概念來工作。在一切資源中，時間是最少、最易消失、最不好捉摸的。生意很多，時間卻不允許，沒有時間，目標再高，計畫再好，能力再強，也是空談。對於徹底的「時間就是商品」的猶太人來講，浪費時間就等於浪費金錢。

　　但是，對時間的認知，猶太商人並沒有停留在此，時間遠不止是商品和金錢，時間是生活，是生命。所以，猶太商人很喜歡錢花在能提高效率的任何事情上，買到了效率，就等於買到了時間。錢可以再賺，商品可以再造，但時間是不能倒轉的。因此，時間遠比商品和金錢珍貴。

　　猶太人把時間看得那麼重，是有其道理的。時間達到經營目的的前提，是任何一宗交易必不可少的條件。與對方簽訂合約時，要充分估計自己的交貨能力，是否能按客戶要求的品質、數量和交貨期去履行合約。如果可以辦到，就與其簽約，如果辦不到，切不可妄為。

　　時間的價值還展現在趕季節和搶在競爭對手前獲取好價格和占領市場等方面。在競爭激烈的市場中，誰能在一個市場上搶占先機，把質優款新的產品率先推出，誰就一定能夠獲得較好的經濟效益。就像人們日常的必需品蔬菜，在反季節時的價格會高於正常季節的好幾倍。為什麼會出現如此大的反差呢？這顯然是「時間」的價值。

　　時間的價值可展現在生意的全過程。一個企業經營效益的高低，是與其經營費用水準的高低是互相關聯的。根據眾多的企業核算，其經營

費用中有 70% 左右是花費在占用資金的利息上。如一個企業一年的營業額為 10 億美元，其資金年周轉率為兩次，也就是說，該企業每年占用資金為 5 億美元。按通常的銀行利息為 12%（年息）計算，一年共支付利息達 6,000 萬美元。如果該企業能動用一切時間進行有效管理，使資金周轉一年達到四次，那麼，其支付的利息就可節省 3,000 萬美元，換句話說，該企業就可多盈利 3,000 萬美元了，除此之外，加快貨物購入和銷出，加快貨款的清收等，都能發掘時間的價值。

南非首富巴尼・巴納托剛到倫敦時還是一個口袋空空的窮小子，他帶了四十箱雪茄到了南非，用雪茄作為抵押，換取了一些鑽石，在短短的幾年中，他成了一個富有的鑽石商人和從事礦藏資源買賣的經紀人。

巴納托的盈利呈一個週期性變化的規律，這就是每個星期六是他大豐收的日子。其奧祕就是他巧借了一個時間差。

因為星期六這天銀行較早停止營業，巴納托便可以用空頭支票購買鑽石，然後在星期一銀行開門之前，將鑽石售出，用所得款項在自己的帳號上存入足夠支付他星期六開出的所有支票。巴納托利用銀行停業的一天多時間，拖延付款，在沒有侵犯任何人合法權益的前提下，調動了遠比他實際擁有的多得多的資金。

第四章　思維開拓財路，策略主導成功

靈機應變生意經

　　在經營活動中，猶太人能忍耐的性子是天下聞名的，他們能不厭其煩的等待對方的確認或改變態度。但是，猶太人的忍耐僅是表現劃算和有發展前途的事物和買賣上，當他發現不划算或沒有發展前途時，不用說幾年，哪怕是幾個月，也不會等待下去。

　　猶太人在任何投資和買賣活動中，必定事前做周密的可行性研究，他們一旦決定做某項買賣或投資，必定制定短期、中期和長期的計畫。這三套計畫可以作靈機應變的策略，在事態發展的不同過程中而相應採用。

短期計畫投入後，即便出現了更多的困難，他們也不會吃驚或動搖，仍按原計畫積極投入資金實施下去。經過短期計畫的實施後，儘管效果還是不理想，他們仍會推出第二套計畫，繼續追加投入，設法完成各項策略的實施。如第二套計畫深入進行後效果仍舊不理想，與計畫不相符，而又沒有確切的事實和依據證明未來會發生好轉，那麼猶太人則會毅然決然放棄這種買賣或投資。一般人認為，付出那麼多努力而後放棄，豈不是前功盡棄，虧掉了不少投入？但猶太人卻泰然自若，無怨無悔。他們認為生意雖然失敗，但沒有為後來留下後患，不會為一堆爛攤子而傷腦筋，長痛不如短痛。

　　這就是猶太人的靈機應變生意經。著名的《孫子兵法》中，有「因敵制勝」的論述，靈機應變，因敵制勝。所謂因敵制勝，就是依據變化的敵情制定或修訂計畫。《孫子・虛實篇》說：「水因地而制流，兵因敵而制勝。故兵無常勢，水無常形；能因敵變化而取勝者，謂之神。」這段話的意思說水因地勢的高下而束縛其流向，用兵則要依據敵情狀況而決定其取勝方針。所以，用兵作戰沒有一成不變的方式，就像水流沒有固定的形狀一樣；能依據敵情變化而取勝的，就叫做用兵如神。

　　猶太商人在經營生意中，能依據外部環境的變化，特別是市場的競爭對手的變化而靈活的調整自己的策略技術，這的確是高明的。當今的市場變化多端，競爭激烈，企業能否依據這種變化而變化，成為企業生存和發展的關鍵。企業應該善於根據變化中的市場情況、競爭對手情況，制定出各種相應的計畫。

活用一切的經營手段

　　事業成功者的猶太人，有一個突出之處，就是善於活用一切。他們由於歷史的原因，所處的環境和條件也是千差萬別。但不管在歐洲、或

者在亞洲乃至非洲，不管從事商業、科學技術事業，或是文化藝術領域乃至農業領域，都湧現出大批事業有成的佼佼者。究其原因，其中很重要的一條就是他們適應能力很強，活用他們所處的一切有利條件，充分發揮自己的潛能，開創出一番事業。

　　猶太人認為，人生的過程無法逃離自己所處的客觀環境，也離不開自身的主觀條件。欲要改變整個客觀環境和條件，需要整個社會的努力，作為個人或企業、事業單位，只好適應客觀環境，好好利用客觀條件。對於主觀條件，有的能夠改變，有的則不能改變，這得靠自身的努力和活用。

　　每個人都有一些無法改變的條件，比如眼睛的顏色、身體的高低、出身的背景等等。每個人也有一些可改變的條件，如學識涵養、工作能力、身體的強弱等等，只要自己注意方法，奮發學習，適當的鍛鍊保養，學識、工作能力、身體狀況等都可以轉變。關鍵在於個人能不能運用自己的一切潛在條件。有些人的通病在於忽視本身的條件，沒有靈活運用和充分發揮自有的潛能，卻祈求或奢望自己所沒有的東西，那是難以成就一番事業了。

　　猶太人在這一點上很有建樹，這是他們有自知之明的結果。愛因斯坦在讀小學和中學時成績平平，沒有出色的表現。但愛因斯坦有自知之明，懂得自己對物理學研究頗深，他讀大學時選讀物理學。由於他發揮了自身的優勢，在物理學取得了前所未有的光輝成就。但當以色列邀請他去當總統時，他卻婉言謝絕了，他自知沒有當總統的條件。

　　世界最大的製片中心好萊塢的老闆戈德溫，是位出生在波蘭的猶太人，他充分活用一切造就了傳奇一生。他西元 1882 年出生於華沙，十一歲喪父，家庭生活十分困難。為了生活，流浪到英國倫敦，曾在鐵匠店當童工，他不怕苦和累，練強健體魄。他沒有進學校的機會，利用工作

之餘自學知識。他到了美國生活後，從受僱到自己經營手套工廠，最後發展成為好萊塢製片中心的老闆，富甲一方。戈德溫的發展過程，可說是眾多猶太人的生活縮影。

猶太人堅信，在這個世界，只要你留意搜索，可以活用的條件到處潛在著。自嘆找不到腳下金礦的人，是既可憐又可悲的睜眼瞎子。他們還認為，人生的機會，本身的周圍和本身所潛在的條件中大量存在。關鍵在於你是否練就出開發這些條件的意志和眼光。以色列建國於1940年代中期，選址在一個既缺資源，氣候條件又惡劣的部分為沙漠的地方。但這裡的國民充分利用自己所擁有的科技及人才較多的條件，改造沙漠，創造滴水灌溉法，使得原來的一毛不長之地，發展為農業發達的國家，現在不但糧食、蔬菜、水果可自給，並成為出口創外匯的重要來源。

可見，活用一切條件，是猶太人成功的一大高招。

開闊視野，從全球觀考慮問題

艾文·托佛勒（Alvin Toffler）是美國著名的未來學家，1928年出生在美國布魯克林一個波蘭猶太移民的商人家庭。1970年，他發表了《未來衝擊》一書，引起美國各界和世界各地的關注。1980年他的第二部成名著作《第三波》出版後，很快被譯成三十幾種文字，暢銷國外。托佛勒應邀到許多國家講學，從而在國際上出了名。他曾會見了許多國家的元首和世界知名人士；在羅馬尼亞，他曾和西奧塞古一起度過了好幾個小時；在加拿大，他會見了杜魯道；在澳洲，他會見了惠特蘭（Whitlam）；在日本，他會見了鈴木；在印度，他會見了英迪拉·甘地；1983年初，他曾到中國進行訪問。

這樣一位響名全球的未來學家，他的生活道路是怎樣的呢？

托佛勒從小就愛寫東西,對社會問題和政治改革也充滿興趣。

1949 年,他從紐約大學畢業後,進入一家工廠當了工人。托佛勒為什麼選擇了當工人這條道路?他自己說:「我去工廠是出於多種理由……我的部分動機是心理上的 —— 年輕人要擺脫家庭,想看看外面世界的那股衝動。我還有文學創作上的動機……渴望日後寫一部有關工人階級生活的偉大作品。」

托佛勒在工廠待了五年,在此期間,他開過車床,在鋼鐵鑄造車間當過鑄造工,在汽車裝卸線上當過裝卸工,開過堆高機,替腳踏車、汽車、卡車噴過漆……托佛勒說:「我在工廠裡學到的東西一點也沒有少於在課堂上學到的。我發現許多工人確實非常聰明機智、正直、富於幽默感。我也學到許多有關英語方面的知識 —— 怎樣寫出讓那些不是博士的人也能看懂的文章。我發現,寫好通俗散文,要比運用學究式語言寫資料,難度更大。」在當工人期間,他曾寫過一些短篇小說和政論性文章,但均未能發表。後來,他轉到一家焊接業的雜誌出版社,寫作生涯才真正開始了。不久,托佛勒相繼擔任勞工報記者和賓夕法尼亞日報記者。他在賓夕法尼亞日報社工作了三年,負責報導白宮和國會活動,同時替幾家雜誌社撰稿,報導和評論有關企業關係、經濟、工會和勞動條件等方面的問題。1959 年,托佛勒離開華盛頓,在《幸福》雜誌擔任勞工專欄的作家,寫過很多關於汽車工業和其他工業的調查分析文章,還對美國學術界經濟情況寫過長篇論述。兩年後,托佛勒又為國際商用機器公司、教育設施實驗基金會和洛克斐勒兄弟基金會做顧問工作。

托佛勒最初的文章內容是寫有關技術方面和反對文化上的貴族主義方面的,後來,他轉向研究未來。為什麼會發生這個變化呢?托佛勒談到兩個重要原因。他說:

第一篇　商場智慧：猶太人致富的經營之道

「……早期我在華盛頓……作為記者，我得出這樣的結論：重大的社會和技術改革改變了美國社會的正統，但我們的政府的眼睛是向後看的，很少留意前方，似乎不能預見甚至是一些最根本性的變化。政客的眼光很少越過下屆競選以外的範圍。這使我想到關於時代和時代的眼光……」

他還說：

「我的妻子和我在1963年參加了為期一個月的蘇茲伯格美國研究討論會。這是我們第一次與歐洲的知識分子生活在一起。這段經歷改變了我們的思想。我不再單純從一種北美的觀點去看待事物了。」

「事實上，《未來衝擊》是從一種多國或者世界讀者的立場、觀點來寫的，《第三波》更是這樣的。這本書的內容，所選的事例都以這點為基調。」

托佛勒確實取得了很大的成功。但是，他是怎樣構思出三次浪潮這一觀念，或者說，他又擁有怎樣的思辨之道呢？他為了寫書，收集了大量資料。但是他是怎麼把一大堆雜亂無章的資料整理得有頭有緒的呢？

托佛勒說：

「真正的辦法，是要有預感；換個較文雅的詞，就是要有『直覺』……辦事要靠內在感覺，人人如此，但是，又不能光靠這個……碰上一大批資料，大腦就幻化出一個模式——實際上是各種各樣的模式——來幫助我們理出眉目，再進行處理；也就是去弄懂這些資料。……模式有時比較朦朧，也不必像科學上用的模式那樣嚴謹、精確；為了妙筆生花，有時候就毋須顧及模式本身的框架，或者要調整一下，儘管這樣，模式總是有的，而且往往很複雜。」

那麼，托佛勒是怎樣著手建立模式的呢？他說：

「這種問題誰也解釋不清,因為構思模式的時候往往是無意識之間,何況免不了有很多表面上覺察不到的假設。撇開這些不談,我一般先從研究的筆記和資料著手——別忘了,可有一大堆呢,這可能是五年的苦讀,或者花了更長時間的累積起來。我什麼都談:技術雜誌,外國報紙,學術論文,信件,統計摘要,國外來的報導等;小說、電影、詩歌,也讓我大開眼界;此外,還有採訪專家的書面紀錄;各行各業的專家都有,還有經濟、軍事戰略方面的,也有機器人、音樂、撫養孩子方面的……我先打亂全部資料,再重新整理,分類,研究它們的內在連結和其他關係。我一般讓模式在這個過程中自生自長,它是從資料裡引申出來的。有了模式以後,還會搜羅到別的研究資料,讓它們要麼和模式吻合,要麼就對模式加以調整、補充、限定,也有可能原來的模式根本不適合了。有時候我用相反的辦法,先弄個臨時性的模式,再進行研究,根據資料來修改模式。」

托佛勒是怎樣形成他的「第三波」的模式的呢?他說:

「我先有不完全的社會改革和社會結構的模式,一面寫,模式就越來越細緻,越來越完備。我研究社會改革的時候,先有個假設,那就是:社會事件、社會現象不是孤立存在的,它們之間都有內在連結……經濟改革必然引起家庭生活、能源、生態體系的改革,這幾方面都是相互連接的,一個個複雜的回饋環節把它們連在一起。所以,我專門注意研究內在連結。我的出發點也有另一個假設:推動歷史的絕不是一股力量,可以說是許多股力量或趨勢彙集在一起才影響了歷史的發展,重大改革就是緣於它們。不過,模式的流動性也很大。社會上各種成分出現時,我們可以靠模式去認識它們。把它們看成相互連接,相互促進的改革浪潮的一部分,所以我比喻為『浪潮』。

社會浪潮論讓我們把整個社會看成一個變化過程，而不是把歷史當做依次前進的一個個階段，好像每個階段只是一張靜止的圖片。同一社會在同一時候不止經歷一種浪潮。所以，我們不把社會看成一成不變的，而是把它設想成由許多同時出發的運動，也就是互有牽連的改革浪潮所組成的，不同的社會，可以使它們內部第一、第二、第三波浪潮各種成分所佔的比重來做比較，以各種浪潮不同的變化速度來做比較。浪潮模式立足於變化過程，而不能光看結構。」

認定目標，走自己的路；把眼光放寬，從更高的角度、更廣闊的範圍來考慮問題，廣泛累積，才能成就開創性的事業。

培養良好的思維

一位猶太人走進銀行貸款部，大搖大擺的坐了下來。

「請問先生，您有什麼事情需要我們幫忙嗎？」經理一邊小心翼翼詢問，一邊打量著來者的穿戴：名貴的西裝，高檔的皮鞋，昂貴的手錶，還有鑲寶石的領帶夾……

「我想借點錢。」

「您想借多少？」

「一美元。」

「只借一美元？」經理吃驚張大了嘴巴，「難道他在試探我們的工作品質和服務效率？」於是便裝著高興的樣子說：「只要有擔保，無論借多少，都可以。」

「好吧。」猶太人從珍貴的皮包裡取出一大堆股票、國債及其他債券，放在經理的辦公桌上，「這些可以做擔保嗎？」

經理清點了一下：「先生，總共五十萬美元，足夠了。不過先生，您

真的只借一美元嗎？」

「是的。」猶太人表情木然。

「好吧，年息 6%，一年後歸還，我們就把這些股票和證券還給您⋯⋯」

「謝謝！」猶太富豪辦理完手續，起身離去。

一直冷眼旁觀的銀行行長從後面追了上去，「我是這家銀行的行長，我實在不明白，您擁有五十萬美元的證券，為什麼只借一美元呢？」

「既然您如此熱情，我可以告訴您實情，我是到這裡辦事的，可是這些票證放在身上不太安全，而幾家金庫的保險箱租金又太昂貴了。所以啊，就把它們以擔保形式存放在貴行，而這最多也不過交六美分的利息⋯⋯」

良好的思維能幫助你更好的發揮你的潛能，爭取到更多的利益。

打破常規的思維

1956 年 10 月，以色列軍隊企圖奪取西奈半島，而首要目標是埃及軍隊的核心要塞──米特拉山口。埃及駐西奈半島守軍將領也很清楚，一旦米特拉山口丟失，那麼西奈半島也就難以保住。因此，他們除了派重兵鎮守山口外，還在四周增派了駐軍，以防不測。

「以我們目前的守備力量，我想，米特拉山口在我們手中是非常牢固了。」山口埃軍部隊首領向上司這樣說道。

十月的一天，米特拉山口的埃軍陣地上空，突然出現了四架以色列野馬式戰鬥機。「不好，敵人要來偷襲我們。全體進入陣地，準備戰鬥！」指揮員下達了作戰命令。埃軍士兵紛紛進入隱蔽掩體，舉起自動步槍，架起高射機槍，準備射擊。可是，那架以色列戰鬥機並沒有對埃

軍陣地進行掃射,也沒有投下炸彈。它們轟鳴著,忽高忽低,一下猛然掠地俯衝,一下又直衝雲霄。低飛時距地面不過四公尺,而升起時又沒入了雲中。

埃軍官兵被以色列戰鬥機的這種奇怪舉動弄糊塗了。

「不要看傻了,快打電話向上司報告吧!」不知是誰提醒了一下,於是官兵慌忙搖起電話,準備向上司報告。可是打了半天,所有的電話都打不通。

「哦,是那幾架該死的飛機把我們的電話線給割斷了。這可怎麼辦呢?」

事情就是這樣,軍用飛機用其螺旋槳和機翼將埃軍的電話通訊線路切斷了。

埃軍官兵一下子陷入了極大的驚慌之中,這時,一場真正的大戰開始了⋯⋯

僅僅依靠常規思維,是不能夠在競爭中取勝的;為了戰勝對手,必須有獨到的高招。

創新成就大事業

西元 1899 年,愛因斯坦在瑞士蘇黎世聯邦理工學院就讀時,他的導師是數學家閔考斯基(Minkowski)。由於愛因斯坦愛思考、肯動腦,深得閔考斯基的賞識。師徒二人經常在一起探討科學、人生和哲學。有一次,愛因斯坦突發奇想,問導師:「一個人,比如我吧,究竟怎樣才能在科學領域及人生道路上,留下自己閃光的痕跡、做出自己的傑出貢獻呢?」

一向才思敏銳的閔考斯基被問住了,直到三天後,他才興奮的找到愛因斯坦,滿腔熱情的說:「你那天提的問題,我終於有了答案!」

「什麼答案？」愛因斯坦急迫的抱住他的胳膊，「快告訴我呀！」

閔考斯基手腳並用的比畫了一陣，怎麼也解釋不清楚，於是，他拉起愛因斯坦就朝一處建築工地走去，而且徑直踏上了建築工人剛剛鋪平的水泥地面。面對建築工人的呵斥聲，愛因斯坦被弄糊塗了，非常不解的問導師：「老師，您這不是領我誤入歧途嗎？」

「對，對，歧途！」閔考斯基顧不得別人的指責，非常專注的說，「看到了吧？只有這樣的『歧途』，才能留下足跡！」然後，他又解釋說：「只有尚未凝固的地方和新的領域，才能留下深深的腳印。那些凝固很久的老地面，那些被無數人、無數腳步踩踏過的地方，別想再踩出腳印來……」

聽到這裡，愛因斯坦沉思良久，非常感動的對閔考斯基說：「恩師，我明白您的意思了！」

從此，一種非常強烈的創新和開拓意識，開始主導著愛因斯坦的思維和行動。他曾經說過這樣的話：「我從來不記憶和思考詞典、手冊裡的東西，我的腦袋只用來記憶和思考那些還沒載入書本的東西。」

於是，就在愛因斯坦走出校園，初涉世事的幾年裡，他作為伯恩專利局裡默默無聞的小職員，利用業餘時間從事科學研究，在物理學三個未知領域裡，齊頭並進，果斷而大膽的挑戰並突破了牛頓力學。在他剛剛二十六歲的時候，就提出並建立了狹義相對論，開創了物理學的新紀元，為人類做出了豐碩的貢獻，在科學史冊上留下了永恆的印記。

勇於突破創新才能成就豐功偉業。在人類社會和現實生活的各個領域，都有各式各樣的「尚未凝固的水泥路面」，等待著人們踩出新的腳印、踏上新的旅程。

做別人沒做過的事

林達剛到哈羅啤酒廠的時候，還是一個不滿二十五歲的年輕人，那時他看上了廠裡一個很優秀的女孩，然而那個女孩卻告訴他：「我不會看上一個像你這樣普通的男人。」於是，林達決定做些不平凡的事情。

當時，哈羅啤酒廠市場占有率正在逐年減少，因為啤酒銷售不景氣，又沒有錢在電視或報紙上打廣告。銷售員林達多次建議廠長到電視臺做一次演講或者廣告，但都遭到了廠長的拒絕。林達決定冒險做自己想做的事情，他貸款承包了廠裡的銷售工作，正當他思慮著如何去做一個最省錢的廣告時，他徘徊到了布魯塞爾市中心的于連廣場。一看到廣場中心的銅像便受了啟發，廣場中心撒尿的男孩銅像就是用自己的尿澆滅了侵略者轟城的導火線、從而挽救了這座城市的小英雄于連。林達突然決定了他要做一件讓所有人都感到驚奇的事情。

第二天，路過廣場的人們發現於連的尿變成了色澤金黃、泡沫泛起的「哈羅」啤酒，旁邊的大看板子上寫著「哈羅啤酒免費品嘗」的話語。一傳十、十傳百，很快全市老百姓都從家裡拿出自己的瓶子杯子排著隊去接啤酒喝。電視臺、報紙、廣播電臺搶先報導。年底結算，該年度的啤酒銷售產量是上一年的好幾倍。

林達成了布魯塞爾聞名的業務專家。

要想使自己成功得快一些，就要肯動腦筋，在生活中多留心，適當做一些別人沒有做過的事情。

人生的大門經常缺乏鑰匙

兩個兒子大了，富翁也老了。

這些日子富翁一直在苦苦思索，到底讓哪個兒子繼承遺產？富翁百

思不得其解。

想起自己白手起家的青年時代，他忽然靈機一動，找到了考驗他們的好方法。

他鎖上宅門，把兩個兒子帶到一百里外的一座城市裡，然後對他們出了個難題，誰答得好，誰就是遺產繼承人。

他交給他們一人一串鑰匙、一匹快馬，看他們誰先回到家，並把宅門打開。

馬跑得飛快，兄弟兩個幾乎是同時回到家的。

但面對緊鎖的大門，兩個人都被難住了。

哥哥左試右試，苦於無法從那一大串鑰匙中找到能打開大門的那把；弟弟呢，則苦於沒有鑰匙，因為他剛才光顧著趕路，鑰匙不知什麼時候弄丟了。

兩個人急得滿頭大汗。

突然，弟弟一拍腦門，有了辦法，他找來一塊石頭，幾下子就把鎖砸了，他順利進去了。

自然，弟弟繼承了遺產。

人生的大門往往是沒有鑰匙的，在命運的關鍵時刻，人最需要的不是墨守成規的鑰匙，而是一塊砸碎障礙的石頭！

能賺錢才是真正的智慧

《塔木德》中說：「獨特的眼光比知識更重要。」

美國一所著名學院的院長，繼承了一大塊貧瘠的土地。這塊土地，既沒有可賣錢的木材，也沒有礦產或其他貴重的附屬物，因此，這塊土

地不但不能為他帶來任何收入，反而要為其支付土地稅。

政府建造了一條公路從這塊土地上經過。一位「未受教育」的人剛好開車經過，看到這塊貧瘠的土地正好位於一處山頂，可以觀賞四周連綿幾公里長的美麗景色。他（這個沒有知識的人）同時還發現，這塊土地上長滿了一層小松樹及其他樹苗。他以每畝 10 美元的價格，從這裡買下了 50 畝的荒地。在靠近公路的地方，他建了一間獨特的木造房屋，並附設一間很大的餐廳，在房子附近又建了一座加油站。他又在公路沿線建造了十幾間單人木頭房屋，以每人一晚 3 元的價格出租給遊客。餐廳、加油站及木頭房屋，使他在第一年淨賺 15,000 美元。

第二年，他又大力擴建，增建了另外 50 棟木屋，每一棟木屋有三間房。他現在把這些房子出租給附近城市的居民，作為避暑山莊，租金每季度為 150 美元。

而這些木屋的建築材料根本沒有花費他一毛錢，因為這些木材可以就地取材（那位學院院長卻認為這塊土地毫無價值）。

還有，這些木屋獨特的外表正好是他擴建計畫的最佳廣告。一般人認為用如此原始的材料建造房屋，那簡直是瘋子。

故事還沒有結束，在距離這些木屋不到 5 公里處，這個人又買下了占地 150 畝的一處古老而荒廢的農場，每畝價格 25 美元，而賣主則相信這是最高的價格了。

這個人馬上建造了一座 100 公尺長的水壩，把一條小的溪引進一個占地 15 畝的湖泊，在湖中放養許多魚，然後把這個農場以建房的價格出售給那些想在湖邊避暑的人。這樣簡單的一轉手，他共賺了 25,000 美元，而且只用了一個夏季的時間。

這個有遠見及想像力的人，從受過正規的「教育」。

且讓我們牢記這項事實：只要能運用各種知識，立即可以變得有教養及有權勢。

那位以 500 美元的價格售出 50 畝「沒有價值」土地的學院院長面對這件事說：「想想看，我們大部分人可能都會認為那人沒有知識，但他用自己的無知和 50 畝荒地混合在一起之後，所獲得的年收益，卻遠超過我靠所謂的教育方式而賺取的 5 年的總收入。」

知識固然重要，但是，如果沒有膽識和魄力的話，你的知識也就無用武之地。

金錢和智慧相較，智慧比金錢重要，因為智慧是能賺到錢的智慧，也就是說，能賺錢方為真智慧。

賺大錢時要懂得審時度勢

有一個商人，在從事收購糖的買賣。每天把村民的糖收購來後，他就在家將糖裝進籮筐或者麻袋裡，然後再運到鎮子上或外地去賣掉。就在他集中或者分裝糖的時候，總是會不小心撒掉一些糖，而他卻從來不在乎，覺得那點損失算不了什麼。

不過，商人的妻子卻是個有心人。她看到丈夫每次分裝完糖以後，地上都會撒些糖，覺得很可惜，就偷偷把那些糖重新收起來，裝進麻袋裡。不知不覺之間居然攢了四大麻袋。

後來，有一段時間突然蔗糖短缺，很長時間商人收不到糖，生意在一時間做不下去了，幾乎賠了本。妻子想起自己平時收集起來的糖，就拿了出來，化解了商人的燃眉之急，還小賺了一筆錢。

這件事一傳十、十傳百，很快就傳到了鎮子上。鎮子上有對夫妻開了一家文具店，妻子聽說了此事，先是感動，後來又覺得很受啟發，也

很想在關鍵時刻幫助丈夫。於是,她開始趁丈夫不注意時把報紙、記事本、日曆等貨物偷偷收藏起來,以備貨物短缺時用。過了大約兩年時間,妻子覺得應該給丈夫一個驚喜了,就自豪的叫丈夫到倉庫去看。丈夫不看還好,一看險些昏過去。那些妻子收藏起的東西不是過時了,就是發霉了,誰還會要呢?

想賺大錢僅僅有欲望和想法是不夠的,要學會聰明。懂得重長遠,趨大利,還要善於審時度勢。

要想做成任何一件事都有成功和失敗兩種可能。當失敗的可能性大時,卻偏要去做,那自然就是在冒險。問題是,許多事很難把握成敗可能性的大小,那麼這時候也是冒險。而商戰的法則是冒險越大,錢賺越多。當機會來臨時,不敢冒險的人,終歸還是平庸之人。有不少時候,猶太商人正是靠準確的把握這種「風險」之機才賺取大把的錢財。

想賺錢先要贏得顧客的心

莉蓮·梅那斯切·弗農(Lillian Menasche Vernon),1928 年出生於德國的一個猶太家庭。

1951 年弗農開始在餐桌上組建郵訂購物公司時,她當時二十三歲,是一個懷孕的家庭主婦,試圖為增添人丁的家庭賺取額外的收入。她用 2,000 美元的嫁妝錢投資於購買最初的一批皮夾和腰帶,並花了 495 美元在《17》雜誌上刊登廣告。弗農以典型的普羅米修斯風格行事,準備開拓一個無人問津的新領域。她或許沒想過最大的商品目錄冊零售商西爾斯,憑藉雄厚的經濟實力也在銷售標有人名的腰帶,是弗農最強勁的對手;再考慮一下其他公司在沒有經濟基礎的情況下將新產品推向新市場,會有怎樣的情況發生。

第四章　思維開拓財路，策略主導成功

只有具有創業精神的人才能操縱陌生的環境。西爾斯、曼特戈麥利·沃德和斯貝戈爾約都沒想到過如此大膽的舉動。弗農太天真，也許是太勇敢，勇於做沒人願意做的事情。但她憑直覺了解像她這樣的婦女想買什麼產品，正是這種「內臟」知識給她內在信心追求自己的道路。她的策略她自己看得最清楚，因此她能棄別人的想法於不顧。弗農的創舉在於提供顧客需要的別致產品。她的策略是傳統競爭者不敢採取的：提供印有人名的、僅此一家的、沒有大眾市場的產品。弗農願意冒男人們不敢冒的風險，這成為她的威力所在。儘管她心中沒有過相應的概念，她卻找到了市場定位。「踏上別人不敢問津之地」是大多數偉大企業家的共同呼聲，弗農尋求的就是這點。她利用了商品目錄冊行業的弱點（無力提供小批量、小範圍的產品），將之轉變為自己的優勢。她的基本策略也成為形成公司的保護性障礙，這種做法在形成之初極有可能讓她破產。弗農的洞悉力使她一舉成功。

弗農最初的兩樣產品腰帶和皮夾，包括個人化的特色，她首次郵購廣告，就在最初的十二週內收到價值 32,000 美元的訂單。出乎意料的成功讓弗農欣喜若狂，她又刊登標有人名的書籤，看看自己能否像第一回合這般幸運，這一新產品銷售額較前一次翻倍，於是弗農頻繁的推出新產品，走上了順道。她不僅取得了經濟上的成功，而且每種新產品都獲得了良好的聲譽。隨著她不斷把吸引自己的新產品一次次的推向市場，她的成功也步步高升。弗農下一輪產品是大手提包和黃銅門環，她所能想到的每件東西都是「別致而價格適宜」，並具個性化的特色。弗農著重的是「像我這樣的婦女」需要的產品，她承認她一直最喜歡的是鉛筆，但它們從來未被人列為她獲得大成功的多米諾骨牌效應系列。弗農最富有想像力的產品之一，是歡慶聖彼特里克節所需要的三葉苜蓿花型的女式連褲襪。

弗農憑藉她對產品的直覺感打入了競爭激烈的郵購商品冊行業。她

準備與大公司決一雌雄,於是在 1954 年,自己出版了十六頁的黑白商品目錄冊,把它寄給 12.5 萬位已有的和潛在的顧客,這一策略使她在 1955 年的年盈利增加到 15 萬美元,而公司仍稱為弗農專營店(根據她紐約的家鄉名字命名)。弗農在經營中仍身兼數職,既是目錄編輯,又是採購員,白天是郵購部經理,晚上充當財務主管。像所有偉大企業家一樣,弗農認為要時常在公司「了解各方面的經營情況」,現在也如此。到了 1965 年企業規模已足夠大,已構成了公司的規模,於是她成立了莉蓮‧弗農公司。到 1970 年,公司年盈利已達 100 萬美元。這種非同尋常的成長,是緣於莉蓮親力親為的經營風格。

莉蓮‧弗農成為世界女企業家龍頭,是由於她能直覺的感知人們所需要購買的產品特點,她不是運用傳統的市場研究技巧或主顧族群來做出新產品的決策;相反的,她完全憑藉自己的分析做出產品抉擇。由於自己也是個「普通婦女」,所以覺得自己有非凡的能力感知「普通婦女」的購買動機的策略一直奏效。她感到自己的直覺力成為他人所不具備的重要因素。儘管在所有偉大創業革新者身上都能發現敏銳的直覺力,大多數人並沒意識到自己的非凡能力,弗農卻認知到了這一重要品格,使莉蓮‧弗農公司在競爭激烈的商界獨樹一幟。

弗農推銷方法中別出心裁之處,是從她商品目錄冊中購買的任何產品,如果顧客稍有不如意,她將在十年內將錢全部如數退還顧客,要注意的是,弗農商品目錄冊中銷售的產品都是標有姓名的商品。上面標著直接生產廠商的名字,因此消除了產品轉手倒賣的因素。這種別具一格的行銷方法使公司位於《幸福》雜誌五百家公司之列,功效顯而易見。弗農獨到的行銷術,顯示出她對自己的產品及決策具有充分信心,她的魄力和信心明顯得益於她與廣大顧客的溝通,以顧客服務為第一,這便是莉蓮‧弗農公司大獲成功的原因。

1987年莉蓮‧弗農公司發行股票,由此成為美國證券交易所中最大的一家由婦女創建的公司。1993年公司銷售額達1.73億美元,使它在禮品目錄冊行業中獨占鰲頭。

想賺錢就得了解顧客的需求,收獲顧客的心。

獨到服務,大膽創新

彼得森創辦的「特色戒指公司」在經歷幾番挫折後終於掛牌營業了。既然是「特色戒指公司」,生產的戒指就應該有獨有的特色,否則就是嘩眾取寵,名不副實。經過多方面的考察,彼得森開始花費心思研究訂婚戒指圖案的表現手法。因為象徵著愛情的首飾大多以心形構圖,這已為廣大消費者所公認和認可,彼得森仍然保留其傳統。但是在構圖的表現手法上,彼得森卻獨具匠心。他把寶石雕成兩顆互相擁抱的心,表現一對戀人心心相連,再用白金鑄成兩朵花將寶石托住,表示愛情的純潔與美好;兩個白金穗中各有一個天使般的嬰孩,一個是男嬰,一個是女嬰,手中牽著掛在寶石上的銀絲線,以此祝福新郎新娘未來的小家庭美滿幸福。那條男女嬰兒牽的銀絲線更是別具一格,那銀絲線上有許多手工鏤刻出來的皺紋,皺紋的數目可以隨意增減,這樣就為購買者留出做記號的空間,例如男女雙方的生日、訂婚日期、結婚年齡或其他私人祕密,都可以透過「皺紋」多寡而做紀錄。

這一成功的設計果然使彼得森一舉成名,「特色戒指公司」生產的戒指一炮打響,得到了顧客的認可和讚譽,公司的生意日漸興旺。經過艱難困苦的他在收獲了第一桶金之後,並沒有就此住手,而是不斷的探索戒指生產的新工藝、新方法,並於1948年發明了鑲嵌戒指的「內鎖法」。

一天,一個富商慕名來找彼得森,那人拿出一顆碩大美麗的藍寶

石,要求彼得森鑲嵌出一個新穎獨特的戒指,並且最好能夠使藍寶石魅力得到最大程度的展現,商人想把這枚特別的戒指送給自己的女友——一個著名的電影明星。彼得森覺得圖案已沒有可發揮的餘地,唯有在那顆藍寶石上打鑲嵌戒指的主意,若是金屬把寶石包托起來,這樣寶石有近一半被遮蓋,也就是說一塊寶石料做成首飾後至少有三分之一大小被掩蓋。而商人的要求就是盡可能的展現寶石。因此,他發明了一種新的連接方法——內鎖法。用這種方法製造的手飾,寶石的90%暴露在外,只與底部的一點面積相連接。

商人出了高價滿意而去,彼得森再次美名遠揚。他打從心底很感激那位富商,如果沒有他「苛刻」的要求,就沒有在戒指鑲嵌工藝上誕生巨大影響的「內鎖法」。這項發明很快獲得了專利,珠寶商爭相購買,彼得森賺取了大筆的技術轉讓費。那個女影星為彼得森做了一份義務的廣告宣傳,從此,那些崇拜電影明星的太太小姐,得知這枚戒指出自彼得森之手,都不惜花大價錢請他做首飾,她們以擁有彼得森親手製作的首飾為榮耀。

1955年,彼得森又發明了一種「聯鑽鑲嵌法」,就把兩塊寶石合在一起做成的首飾,可使一克拉的鑽石看起來像兩克拉那樣大。這種大轟動效應,使人們紛紛搶購這種戒指,珠寶商也紛紛購買這項專利。彼得森憑藉自己聰明的才智和大膽的構想,最終成為了「鑽石大王」。

致富的祕訣,在於獨到眼光,大膽創新。想人之所不能想,才能比別人賺得多。

想要賺錢要勇於冒險

摩根家族的祖先是西元1600年前後從英國遷移到美洲來的,到約瑟夫·摩根的時候,他賣掉了在麻州的農場,在哈特福定居下來。

第四章　思維開拓財路，策略主導成功

　　約瑟夫最初依靠一家小咖啡店為生，兼賣一些旅行用的籃子。這樣苦心經營了一段時間，逐漸賺了點錢，就蓋了一棟很豪華的大旅館，又買了運河的股票，成為汽船業和地方鐵路的股東。

　　西元 1835 年，約瑟夫為一家叫做「伊特納火災」的小型保險公司投資。所謂投資，也不要現金，只要你在股東名冊上簽上姓名即可，投資的是自己的信用。投資者在期票上署名後，就能收取投保者交納的手續費。只要不發生火災，這無本生意就穩賺不賠。

　　然而不久，紐約發生了一場大火災。投資者聚集在約瑟夫的旅館裡，一個個面無血色，急得像熱鍋上的螞蟻。很顯然，不少投資者是首次面對這樣的事件。他們驚慌失措，自願放棄自己的股份。

　　約瑟夫便統統買下他們的股份，他說：「為了付清保險費用，我願意把這旅館賣了，不過得有個條件，以後必須大幅度提高手續費。」

　　約瑟夫把寶押在了這上面。真是一場賭博，成敗與否，全在此一舉。

　　另有一位朋友也想和約瑟夫一起冒這個險，於是，兩人湊了 10 萬美元，派代理人去紐約處理賠償事項。結果，代理人從紐約回來，且帶回了大筆的現款，這些現款是新投保的客戶出的，手續費比原先高一倍。與此同時，「信用可靠的伊特納火災保險」已經在紐約名聲大振。這次火災後，約瑟夫淨賺了 15 萬美元。

　　這個事例告訴我們，只要把握住關鍵時刻，通常可以把危機轉化為成功的機會。這當然要善於觀察市場行情，做出正確的分析把握良機。機會如白駒過隙，如果總是猶豫不決，我們可能永遠也抓不住機會，只有在別人成功時慨嘆：「我本來也可以這樣的。」

　　弱者等待機會，強者則創造機會。

猶太民族歷經磨難，但他們對待事物的發展趨勢時，總是持有積極樂觀的態度。事實也正是如此，無論經商還是做別的什麼，樂觀者的機會總是多一點，投中的次數也更多一點。

第五章　守法靈活，掌握經營規則

契約高於邏輯

　　我們在前面講了猶太人因信守契約而為人所稱讚的故事，也講了他們利用合約來達成自己目的的故事。整體而言，由於他們信奉契約猶如崇拜，所以一方面他們不可能做不履行契約的事，而另一方面，諳熟與精通契約，所以他們並不像別人所想像的，會被契約束縛手腳。反倒是常常利用自己的聰明智慧和嫻熟老到，讓契約成為自己的幫手。下面這個例子就是一個很好的說明：

猶太人加利在一個猶太教區服務當地的貧困人口。那個時候，世界經濟還相當落後，因此有一些猶太人的生活還處於窮困當中。冬天到了，這個教區的居民卻還沒有足夠的煤來過冬，因為他們沒有足夠的錢。當然，加利本人也沒有這麼多錢來為他們解決困難，但他卻想到了一個絕對可靠而又有效的辦法。

他找到一個經銷煤炭的商人，和他洽談買煤的事情。不過他首先表示，希望那個煤炭商人能夠看上帝情面，捐助一批煤炭給那些窮困的居民。那個商人說：「我可不會白送東西給你們。不過，我可以半價賣給你50個車皮的煤炭。」

加利寫信說，讓煤炭商先運25個車皮的煤炭來。煤炭運來後，這個猶太教區的人卻沒有付錢，並說煤不用再運了。

煤炭商見此非常的氣憤，他發出了一份口氣激烈的催款書，說如果加利再不付款，他將起訴。很快，這個商人收到一封回信，信上這樣說：「您的催款書我們不能理解。您答應賣給我們50車皮煤減掉一半，25車皮正好等於您減去的價錢。我們要了這25車皮的煤，而那25車皮的煤我們不要了……」

煤炭商人自然氣憤不已。猶太人如此理解他們之間訂立的契約，從邏輯的角度講這種理解是一種歪曲，因為煤炭的一半價格並不等於一半煤炭的價格──兩者僅僅在價格上沒有區別，但是在事件本質上卻截然不同。但由於這件事牽涉到「慈善」這樣一個敏感問題，煤炭商人只好不了了之。

契約超於邏輯，這就是「契約之民」的特點。

契約是一成不變的

萬物皆流，這是古希臘哲學家的觀點。在古希臘人的意識中，世界上沒有一成不變的東西，所謂「人不能兩次踏進同一條河流」，就是這個道理。那條河流就在那裡流淌，已經流淌了成千上萬年；它遠古時期

第五章　守法靈活，掌握經營規則

的名字叫什麼，現在還沒改變；它原來是什麼樣子，我們現在看它還是那個樣子。以我們人類的經歷看，河流在表面上並沒有發生根本的變化，甚至根本沒有變化。可是，這只是我們俗人的眼光。哲學家們、先知卻跟我們不同，因為他們知道，任何事物，在其存在的每一分每一秒裡，都在或生長，或衰老，或死亡。河水一刻不停的在向前流淌，是前進的水波，水量是變化的，它水底的魚兒是游動的，它水面的光線也在移動……你剛才踏進這條河的時候，它的水波溫柔的環繞著你，可是你下一次再踏進去的時候，環繞你的水波就不是剛才的了，而是另外的水流。孔子一次站在河邊上，就發出過這樣的感嘆：「逝者如斯夫，不舍晝夜。」他就說時間像河流那樣永無止息的向前流去，沒有一刻停留。

　　萬物皆流、萬物皆變的觀點是人類經過長期生活實踐所累積和總結出來的認識，不僅古希臘和古中國人，其他地方的人也同樣認識這個道理，古代猶太人當然不例外。但是，在猶太人看來，萬物可以改變，這世界上卻有一件事情不可改變，那就是契約。人與上帝之間的契約，那是人立身的根本，不管怎麼樣都不能變更，由此延伸下來，人與人之間的契約也是萬萬不可更變的，如果變了，那就違背了猶太人的生存宗旨。正因為此，上面那個猶太人因而吃了虧，而下面這個猶太人卻是有便宜不占。我們來看看原因：

　　有一次，一個猶太商人與一位日本人簽立了一份合約，購買一萬箱蘑菇罐頭，合約裡規定，貨物要按每箱二十罐的規模來包裝，每個罐頭的重量為100公克。可是，日本人雖然精明，也會有疏忽的時候。他把罐頭做出來了，又千里迢迢運送到美國。可是，那個猶太商人看到貨物後，發現每個罐頭的重量是150公克，竟多出50公克，等於比原定的合約多出一半。猶太商人當即決定，跟對方取得聯絡，說你送來的貨多了，不符合我們當初的約定，我拒絕接收你發來的貨物。

第一篇　商場智慧：猶太人致富的經營之道

　　日本商人這才發現自己的失誤，他急切之中算了一筆帳：11,300箱蘑菇，區區20噸貨物，既然已經花錢運到了美國，要是再把它運回來，拆了包裝重新裝箱再運回去，那可是得不償失，不僅賺不到錢，還要倒賠。從這個方面而言，他不能跟猶太人計較，只好算了。日本人這麼一想，便提出：那就這麼辦吧！包裝不符合要求是我的失誤，多出的部分就算我奉送的，不收你的錢了。可是，猶太商人偏偏不買這個帳，他說，多的部分我也不想要，問題是你沒有按照合約發貨給我，你違背了我們之間簽訂的合約。按照商場上的規矩，您賠償吧！日本人一聽傻了眼：哪有這樣不知好歹的人呢？可是，誰讓自家造成錯誤了呢！只好把委屈往肚子裡吞。最後，日本商人不得不按照「國際慣例」，賠付猶太人10萬美元違約款。至於那一萬箱的蘑菇罐頭，自己想辦法處理。

　　這個事件，在猶太人那裡是很典型的，它為其他國家的人研究猶太商人商業精神提供了一個案例。後來，確實有不少人對這個案例進行分析。有的說，猶太商人之所以拒收那批貨，是因為他事先做過市場調查，認為只有每罐100公克重量的罐頭被消費者認可，更易於銷售。也有的說，在市場管制比較嚴格的國家，是要嚴格審查你的進口貨物與報關單是否吻合，假如兩者不合，那麼就會被認為是有意逃避關稅，就會被罰款甚至會被追究法律責任。如果貪圖日本人「贈送」的那每箱50公克的便宜而遭受處罰，豈不是因小失大？還有人說，猶太人就是這麼機靈，一旦抓住了你的把柄，就會緊抓不放，非得讓你受點損失不可。在這個案例裡，猶太商人雖然並沒有對日本人設圈套，可是日本人自己替自己套上了一根繩子。猶太人利用日本人的失誤，白白得到10萬美元的賠款，還免去銷售罐頭的過程和忙碌，何樂而不為？

　　但是，應當說，這些分析要是放在其他商人身上，恐怕都有點超過。但對猶太人而言，這樣做只是他們的一個習慣，一個必須堅持、不可更改的原則。

創造條件履行法律

有一位從德國回來的留學生曾經寫了一篇文章，描繪德國人對法律和公共紀律的遵守達到了如何自覺的程度。他在文章中介紹說，德國人在打公共電話的時候，都非常自覺的排隊。但那都是在電話亭有人的時候，如果有些電話亭沒有人，他們的反應會怎麼樣呢？有一個人為了測試德國人是否確實在任何情況下都會自覺的遵守公共紀律，於是在一個有著兩部公用電話的地方做了一個測試：他在其中一臺電話的旁邊貼了一張紙條，上面寫著「專供女士使用」。

然後躲在一旁觀察。結果，他發現，來打電話的德國男人只要一發現這張紙條，馬上自覺的站到另一臺電話機旁去。哪怕那臺機子上已經有人在排隊等候，而這臺機子如此的空閒。於是，他不得不嘆服德國人的遵守紀律。

德國人如此自覺遵守法紀，當然讓人欽佩，但是猶太人比起來，恐怕更有甚之。這裡又涉及到一個猶太人與廁所的故事：

以色列剛剛建國的時候，住房相當緊張，幾位從德國移民過來的猶太人只得居住在一節報廢的舊火車廂裡。按照德國的法律，火車裡的廁所只有在行駛當中才能使用，火車停下時，車上的廁所是不允許使用的。雖然這幾個猶太人是把火車廂當做住房來用的，可是他們在上廁所時又按照慣性思維，按照在德國多年累積下來的習慣，把這個「住所」當做火車廂了。既然這節火廂已經報廢，所以不可能動，更不可能行駛。這幾個德裔猶太人便商定，在一個人需要用廁所的時候，其他人便下來推動車廂在軌道上行動。一天晚上，一個本地猶太人看見幾個德裔猶太人身穿睡衣，在寒風中顫抖著身子，一邊來回的推著一節火車車廂，便好奇的問：

「你們究竟在做什麼？」

那幾個德裔猶太人回答：「我們中的一位正在用廁所呢。」

第一篇　商場智慧：猶太人致富的經營之道

　　這個故事，讓人想笑，覺得這些猶太人實在很怪，甚至是不可理喻。那雖然是一節火車廂，可是現在它已經不再在鐵軌上行駛，已經被改造成臨時住房了，那麼自然就不用再遵鐵路上的相關規矩，車廂裡的廁所理應把它當做住宅廁所看待，為何還要對那已經不再適用的法律照章遵守呢？不過，倘若我們設身處地替猶太人想一想，就會知道，猶太人對法律和規章的自覺遵守，除了他們與上帝曾經達成過契約而外，更主要的就是，千百年來，他們這個民族一直過著顛沛流離的生活，他們居住在別人的土地上，必須「仰仗」於別人的寬容和「恩賜」才得在那裡繼續生存下去，倘若稍有大意，被人揪住辮子，說不定就會遭來驅逐的噩運。因此，他們首先必須做到的就是，要盡最大所能百分之百的遵循當地的法規法紀，這樣才不容易讓別人抓住把柄。

　　回過頭來再說那幾個德裔猶太人推火車廂的事。從另一個角度看，這件事裡其實也透著猶太人的聰明，那就是，「你有政策，我有對策」。你規定火車上的廁所必須在行駛的時候才能使用，那麼在它不可能移動的情況下，我就用人力使它動起來。猶太人就是創造條件的高手。

　　就算是「不可告人」的目的，也必須在信守契約（或尊重法律）的前提下達到。法律，也是一種契約，而且，對於任何一個國家的公民都是最為重要的契約。這種契約不是個人與個人之間簽訂的，而是作為全體公民的代言人及管理者，與所有的公民簽訂的。所以，任何一個國家的公民都必須遵守本國的法律。如果你不是這個國家的公民，但是你在這個國家之內，或者與這個國家發生非常親近的關係，當然也就必須遵守這個國家的法律。在西方思想啟蒙時期，著名的思想家盧梭寫下了他的《社會契約論》，奠定了西方近現代國家學說的基礎，其中心意思就是，人，生來就有著追求個人利益最大化的本能。在社會上，各種人構成錯綜複雜的社會關係，但最基本的就是利益關係。由於人從動物身上繼承

了自私的本性,他們天生就渴望無限擴大自己的利益。但是,每個人都在追求自己的利益,人與人之間不可避免的會發生矛盾、爭執和衝突。這時,就需要有一個調解者、中和者、仲裁者,這個仲裁者就是國家。國家利用自己的權威,代表社會上每個人的利益,與社會全體成員簽訂一個人人都必須遵守的契約,這個契約就是法律。

當然,由於各個國家的民族利益有別,民族精神和民族傳統也不同,因此它們之間的法律也存在著自己獨有的特點。每個國家的法律其實都是在繼承自己民族習慣和風俗的基礎上制定出來的。尊重別國的法律,也就是自動的履行與該國民眾的契約。

不過,有些法律在外人看來有些顯得莫名其妙。這一方面是隨著社會和時代的變化,法律卻沒有跟著做相應的更新和調整,另一方面則是,法律的具體制定者當初的考慮就有著某些無法啟齒的私心。比如,亞洲某個並非伊斯蘭教的國家,至今規定男人可以娶兩個以上的妻子。而現在已經是二十一世紀了,性別平等的口號也已經喊了多年,這樣一條法律卻一直保留著,以至現在在這個國家形成這樣一種現象,即該國的知識女性一般都不願意結婚。因為和一位多妻的丈夫結婚,男女平等的理想根本不可能實現,而知識女性所追求的浪漫而忠貞的感情生活從事實而言之是虛無縹緲的。

也有些法律確實是根據特定的歷史情況來制定的。比如第二次世界大戰期間,日本有這樣一條法律:即日本駐外大使館簽發經過日本前往第三國的簽證,是以家庭為單位開出的,而日本人當時對家庭平均人數規定的具體標準是每個家庭為六人。此時,希特勒德國正在歐洲一些國家大力迫害猶太人。由於日本與德國是盟國,那些急於逃出即將淪於德國的小國的猶太人便想出了經日本轉道求生的辦法。雖然日本照常發出轉道簽證,但採取這種辦法的猶太人太多,簽證的辦理也較困難,假如

每個人都取得一份簽證，根本不可能。於是，在日本的一個營救組織的成員猶太拉比卡利什想到了一個辦法，就是利用日本的法律規定，讓猶太人組成六人一組的團體，以家庭的名義取得簽證，轉道離境。

這個辦法當然很好，既符合日本的法律，又能使更多的猶太人免遭納粹迫害。於是卡利什拉比便拍發了一份電報，意圖用同樣的辦法營救那些在立陶宛等待的同胞。但是，這種表面上尊重日本法律實際上是利用法律條文的辦法絕不能公然明示，於是，他拍出的電報這樣寫下一句話。日本人當時對所有在本國的外國人的電報都進行追蹤，他們截獲了這份電報，卻弄不懂是什麼意思。於是，他們的函電檢察官立刻把日本猶太人委員會的萊奧・阿南找來訊問，要他解釋這份電報的意思，裡面為什麼要出現「六個人」的字眼？萊奧・阿南看了電報全文，他說，這不過是猶太人與遠在立陶宛的朋友討論有關猶太人宗教禮儀方面的問題，因為那句話意思是：「六個人可以披同一塊頭巾進行祈禱。」見萊奧・阿南的解釋非常有道理，日本人只好放棄了對這封電報的追問。

上面那句話的確出自猶太人的經典《塔木德》，而且是這部經典當中的一句著名格言。但是，卡利什拉比卻巧用經典，將一句不能公開講的話含蓄的傳遞了出去。猶太人在絕對尊重日本法律的前提下，實現了自己的意願，許多猶太人就這樣逃脫了險境。這個民族的人充分尊重各種法律與契約，雖說是「不可告人」的目的，也是在絕對信守契約的前提下達到的。

依法納稅是踐行國家的契約

有一個人到海外旅行，那個地方盛產鑽石，不但品種繁多，而且價格非常便宜。這個人一時動了心，買下大批的鑽石帶回國。可是，回來的時候，因為國內對鑽石徵收的稅率很高，他不願意交稅，如果按照規

定交稅的話，那得付一大筆錢。於是，他就抱著僥倖的心理，想將鑽石偷偷帶過海關。可是，沒想到海關的檢查很嚴格，結果他所攜帶的這些鑽石被發現，險些被扣留。有個猶太人聽到這個消息，大為不解，不禁為這個人感嘆：鑽石的關稅最多不超過7%，這個人交了稅之後，依然要比當地便宜，回到國內，再將鑽石高價賣出。這樣既不違背法律，又能大賺一筆，這麼簡單的計算怎麼就不懂呢？猶太人經商能力很強，他們繳納的稅金也很高，他們從不逃漏稅，這是民族的契約觀念決定的，當然也與他們客居各地，必須時時處處都小心翼翼的遵守當地法律，絕不給別人留下話柄的處境有關。所以猶太人在經營每一筆生意的時候，他們算帳時是先把稅金包括在裡面的。

當然，說猶太人很遵守各個國家的稅收制度，並不是說他們心甘情願的把自己辛苦賺來的錢隨意奉送。他們總是在細心研究相關的法律制度，盡量在合理的範圍內減少不必要的付出，也就是說，他們可能會採用「合理避稅」的手段免交那些能夠省下的金錢，但他們的原則是不能踩線，不能超越人與上帝（包括與國家）的約定。手套經銷商泰勒的行為可以算得上是猶太人當中最為大膽的避稅行為，幾乎就可以被認為是有意逃稅了。但是，由於他在表現方式上與法律沒有明顯衝突，所以即使法律也奈何不了他。

二十世紀有過一段時期，法國生產的手套大舉進入美國市場，對美國手套廠家造成很大危害。那個時候，還沒有所謂《反傾銷法》出現，美國為了抵制法國貨對本國市場的衝擊，將法國手套的關稅提到很高。泰勒想出了一個令人叫絕的點子，以減少關稅。他在法國訂購了一萬雙品質優良的皮手套，然後先將所有的左手手套集中裝箱發往美國。這一萬隻手套到達美國海關之後，泰勒卻故意不去提貨。按照海關的規定，貨物到港口之後很長時間，若還沒有人前來提貨的話，則視為無主貨物，

海關有權將其拍賣。當相關人員打開箱子一看，發現所有的手套都是左手的，這樣的貨物肯定賣不出去，於是只能以很低的價格競拍。當然，沒有機會前來參加競拍，因為沒有人會花錢將這批無法出售的手套買回去，買主只是泰勒。以後，泰勒又設法把那一萬隻右手手套運進海關，結果還是如此，最終海關稅減少了一半。後來，當海關明白之後，卻無法依據現有的法規對其進行處罰。

戰場和商場的區別

在一個紛亂無序的環境，講信用、守契約的人往往吃虧，這樣的事情在歷史上並不鮮見。中國歷史上有一個宋襄公的故事，一直成為人們的笑談：

春秋時期，宋國有一個國君叫宋襄公，他志大而才疏。在那個天下紛爭，強者為王的時代，他一心想成為齊桓公，做一代霸主，統領天下。齊桓公可是個有智謀的人物，他稱霸天下，首先是有齊國強大的軍事實力做後盾，透過東征西討，南進北戰，將那些「不臣」於自己的諸侯打得落花流水，然後才能「示信」於天下。可宋襄公根本沒有這個實力，卻想做「天下歸心」的事，終於貽笑後人。

那一年，宋國和某國交兵。若按照兩國的軍事力量對比，某國強於宋國。但由於對方是遠征而來，在準備上便不如宋國充足。宋國這邊已經排好了陣勢，而某國軍隊還在渡河。渡河的時候，軍陣自然是亂的，而且大軍相互不能關照。宋國軍隊旌旗鮮明的樹立在陽光之下，宋襄公的將領看著對方一派紛亂，都覺得此刻正是出擊的好機會，有一個將領向宋襄公建議說。你知道宋襄公怎麼回答？他說，千萬不能！對方正在渡河，隊伍還沒成形，我要是這個時候趁機出擊的話，豈不是乘人之危？那天下人將要笑話我是不仁不義。對方軍隊渡過了河，正在排陣，所以戰鬥力還比較軟弱。這時，他的部將又建議，擊鼓殺敵。而宋襄公仍是搖頭不允。他說，我帶的是仁義之師，仁義之師就要講道德，講規

矩。我要為天下人做個榜樣，絕不打那種占人家便宜的仗。終於，等對方的軍隊排好了陣勢，宋國的軍隊也在太陽下晒了好長時間。兩國開始正式交兵，各自擊鼓前進。結果，宋國的軍隊被打得大敗，「仁義之師」的領袖宋襄公也身受創傷，險些被俘。

　　古話說：「兵不厭詐。」戰爭就是一種相互使用詐術的行為，在這裡是不能講什麼信用的。雙方打仗，也不可能事先訂好契約，說我今天要打你，怎樣打你，你要按照某種規則來應戰，否則就是破壞規則。因為戰爭就是盡最大的可能打敗對方。而經商則不一樣。雖說「商場如戰場」，但這是指參與者之間智慧的較量、理性的較量、決心和信心的較量。所有這些較量都一定要遵循一種共同的遊戲規則，而規則的確立，就是契約。

信用的勝利

　　著名的猶太富翁摩根最早的事業並不是很大。他經營著一家咖啡館，生活雖然過得去，也不過是一個小老闆而已。後來，他決定開拓新的事業，起初由於資金有限，不可能進行大的投資，於是就和一些人合夥開辦了一家小型保險公司。開辦保險公司，是收益大，風險也大的事情。如果保險業務不出現大的意外，不遇到大的理賠項目，那麼，股東就可以坐在那裡賺錢，而且效益豐厚；如果所保險種遇到大的天災人禍，必須償付大筆資金的話，那股東都有破產的可能。

　　摩根加入的保險公司是專門保火災險的。在中國民間，火神的名字叫做祝融，誰家要是發生了火災，就說是發生了祝融之災。不過，祝融降臨誰家，那是上天的安排，人們是很難預料的。摩根加入這家取名叫「伊特納火災」的保險公司不久，在紐約市就發生了一場很大的火災，火災正好在「伊特納」保險公司的業務範圍之內。由於燒毀的面積比較大，

損失相當慘重，公司必須付出鉅額賠償，股東幾乎難以承受。

在此情形下，不少股東承受不了打擊，紛紛表示想退出。當然，在目前這種形勢下要退出公司並不是那麼容易的，「有福同享，有難同當」，這是做人和做事的一種準則。退出公司的方式是出售公司的股票，但公司遇到這樣的意外，你雖然很想將股票脫手，又有誰會這麼傻，偏偏在這個時候來購買。可是要是不能退出公司，這些人要將自己一生辛勞賺來的錢用來賠付投保者的損失，那樣又極不甘心。公司面臨內外交困的局面，真是有些騎虎難下的感覺。這個時候，摩根挺身而出了。首先，他意識到，「伊特納火災」保險公司既然與投保人簽訂了合約，那麼這個合約是一定要履行的。違背合約，不僅法律不允許，上帝也不允許。其次，火災的發生，賠付的兌現，當然使公司蒙受龐大損失，但同時也是對經營者眼光的一種考驗。既然合約不能違背，那麼要考慮的不是賠不賠的問題，而是藉助這次事件，能不能將壞事變成好事的問題。

「伊特納」公司在這樣困難的情況下如果信守與投保者的契約，那就一定會為公司帶來良好的信譽。於是他決定，拿出自己的錢，買下那些退股者的股票——這意味著賠付的款項將由他這個大股東擔負大部分。錢不夠，他便毅然將自己以前買的一家旅館賣出，湊足了理賠款。摩根的代理人帶著這筆錢到紐約受災地點一家一家進行賠付，錢用光了，但是卻帶回了好東西——大筆的保單。摩根的做法贏得了投保人的信任，他們不但繼續在這家公司投保，還介紹了許多新的客戶前來參保。摩根大幅度的提高了公司的保險手續費，依然沒有擋住人們投保的熱情。事後一算帳，摩根先生的帳戶上淨進帳達 15 萬美元。信譽就是金錢，契約就是生命。猶太人摩根用自己的行動對這個道理做了完美的證明。

第五章　守法靈活，掌握經營規則

善於利用邊緣法律

《大獨裁者》是卓別林的第七十九部作品，也是他的第一部有聲片。在 1938 年他開始為拍片做祕密準備。1939 年 1 月 1 日，卓別林著手編寫劇本，三個月後即告完成。同年六月，他向報界公開透露片子的內容。

1939 年，第二次世界大戰爆發，希特勒的侵略魔爪伸向歐洲各地。這個現實生活中的獨裁者聽說要開拍一部公開譏諷他的影片，氣急敗壞的大吼：「把那個骯髒的猶太人抓起來絞死。」納粹德國的駐美使館向好萊塢發出通告，威脅說，如果不能阻止卓別林的拍片計畫，納粹德國將抵制美國好萊塢的一切影片。同時，卓別林也收到許多恐嚇信，宣稱要處死他。但是，卓別林毫不畏懼的說：「讓這些狗去狂叫吧！」

1939 年 9 月 7 日，《大獨裁者》正式開始拍攝。

《大獨裁者》一開始的名字是《獨裁者》。它的改名還有一段故事呢。

卓別林帶著演員前往外地拍攝外景。當工作處於緊張的時刻，忽然，派拉蒙電影公司向卓別林寫信說，《獨裁者》的題目原是他們的專利品，因為他們有過一個題目就叫《獨裁者》的劇本。

卓別林感到事情發生突變，很有些棘手，便派人前去跟他們談判。談來談去，對方就是不肯讓步，除非將劇本的拍攝權交給他們，否則絕不甘休。

不得已，卓別林只得親自出馬，好言與他們相商。可是派拉蒙公司堅持，如果卓別林不肯出讓拍攝權，又要借用《獨裁者》這個題目，那就必須交付 25,000 美元的轉讓費，否則就要以侵權罪名向法院提出訴訟。

軟硬都無濟於事，感到左右為難的卓別林突發靈感，機智的在《獨裁者》前面添了一個字，使得派拉蒙公司勒索 25,000 美元的計畫泡湯了。

原來，卓別林添上了一個「大」字。按卓別林的解釋，那部電影的題目加了「大」字，成了《大獨裁者》，就不是派拉蒙公司劇本的中一般獨裁者意思了。兩者之間有了本質上的區別，就談不上侵權了。

《大獨裁者》於 1940 年 10 月 15 日正式公映。榮獲了很大的成功。在光明與黑暗交戰的關鍵時刻，卓別林用自己的影片為反法西斯鬥爭做出了貢獻。

在簽訂合約時，可以憑藉過人的法律知識，以公正的形式與對手簽下一份利益天平總是或多或少偏向自己的合約；在守法的背後，可以打無數個法律的擦邊球。

遵守商業法規

《塔木德》中有這樣一則案例：

有兩個拉比都想買某一塊地。第一個拉比就這塊地先談好了價格，可是第二個拉比跑來，當即決定就買了下來。

有一天，有人來見第二個拉比，對他說：「有人來到糖果店，想買糖果，看見已經有人在驗看糖果的品質，但後到的人卻搶先把糖果買了下來，你認為這樣的人，如何稱呼為好？」

第二個拉比回答說：「第二個人當然是壞人了。」

於是，那人就告訴他說：「你新近買下土地的行為，就相當於第二個買糖果的人。事先已經有人報出了價格，正在交涉之中，你怎麼可以先買下來呢？」

事情最後是如何解決的呢？

第二個拉比認為把新買下的東西立刻賣出去，有點不吉利，送給第一個拉比，他又於心不忍，於是，就把它捐贈給了一所學校。

在經商中，要奉行公平價格、正當利潤、公平競爭、如實說明等商業法規的基本思想和原始做法。只有這樣，才能贏得別人的信任和合作。

欺騙別人如同欺騙自己

有這樣一則《塔木德》寓言：

很久很久以前，有個漂亮的女孩和家人一塊外出旅行。途中，女孩離開家人信步閒逛，無意中迷了路，來到一口井邊。

當時，她正覺得口渴，就攀著吊桶，到井底下喝水。結果，喝完了水，卻攀不上來了，急得大聲哭喊著求救。

這時，剛好有個青年男子路過這，聽見井下有人在哭喊，便設法把她救了上來。兩個人一見鍾情，都表示要永遠相愛。

有一天，這個青年不得不出外旅行，臨行前特地到她家來見她，與她道別，並且約好，要繼續信守舊約。他們雙方都表示，不管多長時間，也一定要和對方結婚。

兩人訂下了婚約後，正想找一個人做見證，這時候，女孩剛好看見有一隻黃鼠狼走過，跑進了樹林。於是，她說：「就讓那隻黃鼠狼和我們旁邊的那口井來做我們的證人吧！」

兩個人就此分別。

過了好多年，女孩一直守著貞潔，等待未婚夫的歸來。可是，那位男子卻在遙遠的他鄉結了婚，生了孩子，過著快樂的生活，完全忘了先前的婚約。

一天，孩子玩累了，便躺在草地上睡著了。這時，跑出來一隻黃鼠狼，咬了孩子的脖子，把孩子咬死了。他的父母都非常傷心。

後來他們又生了一個孩子。這個孩子長大了，自己能到外面去玩

了。有一天,他來到一口井邊,為了觀看井下水面上映出的影子,一不小心,掉落井裡,溺死了。

到這個時候,青年終於想起了從前和那位女孩的婚約,當時的見證人正是黃鼠狼和水井。

於是,他便將事情對妻子和盤托出,和她離了婚。

青年回到女孩住的村子,而她依然在等著他。兩個人終於結了婚,過上了幸福的日子。

很明顯,這是一個在神佑之下合約(婚約)得到履行的故事。

值得注意的是,在這個故事中,對違約行為的懲罰不對準違約者本人,比如讓他喝醉了酒掉井裡淹死,或讓黃鼠狼咬了得病不治而死,卻讓兩個無辜的孩子來接受懲罰,讀來難免於心不忍。

其實,這本是一個勸人為善、勸人守約的寓言,其寓意的根本就是無論如何都要讓合約得以履行。要是讓違約人一死了之,那就既不符合猶太人「憎恨罪,但不憎恨人」的信條,而且合約實行也就沒有了意義,守約的女孩只能承受不公一輩子空守閨房。

所以,故事就毫不憐惜的讓懲罰落在違約行為所帶來的「盈利」上,即兩個孩子身上。在這裡,孩子只是一種象徵,象徵著違約行為帶來的首要成果。

這就從根本上抽去了違約行為的內在意義,使它成為一個純粹的無謂之舉,甚至自討苦吃之舉。這對「違約」夫妻不是兩次獲得「盈利」而又兩次失去「幸福」墜入痛苦之中嗎?

從這個故事著眼入手,可以說是對「違約病」的最有效的針砭。

在現實生活中,猶太人對內部的違約者採取的是逐出教門的辦法。在生意場上,一個受到猶太共同體排斥的「猶太人」可以說是很難再生存

下去（作為生意人生存下去）的。

而對於非猶太人，則一方面毅然決然的上訴法院，要求強制執行合約，或者賠償損失；另一方面，猶太共同體互相通報，以後與此人斷絕生意上的往來。

欺騙別人等於欺騙自己，因為言而無信的人也難以取得別人的信任，沒有人願意和他打交道，最後只能孤立無援而一事無成。

迂迴戰術

有一次，安東尼皇帝派使者到朱丹拉比那裡，問了這樣一個問題：「帝國的國庫快要空了，你能替我想一個補充國庫的策略嗎？」

朱丹拉比聽後，什麼也沒對使者說，直接把他帶到了他的菜園，默默的耕種起來。他把大的甘藍拔掉，種上小甘藍。對甜菜和蘿蔔也是如此。

使者看到朱丹拉比無心回答他的問題，心中大為不悅，沒好氣的對他說：「你總得給我一句話吧，我回去也好做個交代。」

「我已經給你了。」朱丹拉比不疾不徐的說道。

使者滿臉的驚疑，無奈之下，只好返回安東尼那裡。

「朱丹拉比回信了嗎？」

「沒有。」

「他對你說了什麼？」

「沒有。」

「那他做了什麼？」

「他只是把我領到他的菜園裡，然後他拔掉那些大的蔬菜，種上小的。」

「噢！他已經給我建議了！」皇帝興奮的說。

第二天，安東尼立刻遣散了他所有的官員和稅收大臣，換上一小部分有能力、誠實的人。不久，國庫就開始充實起來。

條條大路通羅馬。在說服別人或為人提供建議的時候，可以多費點心思，採用更迂迴的策略。

和金錢締約

猶太人的經商史，可以說是一部簽訂契約和履行契約的歷史。猶太人之所以成功的一個原因，就在於他們一旦簽訂了契約就絕對的執行，即使有再大的困難與風險自己都會承擔。他們相信對方也一定會嚴格執行契約的規定，因為他們深信：我們的存在，就是因為我們和上帝簽訂了契約。如果不履行契約，就意味著違背了神與人之間的約定，災難就會降臨，因為上帝會懲罰他們。簽訂契約前可以談判，可以討價還價，也可以妥協讓步，甚至可以拒簽約，這些都是我們的權利，但是一旦簽訂了自己就要勇敢的承擔責任，而且要不折不扣的執行。因此，在猶太人經商活動中，根本就沒有「可履行債務」這一說。如果某人不慎違約，猶太人將對之深惡痛絕，一定要嚴格追究責任，毫不客氣的要求賠償損失；對於不履行契約的猶太人，大家都會唾棄他，並與其斷絕關係，最終將其逐出猶太商界。

猶太人在經商中最注重「契約」。在全世界商界中，猶太商人的重信守約是有口皆碑的。猶太人一經簽訂契約，不論出現什麼情況，都不會毀約。

猶太人認為「契約」是上帝的約定，他們說：「我們人與人之間的契約，和神所定的契約相同，絕不可以毀約。」既然「契約」是和上帝的

約定,那麼每一次訂立契約就意味著指天發誓,所以絕不能反悔。若毀約,就是褻瀆了上帝的神聖。

猶太人由於普遍重信守約,相互之間做生意有時經常都不簽合約。口頭的允諾也有足夠的約束力,因為他們認為「神聽得見」。

猶太人信守合約幾乎可以達到令人吃驚的地步。在做生意時,猶太人從來都是錙銖必較,絲毫不讓,但若是面對一份契約,他們縱使吃大虧也會絕對遵守。這對他們而言,是非常自然、毫不懷疑的事。

有一個猶太商人和雇工訂了契約,規定雇工為商人工作,每週發一次薪資。但薪資不是現金,而是雇工到附近的一家商店裡領取與薪資等價的物品,然後由商店老闆和猶太商人結帳。

過了一週,雇工氣呼呼的對商人說:「商店老闆說,不給現款就不能拿東西,所以,還是請您付給我現款吧!」

過了一會,商店老闆又跑來結帳了,說:「你的雇工已經取走了這些東西,請付錢吧!」

猶太商人一聽,被弄糊塗了,經過反覆調查,確認是雇工從中做了手腳。但是猶太商人還是付了商店老闆錢。因為他已經同時向雙方做了許諾。既然有了約定,就要遵守。雖然吃了虧,也只能怪自己當時疏忽大意,輕信了雇工。

猶太人從來都不毀約,但他們卻常常在不改變契約的前提下,巧妙的變通契約,使其為自己服務。因為在猶太人看來,在商場上的關鍵問題不在於道德不道德,而在於合法不合法。

猶太人之所以不吃牛羊的腿筋,是因為《聖經》中的一個傳說:

古猶太人的十二支脈原是十二個同父兄弟所傳下的血脈,而這十二兄弟的父親便是雅各。

第一篇 商場智慧:猶太人致富的經營之道

雅各年輕時曾去東方打工,寄居於其舅舅的門下,並娶兩個表妹為妻。後來,在神的允諾下,攜妻帶子返回迦南。

途中的一個夜晚,來了一個人,要求和雅各摔跤。兩個人一直鬥到黎明。那人見自己難以勝雅各,便故意朝他的大腿打了一下,當時,雅各的大腿就扭傷了。

那人說:「天亮了,讓我走吧。」

雅各不同意,說:「你不給我祝福,我就不放你走。」

那人便問他:「你叫什麼名字?」

雅各便把名字告訴了他。

那人說:「你不要再叫雅各了,改名叫以色列,因為你與神角力都獲勝了。」「以色列」作為今日猶太人國家的名稱,其涵義是「與天神摔過跤的人」。

堂堂正正的上帝在和人進行比試之時,卻使用不光明的小動作。這對於老是責備猶太人不守約的上帝來說,顯然不是一個值得誇耀的舉止。但猶太人為何偏偏要把這一條記錄在以上帝作為絕對權威的《聖經》之中呢?是否對上帝有些不恭?

也許,古代猶太人在角力之時,並沒有「明文」規定不可打對方的大腿,上帝只是鑽了規則不清的漏洞而已。而作為上帝之選民的猶太人,把這麼一個上帝鑽漏洞的典故記下來,完全可能是為了神聖化「鑽漏洞」這種合法的違法之舉或者違法的合法之舉。

從邏輯上說,尊重法律就應當尊重法律規定的一切,從內容到手段到程式,即使漏洞也不能排除。因為,一則漏洞本身就是某一法律條例中不可分割的一部分;二則一個煞費心計鑽法律漏洞的人,本身還是合法的,他做的仍然是「法律沒有禁止」的事情。可是由於鑽漏洞畢竟還需要有獨具匠心(即和立法者有不同思路,或者能洞悉其奧祕)的才思和機

敏,所以,漏洞常常讓大部分人在「天衣無縫、固若金湯」的法律條文面前只能抓耳撓腮。

對於把研究律法看做是人生義務或祖傳手藝(這兩種態度分別指向猶太人自己的律法和其他民族的法律)的猶太人看來,任何一種法律都有漏洞(否則《羊皮卷》中也不會有這麼多「議而不決」的案例)。

從猶太人已養成的習慣來看,與其破網而出,不如堂而皇之的鑽漏洞更為自然,這樣,神不知鬼不覺,內心即很坦然又不引人注目。還可以讓漏洞長存,以便後人進出。

猶太人以其靈活多變的守法智慧,應付著複雜萬千的環境,尤其是他們這種守法而又是不刻板的精明,使他們在世界的商海中隨心所欲、遊刃有餘,創造了一個個刮目相看的經濟奇蹟。

面對高額的所得稅,一般人的思路是如何偷稅漏稅,可是猶太人不同,他們不會去做鋌而走險的事情。他們想出是如何絕妙的「為自己減稅」的辦法:既然「列支敦斯登」國籍的人只交小額的所得稅,那就加入該國國籍,從而可大省一筆稅款。退一步講,如果入「列支敦斯登」國籍不容易,那就讓自己當一個「廉價」的董事長或總經理,至於因「廉價」而帶來的收入損失完全可以透過別的方式來補償。

洛克斐勒石油家族也有許多鑽法律漏洞的故事:

鑽法律的漏洞搶鋪油管

洛克斐勒想獨吞全美石油資源,泰特華德油管公司自然就成了他達成這一目標的障礙。尤其是泰特華德油管公司從石油產地鋪了一條輸油管,直達安大略湖畔的威湯油庫,這為洛克斐勒帶來了很大威脅。不除掉這條油管,他坐臥不安。

洛克斐勒準備鋪設一條與之平行的油管,但是油管只能通過巴容縣

境，而巴容縣是泰德華特公司的勢力範圍。而且泰德華特公司早就促使議會透過一個議案，聲明除了已經鋪設好的油管外，不許其他油管路經此地。

這是一個不小的難題，洛克斐勒思謀了許久，才得一妙計。一個暗黑的夜晚，一群大漢突然來到巴容縣的東北角，他們手拿鐵鏟只顧挖土掘溝，很快掘出一條溝，接著又一個勁兒的把油管埋入溝內，並迅速填平。天還沒亮，他們已經全部完工。

第二天，人們發現美孚石油公司的舉動，當局政府準備控告洛克斐勒。這一事件也驚動了報界，記者紛紛採訪，洛克斐勒召開了記者招待會，他在會上說：「縣議會的議案規定，除了已經鋪設好的油管外，不准其他油管過境，希望大家到現場視查一下，觀看美孚石油公司的油管是否鋪好。」

縣議會自知議案有漏洞，無可奈何，官司不了了之。

美孚石油公司逃脫起訴的「假獨立」

聯邦政府競爭法通過以後，許多大企業被解體，洛克斐勒財團的美孚石油公司雖然也被起訴，但是由於公司的努力，未能立案。

美孚石油公司是全美數一數二的大企業，自然被眾人所關注。迫於輿論的壓力，國會又叫嚷對美孚石油公司進行起訴。這一次，洛克斐勒也認為是難逃厄運了，整天悶悶不樂，無精打采。

這時，公司的法律顧問中有一個青年律師，想出了一個絕妙主意。他建議把各州的美孚石油公司分解為獨立的公司，如紐約美孚石油公司、紐澤西美孚石油公司、加利福尼亞美孚石油公司、印第安納美孚石油公司……這些公司都各自有一名偽稱獨立的老闆，但實際上還是由洛克斐勒掌控。

那位青年律師為了這件事，一週內連續日夜工作，替各公司設立帳目，供參議院審查。最後，參議院表示滿意，不再提起訴一事。

猶太人如此守法，可真讓人拍案叫絕。現代律師行業中，猶太人大出風頭。以北美為例，三成的律師都是猶太人出身。可以想見，正是他們這種運用法律、善於守法的民族智慧促成了他們的成功。

第六章　人脈經營的猶太智慧

人際交往中，含蓄的表達

中世紀時，有個埃及國王接連打敗了幾個王國。但他連年用兵，國庫快空了；此時，又亟需一筆鉅款，卻如何也籌不到錢了。他開始打猶太富翁麥啟士德的主意。但他知道猶太人絕不會輕易出錢，得設個圈套讓他鑽才行。國王思索了好久，總算想出了一個妙計——

他把麥啟士德請進宮，擺上山珍海味對其盛情款待。酒過三巡，國王噴著酒氣對富翁說：「麥啟士德先生，聽說您學識淵博，智慧過人，我想藉此機會向您討教一個問題。」

麥啟士德見國王那副故作謙恭的表情，心理已有所戒備，說：「不敢當，不敢當，我麥啟士德只是個酒囊飯袋而已。」

「不必謙虛。」國王繼續說，「聽說您對宗教頗有研究，所以我想請教一下，在猶太教、伊斯蘭教、天主教中，到底哪一種才算是正宗呢？」

他想了一會兒，不慌不忙的說：「陛下所提的這個宗教問題，真是太有趣啦！這使我想起了一個有趣的故事，假如陛下允許我把那個故事講完，就一定能得到一個適意的答案。」

國王點點頭說：「那您請講。」

麥啟士德講的故事是這樣的——

從前有個大富翁，家裡有無數的金銀財寶，讓富翁特別珍愛的是一件稀世珍寶——一枚閃爍著異彩的戒指，價值連城。臨終前，他在遺囑上寫道：得到這戒指的便是他的繼承人，其餘的子女都要服從他的。遺囑要後代永久保存好這個傳家之寶，不能讓它落入外人之手。得到這戒指的子子孫孫，都用同樣的方法立遺囑給後代，讓他們遵守，誰得到戒指誰便是一家之長。後來，這戒指傳到某個後代手裡，他有三個兒子，個個受到他的鍾愛。在臨終前，他拿不定主意，到底把戒指傳給誰。

當時，三個兒子都請求得到戒指。他想不出好辦法，只得私下裡請來一個身懷絕技的匠人，仿造了兩枚戒指。父親臨終前，就把這三枚連匠人也難辨真假的戒指，私下裡分別傳給了三個兒子。這下可好，等父親一閉眼，三個兒子都以戒指為憑證，要求以大家長的名義繼承產業，可是誰都難以說哪個是真品。於是，究竟誰應該做真正的大家長，問題直到現在還無法解決。

麥啟士德講完故事後，微笑著對國王說：「尊敬的陛下，天父所賜給三種民族的三種信仰，不正和這三種情形相符嗎？你問我哪一種才算正宗，其實，大家都認為自己的信仰是正宗。他們都可以拿出自己的教義

和戒律來，說這才是真正的教義、真正的戒律，認為自己是天父的真正繼承人。這個問題之所以難以解決，就像是那三枚戒指一樣，實在叫人難以做出正確判斷。陛下您說對嗎？」

國王面對聰明機靈的麥啟士德，一時啞口無言……

在與人交往的時候，要懂得含蓄和迴避矛盾。知道什麼問題最好不予正面回答，也是一種智慧。

誠信與聰慧

從前有個國王，他只有一個女兒，長得聰明美麗，深受國王疼愛。

一次公主得了重病，生命垂危。束手無策的御醫告訴國王，除非得到仙丹，否則公主就沒希望了。

國王萬分焦急，趕緊貼出公告：任何人只要能治癒公主的病，不僅會把公主嫁給他，而且還會立他為王位繼承人。

在遙遠的地方有三兄弟，其中老大有一個千里眼望遠鏡，恰巧看見了國王的公告。他便和兩位弟弟商討，要去治好公主的病；兩個弟弟也各有寶物：老二有一塊會飛的魔毯，可作交通工具；老三有一顆帶有魔力的蘋果，不管什麼病，吃了這個蘋果立刻就會痊癒。

三兄弟一致同意後，就一起飛往王室。公主吃了蘋果後，果然康復了。

國王欣喜若狂，立即命令準備宴會，把新駙馬告知與全國大眾。

可是，國王只有一個女兒，而治病的卻是三個人，現實生活和猶太律法上都不允許「一女嫁三夫」，那麼應該怎麼辦呢？

老大說：「如果不是我用千里眼看到公告，我們就不會來到這裡為公主治病。」

老二說:「如果沒有魔毯,這麼遠的地方,我們也來不及替公主治病。」

老三說:「如果沒有魔力蘋果,即使來了,也是枉然。」

這個問題難倒了國王,公主既不能嫁給三個人,又不能單獨嫁給其中一個人,否則就是對其他兩人的失信。違約是猶太律法所不允許的。那麼,只能說公告上的內容出現了漏洞,若想圓滿解決這個問題,只能避開漏洞。

國王經過深思熟慮,最後選定了拿蘋果的老三為駙馬。

國王認為,老大有千里眼,仍然擁有千里眼;老二有魔毯,魔毯也沒有失去;只有老三將蘋果給公主吃了,最後什麼也沒有了。根據《塔木德》律法:「當一個人為一人服務時,最可貴的還是把一切都奉獻出來的人。」這就是國王為了避免違約,而又避開合約的漏洞所尋求的一條標準。即不看誰對治病的貢獻大,而只看誰奉獻得多。

在生活中應該把誠信和聰慧結合起來。信守合約是一種誠信;巧妙的避開合約中的漏洞則是一種聰慧。

用金錢、心血和精力籠絡權勢者

羅斯柴爾德在實踐中十分清楚的意識到,要在這個猶太人備受歧視的社會裡脫穎而出,走近手握龐大權勢的領主並獲取他們的歡心是最有效的途徑。

他憑藉受當地領主比海姆公爵召見的機會,不但把費盡了心血和高價收集的古錢幣賣給公爵,價格極其低廉,同時還極力幫助公爵收古幣,經常為他介紹一些顧客,讓其獲得數倍的利潤,不遺餘力的幫公爵賺錢。如此一來,公爵不但從買賣中嘗到了很多甜頭,對古錢幣的興致

也越來越高。羅斯柴爾德和他的關係逐漸演變為夥伴意味的長期關係，而不是幾筆普通的買賣關係。

如果說一兩次的「捨本大減價」，一般人也可能做得到的話，羅斯柴爾德這種一直「捨本」幫助別人賺錢的做法不能不說是難能可貴的。雖然他得以在宮廷進進出出，但自己在經濟上仍然相當困窘。他為了實現長期策略，寧可捨棄眼前的小利。這種把金錢、心血和精力完全傾注於某個特定人物的做法，日後便成為羅斯柴爾德家庭的一種基本策略。一旦遇到了諸如貴族、領主、大金融家等具有龐大潛在利益的人物，就甘願做出大犧牲與之打交道，為之提供資訊，獻上熱忱的服務；等到雙方建立起根基牢固的深厚關係之後，再從這類強權者身上獲得更大的收益。

在羅斯柴爾德二十五歲那年，他獲得了「宮廷御用商人」的頭銜。羅斯柴爾德的策略成功了。

為了得到長期的利益，必須在開始的時候讓對方嘗到他一輩子都難以忘懷的甜頭。放長線釣大魚，捨小利獲大利，這就是成功的猶太商人的生意經。

站在別人的立場考慮問題

有一家猶太人養了一條狗，深得全家人的喜愛，尤其是其中一個小男孩，更是對狗疼愛備至，整日同吃同住，難捨難分。

可是，有一天，狗突然死了，這使兒子非常傷心、痛不欲生。父親儘管也有點傷心，但他認為狗遲早會死，這是一件沒辦法的事。父親想把牠帶去其他地方埋了，但兒子堅持把狗埋在自家的後院。

結果，父子兩人為此而鬧僵了。無奈，只好找拉比建議。拉比儘管常常為別人提供各種諮詢，但從來沒有涉及狗的葬禮的。但他很了解此

時那個小孩無比悲傷的心情。

於是，拉比就查找相關資料，結果正好在《塔木德》中找到了一則故事，說的是古時候，有戶人家發生了這樣一件事——

一次，有條毒蛇爬入牛奶桶中，牠的毒液感染了牛奶，這件事只有家裡的狗看到了。

晚上，全家人正要喝桶中的牛奶時，狗就叫了起來。並撲上來打翻了盛奶的杯子，自己喝了起來，正當大家生氣時，狗已經死了。

這下子全家人才恍然醒悟，原來牛奶裡有毒，所以大家對狗心存感激。

聽完這則故事後，父親同意兒子的做法。

這個故事表面上是講有關狗的事情，但實際上是教誨人們凡事多站在他人的立場上考慮和著想。

當然，這件事能夠圓滿解決，和拉比的處世藝術也是分不開的。他沒有把任何觀念強加於父親，只是講了一個關於狗的故事，這就在尊重了兒子意願的同時，也尊重了父親的威信，那麼，父親何不順水推舟呢？

己所不欲，勿施於人。為了人際關係的和諧，我們日常生活中也要經常站在別人的角度思考問題。

感動人心的熱情問候

1930年代，一位猶太傳教士每天早上，總是按時到一條鄉間土路上散步。無論見到任何人，一貫熱情的打一聲招呼：「早安。」

其中，有一個叫米勒的年輕農夫，對傳教士這聲問候，最先反應冷漠，在當時，當地的居民對傳教士和猶太人的態度都很冷淡。然而，年

輕人的冷漠，並沒減弱傳教士的熱情，每天早上，他仍然向這個一臉冷漠的年輕人道一聲早安。終於有一天，這個年輕人脫下帽子，也向傳教士道了一聲：「早安。」

好幾年過去了，納粹黨上臺執政。

這一天，傳教士與村中所有的人，被納粹黨召集起來，送往集中營。在下火車、列隊前行的時候，有一個手拿指揮棒的指揮官，在前面揮動著棒子，叫道：「左，右。」被指向左邊的是必死無疑，被指向右邊的則還有生還的希望。

這位指揮官點到了傳教士的名字。傳教士渾身顫抖，走上前去。當他無望的抬起頭來，眼睛一下子和指揮官的眼睛對視了。

傳教士習慣的脫口而出：「早安，米勒先生。」

米勒先生雖然沒有什麼表情變化，但仍禁不住回一句問候：「早安。」聲音低得只有他們兩人才能聽到。最後的結果是：傳教士被指向了右邊——意思是生還者。

人是很容易被感動的，而感動一個人靠的不一定都是慷慨的施捨，鉅額的投入。往往一個熱情的問候，溫馨的微笑，也足以在人的心靈中注入一片陽光。

不要低估了一句話、一個微笑的作用，它很可能使一個不相識的人走近你，甚至愛上你，成為一把鑰匙，為你開啟幸福之門，成為一盞明燈，讓你走上柳暗花明之境。

不可同室操戈

在為人處世方面，猶太人一向崇尚寬容、大度。以色列獨立戰爭期間的一次內鬨對我們很有啟發。

第六章　人脈經營的猶太智慧

　　那是第一次中東戰爭停火期間，以色列抓緊時間擴編國防軍。其時，國防軍負責人找到以色列某一派武裝「伊爾貢」（Irgun）的領導人比金，要求重新整編「伊爾貢」。國防軍領導人揣測，比金絕不會將自己親手創造的武裝拱手相讓，對於比金這樣一個野心強盛的年輕政治家來說，交出武裝就如同交出權力，也就意味著斷送自己的政治生命。但是，比金同意的回答卻讓他大吃一驚。也就意味著在比金的影響下，以色列其他小武裝也很快加入了國防軍。

　　有趣的是，之後比金走私武器、運軍火的輪船被國防軍擊沉。比金及其同夥被釋放後，「伊爾貢」的成員非常憤怒，比金壓抑不住自己的感情，透過地下廣播電臺聲淚俱下的咒罵本·古里昂（Ben Guryon）是「策劃」陷害他的「傻瓜、白痴」，還誇口說，要是他願意的話，只需在「彈指之間」便能消滅本·古里昂。

　　他警告本·古里昂及其追隨者，「如果我們舉手反對政府，他們注定要自取毀滅。那些不立即釋放我們軍官和士兵的人，注定要自行毀滅。」聲明還撤銷了前不久發布的要求「伊爾貢」部隊參加國防軍和宣誓效忠政府的命令。

　　在當晚召開的人民理事會上，本·古里昂針鋒相對的指責：「有人用一把槍可以殺害幾個人，「伊爾貢」走私五千把，槍足以毀滅整個國家！」他的另一句話讓「伊爾貢」人永遠對他恨之入骨：「感謝上帝，加農炮擊中了那艘該死的船！」這句話讓整整一代「伊爾貢」人都憎恨本·古里昂。比金的助手對比金說：「我們乾脆找機會把他幹掉吧！讓他嘗嘗我們的厲害。」

　　比金的回答讓他的下屬深感意外：「不，我們不能這麼做，猶太人已經遭受了外人太多的劫難，不能再同室操戈了，在此危難之時，更要如此！」

這句話確實展現了比金的政治家風範。

以色列成立後，比金組建了「赫魯特」。他長期處於在野地位，在1973年赫魯特與其他小黨聯合成立了「利庫德集團（聯合黨）」。1977年5月，比金在大選中擊敗工黨，終於出任總理，圓了他的夢。這和他豁達的處世方式是很有關係的。

《塔木德》中說：「人的心胸，應該比大海更廣闊。」寬闊的心胸和豁達的處世方式會讓你贏得眾多的朋友。

選擇求生的對象

賈迪·波德默是一名猶太人，他在商界的成功史無人知道，因為他沒留下任何文字性的東西。然而，他在危難時期的一個決定，卻讓世人永遠記住了他。

1942年3月，希特勒下令搜捕德國所有的猶太人，六十八歲的賈迪·波德默召集全家商討計策，最後他們想出一個不是辦法的辦法，向德國的非猶太人求助，爭取他們的保護。

辦法決定之後，接下來是選擇求生的對象。兩個兒子認為，應該向銀行家金·奧尼爾求助，因為他一直視波德默家族為他的恩人。在很多地方，他多次表示，如果有什麼需要幫助的，儘管找他。

波德默家族擁有潘沙森林的採伐權，在歐洲是勢力較大的木材供應商。金·奧尼爾是一家銀行的小股東，他是在波德默家族的資助下發展起來的。四十年來，為了支持他打敗競爭對手，波德默家族的錢，從來都沒有存入過別家的銀行，就是到事發的時候，他的銀行裡還存有波德默家族的54萬馬克。現在波德默家族遭到了滅頂之災，向他求助，他怎麼會置之不理？

六十八歲的老人卻不同意，他認為應該向拉爾夫·本內特求助，他

是一位木材商人，波德默家族的人與他都是白手起家的，後來是經過本內特的資助，波德默才有了今天的家業。現在雖然很少來往，但心裡還保留著感激和思念。

最後，老人說，你們還是去求助拉爾夫‧本內特先生吧！雖然我們已經欠他很多。

第二天一早，兩個兒子出發了。在路上，二兒子說，我們不能去本內特先生那裡，上次我見他時，他還提那七百噸木材的事。要去，你去吧！我要去求奧尼爾。最後，二兒子去了銀行家那裡，大兒子去了木材商的家。

1948 年 7 月，大兒子艾森‧波德默輾轉回到德國，他從納粹檔案中查到這麼一條紀錄：銀行家金‧奧尼爾來電，家中闖入一年輕男人，疑是猶太人。一年後，他又於奧斯維辛集中營的死亡檔案中，查到他父親、母親、妻子、弟媳及六個孩子的名字。他們是在他和弟弟分開後，第四天被捕的。1950 年 1 月，艾森‧波德默定居美國。2003 年 12 月 4 日去世，享壽八十三歲，留下一部回憶錄。回憶錄主要講述，他在木材商本內特的幫助之下，怎樣偷渡日本，保全性命的。該書的封面上寫著：許多人認為，要贏得他人的忠誠，最好的辦法是給其恩惠。其實，這是對人性的誤解，在現實中真正對你忠誠的，都是曾經給過你恩惠的人。

與人交往的時候，看清對方的真正面目是很難的。但是，你可以考察對方的行為。如果他過去一貫無私的幫助別人，他就是一個值得信賴的人。

美德展現在行動中

西元前，古代以色列的律法師肩負著宣講教義、訓誡百姓的職責，久而久之，一些律法師借著至高無上的教義，本身彷彿也成了公理與道義的化身，但他們自己往往與教義上所說的相背。

一位拉比非常討厭這些人的行徑，常常當眾揭發他們的虛偽，這使

那些律法師非常不快。一天,一個地位很高的律法師存心跟拉比過不去,上門來找麻煩:「我該怎麼做,才能獲得你所說的永生呢?」

「你是律法師,」拉比說,「律法上寫的你沒有忘吧?」

「我當然記得。」律法師不假思索的說,「《塔木德》上記載著,『你要盡心、盡力,既愛你的上帝,又要愛鄰舍如自己』,這些,我早就爛記於心了。」

拉比淡淡一笑,說:「你只要照你說的去做,你就能獲得永生了。」

律法師知道自己做不到,所以故意跟拉比找碴:「可是,我的鄰居又是誰呢?」

拉比並沒有直接回答他,而是講了下面這樣一個故事:

「從前有一個人,從耶路撒冷到耶利哥去,半路上碰上了強盜。強盜搶走了他貴重的財物,並把他打得遍體鱗傷,扔在了路邊。一個祭司從旁邊走過,看看四周都沒有人,就匆匆繞過倒在血泊中的遇難者,自顧自的向前走了。」

「過了一會兒,一個商人又從遇難者身邊經過,這促使他對自己的錢袋的擔心,逃離了這塊危險的地方。只有一個撒馬利亞人經過這裡時,挽救了遇難者,把他送到附近的客棧裡養傷,並為他交付了所有的費用。」

拉比講完故事,問律法師:

「這三個人中,哪一個是那遇難者的鄰居呢?」

律法師臉紅了,只得回答說:「當然是那個撒馬利亞人。」

拉比接著說:「一點也不錯,你就依照他的行動去做吧!」

世界上有許多人自以為具備高尚的品德,懂得一切道理,卻從來不用行動去證明它們。只有積極的去行動、去實踐,才能展現出真正的美德。

第六章　人脈經營的猶太智慧

你與之交往的人就是你的未來

保羅・艾倫是一位音樂愛好者，同時對天文學也充滿特有的興趣，一有空暇不是沉浸在音樂裡，就是對著天空痴想。因此，在同學之間，他被視為一個不善交際的人。

不過，他也不是沒有朋友，比他低兩個年級的一位金髮男孩，就經常和他往來。因為他父親是圖書管理員，金髮男孩要透過他借一些最新的電腦書籍。

在借書還書的過程中，艾倫喜歡上了那個金髮男孩，於是經常跟他進入學校的電腦教室，與金髮男孩一起玩程式設計遊戲。從「井字棋」一直玩到「登月」，臨畢業時，他也成了一個僅次於金髮男孩的電腦高手。

1971年春天，艾倫考入華盛頓州立大學，學習航太；次年，那位金髮男孩考入哈佛，學習法律。兩人雖然不在一個學校，但依然保持聯絡，金髮男孩繼續跟他借書，他們繼續探討程式設計問題。

1974年寒假，艾倫在《流行電子》雜誌上看到一篇文章，是介紹世界第一臺微型電腦的。他非常興奮，因為在中學時，那個金髮男孩就經常在他面前唸叨，說電腦太笨重了！要是小到能放在家裡就好了。

艾倫拿著那本雜誌去了哈佛，找到那位金髮男孩，說能放在家裡的電腦造出來了。金髮男孩當時正為「是繼續學法律，還是弄電腦」而猶豫不決。當他看到《流行電子》雜誌上的那臺所謂的家用電腦後，說：「你不要走了，我們一起做點正經事。」

艾倫留了下來，在哈佛所在的城市──波士頓住下了，並且一住就是八個星期。在這八個星期裡，他和金髮男孩夜以繼日的工作，用Basic語言編了一套程式，這套程式可以裝進那臺名為Ahair8008的家用電腦裡，而它的工作原理就像汽車製造廠的大型電腦一樣。

當他們帶著這套程式走進那家微型電腦生產廠商時，竟然得到一個意想不到的報酬，給他們 3,000 美元的基價，之後每出一份程式備份，付 30 美元的版稅。

艾倫和金髮男孩喜出望外，再也沒有回到學校。三個月後，一家名為微軟的電腦軟體發展公司在波士頓註冊成立，總經理是那金髮男孩——比爾蓋茲，副總經理是保羅・艾倫。

現在微軟公司已成為一間知名的跨國電腦科技公司，總經理比爾蓋茲已成為眾人皆知的世界首富。艾倫在總經理的強烈光環下，雖然有些黯淡，但在《富比士》富豪榜上也名列前茅，個人資產達 1,280 億美元（2024）。

後來，有人寫了一本書，稱保羅・艾倫是一位「一不留神成了億萬富翁」的人，其實，這是一種誤解。猶太經典《塔木德》中有一句話：「和狼生活在一起，你只能學會嚎叫，和那些優秀的人打交道，你就會受到良好的影響。」

與一個注定要成為億萬富翁的人交往，自己怎麼會成為一個窮人呢？你與之交往的人就是你的未來，在生活中要積極主動的和那些優秀的人接觸。

第七章　商業競爭中的策略思維

為愚昧付出的犧牲就是教訓

　　愚昧就是不開竅，愚昧就是食古不化，愚昧就是明知錯了還硬說是對的。愚昧包含的內容很多。

　　人的愚昧是極其可怕的。不信的話你看看下面這個故事：

　　古時候有個地方叫傑爾姆，這地方是個普通小鎮，根本不起眼，但卻因這個故事而名垂青史。

　　傑爾姆處於一個非常封閉的地方，只有一條羊腸小徑通到鎮上。這條小道是緊臨著懸崖峭壁開鑿的，彎彎曲曲，非常危險，因而常有鎮民不小心跌下斷崖，弄得不死即傷。鎮民對此感到非常頭痛。

第一篇　商場智慧：猶太人致富的經營之道

一次，有漁夫跌落崖下，無法運送新鮮的魚到鎮上。又有一次，郵差落崖，信件散失，延誤了許多事情。再有一次，送鮮奶的人也掉下崖去，弄得全鎮上的嬰兒都沒有鮮奶吃。嬰兒餓得哇哇大哭，吵得鎮上的長老不得不出面來解決問題。他們聚集一堂，研討對策。他們覺得事情不能必須得解決了，否則小鎮的前途就令人擔憂了。

長老先談論了問題的嚴重性，然後各自發表高見，進而進行熱烈討論，整整討論進行六天六夜，直到安息日的前夕，才算有了定論。

聰明一世的長老，所做的結論真是出人意料，他們準備在崖下面蓋一座醫院。

造成這種啼笑皆非的事情原因是什麼呢？人多嘴雜。不管你花多長時間，如果最後沒有提出最好的解決辦法，就等於一切都白費工夫。崖下有了醫院固然可以醫治傷者，但還是不能防止漁夫、郵差、送奶人等跌落山崖，等於什麼問題也沒有解決。真是犯了頭痛醫腳的錯誤。

猶太人寫愚昧的東西很多，也很有意思。

「愚者可以在一小時之內，發出令賢人用一年的時間也不能回答的許多問題。」

「救世主來臨時，所有的病人都將被治癒，只有愚者仍舊是愚者，他們永遠沒有辦法變成賢人。」

賢者可以從愚者那裡汲取教訓，愚者卻不能從賢者那裡汲取教訓。

只要有錢，雖是愚者，也可以享有王侯一般的待遇。

幫助愚者，就等於把水倒進無底的茶壺裡。

只要保持沉默，愚者看起來也像個聖人。

那些漁夫，郵差和送奶的人就是為長老的愚昧所付出的犧牲和代價。長老如果不汲取這個教訓，這個小鎮的前途倒真的是令人為其擔憂了。

一切以民族利益為重

有個猶太人在一家公司裡工作了很長時間，一直未得到重視，他認為他有權利向公司當局提出抗議。他說：

「公司傷害了我的自尊，我根本沒必要為它賣力，給我一筆資遣費，我不幹了。」

公司當局則認為，這個人工作不力，早就有開除他的想法，怎麼能給他資遣費，他簡直是在胡鬧。

一天，這個猶太人偷走了保險櫃裡的錢和重要資料，遠走高飛去了國外。

偶爾一次，一位熟人在國外的街道上碰到了他，並把他的行跡告訴了公司老闆，公司老闆立即買好飛機票找到拉比，請拉比坐飛機去找那位猶太人，與他好好的溝通一下。

路途雖遠，拉比還是答應啟程前去。

拉比到了國外那個城市，花了兩天時間才找到那個猶太人。

那個猶太人看見拉比的到來大為吃驚。他偷走的文件並不值錢，但對公司卻很重要。拉比與他談了整整三天。拉比一點也未提及刑責上的瑣碎之事，只是談本質問題。

《猶太法典》中說：「所有的猶太人都必須親愛如兄弟。」拉比對他說，猶太人應該精誠團結一致對外，所以所有的猶太人必須齊心協力以尋求民族和平為首要。

那個猶太人說他那樣做自有理由，並說：

「我有自由做我想做的事。」

拉比說他對內幕情形不太了解，他相信他的動機行為可能是正當

的，然而卻不可擅自胡作非為。拉比接著為這個人講了一則《猶太法典》中的故事。

許多人同乘一條船出海旅行，其中有一個人拿了一把鑿子要在船底鑿一個洞，同船的人驚慌失色，紛紛阻止他的行動，然而他卻慢條斯理的說：

「這是我的座位，我想怎麼做就怎麼做，與你們無關。」

結果，所有的人都沉入海底。

拉比又說：

「你是一個猶太人，拿走公司的錢財和資料，周圍的人會怎麼看？他們會說猶太人是個了不起的民族嗎？當然不會！他們只會說猶太人是個貪婪的、不知廉恥的民族。這難道不是全體猶太人的奇恥大辱嗎！」

那個猶太人終於有了悔改之心，說他錯了，將錢和資料如數交給了拉比。

拉比回去後，將錢和資料交給公司，並為那個猶太人爭取了一筆資遣費。

結局真是皆大歡喜。

誇張的廣告就是欺騙

在當今經濟社會裡，廣告對於商品的促銷起到了至關重要的作用。不信你打開電視，翻開報紙，打開收音機，廣告無處不在，處處充斥你的生活。但平心而論，那些洗腦的各類汽車、藥品廣告，往往是誇大不實的。廣告幾乎全是千篇一律的宣揚自己的優點，而暗示其他商品的缺點。

此外，商人大多注重於與商品品質無關的外包裝和宣傳花招等方

面，這在時下已司空見慣，甚至被推崇為最好的推銷術。美女坐豪華車抽香菸，便是香菸公司的廣告。真正抽菸的人，有幾位是美女？

這種推銷廣告在《猶太法典》裡是被不允許的。猶太人認為這是一種欺騙，用美女騙人抽菸。猶太法典禁止在販牛時，在牛身上塗抹與原本毛色不同的色彩。另外，也不可在各種舊工具上刷上新漆，充當新工具賣。

《猶太法典》上舉例說：某地有個奴隸，為了讓自己看起來顯得年輕，就刻意染髮、化妝，以欺瞞買主。這種行為是絕對禁止的。同時還禁止水果販把爛水果摻雜在新鮮水果裡賣掉。

《猶太法典》禁止出售商品時，替商品加上一個別的名稱。所以，過分浮誇的廣告是不受猶太人歡迎的。

聰明的告別

有位拉比得知在第二天早上，將有六個人要聚集在一起，共同商討一個重要問題。結果第二天早上來了七個人，這其中肯定有一個人是不請自來的，那麼他是誰呢？

拉比沒有說某一個人請離開，而說：

「誰不該待在這裡，請快快離開。」

聽到這話，大家面面相覷，其中地位最高者悄無聲息的站起來走了。大家都認為他肯定在邀請之列，但他卻走了，都多少有些驚訝。

地位崇高的人為什麼會這樣做呢？因為一個人如果因沒接受邀請而來到會場，或者是因為某種誤會而到場，那他聽到拉比的話肯定會非常尷尬，他必然會把這當做是一種屈辱。所以這位德高望重的人自己主動走了，他為別人解除了窘境。

地位崇高的人有一種自信，知道他走了不會影響自己的聲譽，同時又保全了他人的面子。地位崇高的人心懷寬廣，擁有仁愛之心。首先替他人著想，把恩惠施於人。地位崇高的人不怕屈辱，萬一被懷疑，他也能夠忍耐。因為以仁愛之心救人，才是真正的崇高。

神祕的數字

如果人們無意間傷害了某個人，人們完全可以在下次見到這個人時向他道歉。但是，如果這個人不接受道歉，我們該怎麼辦呢？

猶太人遇到此種情況時，可以去問十個人，對他們說明事情的經過和原由。

「上次，我無意間說話傷害了某某，他非常生氣。事後我雖當面道歉，但他仍不諒解我。我對此事非常後悔，我知道是自己做錯了，不知道各位能不能原諒我？」

如果在場的十個人都表示可以原諒他的話，他就被寬恕了。

如果被他侮辱的人已經去世，無法表示歉意的話，當事人完全可以約十個人到死者的墓前，向墓碑請求寬恕。

為什麼必須是十個人呢？

因為在猶太人的禮拜堂裡，只有十個以上的人的祈禱神才予以接納，否則祈禱便是徒勞。因為猶太人認為九以下的數目只能代表人的個體，十以上的數目才有權代表團體。所以，有關宗教的一切公開決斷，都一定要湊足十個以上的人，否則無效，當然人們也不會認可，更不會遵照執行。猶太人的結婚典禮分私下舉行和公開舉行兩種，若為公開舉行，則必須選擇十個以上的證人。

猶太人對數字的迷信不同於其他民族，他們並不忌諱「4」和「13」。

他們也有一個大家公認的不祥的日子，即在這個日子，發生許多不幸的事件。耶路撒冷具有五百年歷史的古教堂，在這個日子遭到焚毀；也是在這個日子，西班牙天主教會把猶太人驅除出境；摩西破十戒也是在這麼一個日子裡。

這一日便是希伯來曆附有「A」的月分的第九天，約為西曆的 8 月 1 日左右。猶太人在這一日實行禁食，什麼東西也不吃，甚至連水也不許喝一口，從日出一直堅持到日落。

在禮拜堂拜神時，通常是坐在椅子上，唯有這一天要席地而坐，情形如同喪失了父母。這一天也不允許穿皮鞋走路。

猶太人認為，皮鞋是自我的象徵。在猶太社會中，父親不幸去世，子女絕對不能穿鞋，一週內不可以想自己的事。也不能照鏡子，萬一不小心看見鏡子裡的臉，便表示你會想到自己的事，所以喪期裡，家中的所有鏡子都必須藏起來。不穿鞋子，表示脫離自我，去考慮比自己更偉大的事情。

新年後的第十天，是猶太人最重視的聖日。這一天也禁止穿鞋。

猶太人復國後，8 月 1 日是他們的悲傷日，所有猶太人都在紀念和哀悼。

猶太人對「10」很敏感，把 8 月 1 日懷念在心。

錢該如何歸還

有一位猶太拉比向人們介紹了自己經歷的事情，他說：我是拉比，所以人們信任我。我向一個人借了一千元，又向另一個人借了兩千元。有一天這兩個人同時來向我逼債，討債的數目都是兩千元。可是我忘了向誰借了一千元、向誰借了兩千元，這該怎麼辦呢？

《猶太法典》裡有兩種意見，多數人的意見是：每人至少借給你一千

元，這一點是肯定的，就請先各還一千元，另外一千元寄存在法院裡，待將來找到證據之後，再如實歸還。

但是另有一位拉比卻認為這樣做不妥。這兩個人中有一個是賊，他只借給別人一千元，卻討要兩千元，若每人先各還一千元，那麼這個居心不良的人就受不到半點懲罰。那麼，社會的正義就無法伸張，盜賊依然逍遙法外，所以，三千元都應該先讓法院沒收。

這固然好，但那個貪心賊可能說：

「真是對不起，我回家後仔細查對了帳目，發現借給他的是一千元，而不是兩千元，都怪我的記性太糟糕了。」

巧舌如簧，輕而易舉的把錢要回了，依然也沒有什麼損失，同時也逃過了懲罰。

如果兩個人都被請到神前宣誓，而且他們都信誓言，那就更難辦了，因為猶太人禁止在神前說假話，而一旦其中一個故意說假話，將來被發現會遭萬人唾棄，若我們無法揭露，只得當真的來對待，那時就只能還每人兩千元了，這樣以來，把誠實的人白折騰了一番，依然帶有嫌疑，而不誠實的人卻達成了自己的陰謀。

多種結果都不能令人滿意，所以《猶太法典》也沒有定論，只有篇幅較長的討論。《猶太法典》卷帙浩繁，包羅萬象，猶太精神盡藏其中，但對這樣一件事卻只是敘述討論而沒有定論。是不是說這種事本來就沒有合適的解決辦法呢？

世界上有許多事情很特殊，本身是兩難的，找不到真正合適的結論，但這種沒有結局的狀況其實也是一種結局，它向人們昭示：宇宙間正反兩個世界是並存的，要處理好這類事物是不大可能的，只能顧此失彼，求得一方的合理。而另一方的吃虧肯定是必然的，否則便沒有結局。

學會心算

如果一位猶太人向你詢問氣溫,也許你會這樣說:「昨天二十幾度,今天好像也差不多。」不,這可不是猶太人需要的答案。即使是對於天氣,他們也總希望得到一個準確的數字:「今天是25度,昨天是27度。」在猶太人的皮包裡,總是備有數字計算尺,他們對數字運用自如,而且絕對自信,對生意的成本和利潤常常胸有成竹。在瞬息萬變、波濤洶湧的商海中,經營必須一絲不苟。一個小數點的誤差、一個四捨五入的省略都可能讓你的航船被巨浪淹沒。猶太商人正是看穿了個中厲害,所以,他們成為了一群狂熱的數字愛好者。

猶太人是心算的天才。心算神速,是他們判斷迅速的祕密之所在。

日本商人藤田,素來與猶太人交往甚密,耳濡目染,他也習得了一套猶太人的經商手法。因此,藤田被人贈以「銀座猶太人」的雅號。有一次,藤田帶一個猶太人到日本某生產晶體管收音機的工廠參觀。一直聚精會神的觀看女工作業的猶太人,開始向工廠的組長發問:「她們每一個小時的平均薪資是多少?」那位組長翻著白眼珠計算:「嗯,她們平均月薪是 75,000 日圓,一個月工作 25 天,一天 3,000 日圓。一天工作 8 小時,3,000 元除以 8,一小時就該是 375 日圓。375 日圓相當於美元……」等算完結果,時間已經過了兩三分鐘。可是猶太人則不同,當那位組長說薪資 75,000 元之後,猶太人立即答道「每小時相當於 75 美元」。等組長算出答案時,猶太人已經從女工的數量,生產能力及原料費等,計算出自己從每臺晶體管收音機中所賺的利潤。

正因為這樣精於數位和心算,猶太商人才能夠在短時間透過對方提供的微妙數字,立即心算出對方的實力以及利潤。尤其對於搶手的生意,他們具有超強的判斷力,一旦認為有利可圖,馬上拍板成交,從不失誤。的確,在商界,「大概」、「左右」之類的字眼是沒有意義的,精於數字就是精於商道的第一步。

厚利適銷

對於三件商品，你是願意量大從優，從三件中獲取一件的利潤，保持商品的銷路呢？還是把每一件商品的價格都提高，藉以謀取高額利潤呢？也許很多人會選擇前一種做法，本著「薄利多銷」的原則，但猶太人的選擇卻恰恰相反。因為猶太人經商有一種與眾不同的招數，絕不做薄利多銷的買賣，卻做厚利適銷的生意。猶太商人認為，進行薄利競爭，如同把脖子套上絞索，愚蠢之極。又如「死亡賽跑」，是從暴力政府壓制下商人被迫低價出售自己東西的做法演變而來的。他們還認為，同行之間展開薄利多銷的戰爭好似一齣同歸於盡的悲劇。

希望以比其他競爭者更低的價格多售出商品，這種心情是可以理解的，但在考慮低價的銷售前，為什麼不考慮多獲一點利潤呢？如果大家都以低價促銷，廠商如何維持長久的經營呢？何況市場是有限的，消費者已買夠了商品，價格降至最低也很少有人要了。

猶太商人對「薄利多銷」的行銷策略持否定的態度，還有其他道理。他們認為：在靈活多變的行銷策略中，為什麼不採取別的上策而採用了下策？賣三件商品所得的利潤只等於賣出一件商品的利潤，這是事倍功半的做法。上策是經營出售一件商品，應得一件商品應得的利潤，這樣既可省去各種經營費用，又有大量利潤進帳。

猶太商人的高價厚利行銷策略，表面上從富有者入手，事實上是一種巧妙的生意經。講究身分、崇尚富有的心理在東西方社會比比皆是。據猶太人統計和分析，在富有階層流行的商品，一般在兩年左右就會在中下層社會流行開來。道理很簡單，介於富裕階層與下層社會之間的中等收入人士，由於心理的驅使，總要向富裕者學習。為此，他們樂於購買高貴的商品。而下層社會的人士，雖然力不從心，但崇尚心理總會驅

使他們做出一些愛慕富貴的行動，一有機會也不惜代價而購買。運用這樣的邏輯，昂貴的商品也同樣可以成為社會流行品。

猶太商人的「厚利適銷」定價策略，是行銷學中定價策略中的一種。在行銷學中定價策略一般有五種：

◆ 撇脂定價策略（skim pricing）。這是一種靠高於成本很多的定價來投放新產品的策略。有些新產品由於率先推出，以奇貨自居，一般會採取這一策略。
◆ 滲透價格策略。這是一種與撇脂定價相反的策略，把商品的價格定得很低，以此排擠競爭對手，迅速的占領市場。
◆ 折扣或讓價策略。這是一種透過變通辦法給予購買者優惠，鼓勵其積極購買和如期支付貨款的價格策略。
◆ 綜合定價策略。經營者根據產品在市場競爭中的位置，採取綜合定價辦法，即有的商品定高價有的商品定低價，或者把商品銷售的相關因素都包括進去，以利於商品推銷和開拓市場。
◆ 心理定價策略。這是一種為滿足各種類型消費者心理的價格策略。人們在購買商品時是出於多種不同的心理，有人是因實用性，有人緣於好奇心，有人出於自尊心，有人為了顯示富貴。針對這些心理定價，會強烈的刺激顧客的購買欲。

猶太商人的「厚利適銷」策略，是集心理定價與撇脂定價策略於一體的策略，由於運用得當，遂成為其獨到經營的生意經。

盯緊「肥客」

日本商人藤田在經營之初，曾接受了一位猶太人的教誨。

這位猶太人告訴他，一種商品在社會上流行的情形可分為兩類，一

是先流行於高收入的階層，即富翁，然後再漸次普及大眾，另一是突如其來爆炸性的流行於大眾，但是暫態就會銷聲匿跡。而自富翁階層流行的商品，其壽命期限就長得多了。根據統計，至少可維持兩年以上。而這類商品又以高級的舶來品為數最多。事實上，某種舶來品，其品質等同和本國的產品一樣，但價格遠超過本國的數倍以上，可是有錢的人都喜歡買舶來品，似乎越買貴的東西，就越顯示自己的身分地位比別人高。因此商人們便抓住顧客的此種心理，競相把舶來品上的標籤售價定高，顧客反更樂於搶購，商人便厚利多銷了。

藤田便抓住一般人的心理，輸入服飾品時，以國內上流階層最有錢的人為目標，輸入一流的昂貴服飾，讓一流階層的人選購。不久，較低收入的人為了向第一流的人「看齊」，也爭相搶購，如此一來，顧客的數目便原先預想的增至兩倍，如此類推，陸續增至四倍、八倍、十六倍……終至擴大到社會大眾。

因此他所販賣的商品，都是以高收入階層的人為對象，極為暢銷，絕對不會有貨物無法脫手的顧慮。他做了二十年的生意，從來沒有採取過削價大拍賣的方法來推銷商品，仍然在商業上獲得了很大的成功。現在，很多經商者所採用薄利多銷，但這種做法一再壓縮自己的微利空間，久而久之就無利可圖。結果只是飲鴆止渴，得不償失。它還容易引發惡性競爭的價格戰，最終同歸於盡。

而對於厚利適銷，有人形象的將其比做「擠油」，即從最肥的地方下手，從市場的「肥客」身上獲得好處，這不失為一種明智之舉。盯緊這批「肥客」，不僅可以有固定的市場，也不會在商業大戰中迷失自己，而且利潤頗豐，一本萬利。

學會討價還價

關於猶太人討價還價的故事頗多：

艾布拉走進一家商店，開始殺價。明碼標價15美元的貨物被他殺到10美元，又殺到9.97美元，他還不滿意，希望再降到9.96美元。

售貨員表示：「這已經是最低限度了，無法再降了。」艾布拉卻不死心，執意要他降到9.96美元。售貨員也毫不退讓：「絕對不行，到此為止，一分錢也不能再降。」

艾布拉依舊不肯讓步。

「先生，為了區區一分錢爭個沒完，也太沒意思了。說實在的，絕對不能再降了。況且，你歷來都是賒帳的，差一分錢，又有什麼關係呢？」艾布拉卻回答說：「所以我才拚命殺價，無非是我太喜歡你們的商店了。多殺一分錢，逢到我賴帳時，你們店的損失就可以縮減一分錢了。」

喜歡討價還價是一回事，如何討價還價又是一回事。當猶太人作為賣的一方時，他們善於抓住有利形勢，能夠保住高價。我們從一則笑話中就可以看出這一點。

一位太太走進猶太人的糕餅店，問道：「十二塊糕餅要多少錢？」

「三元七角五分。」那位猶太商人回答說。

「但格林柏格店十二個才賣兩元七角五分。」顧客說。

「哦，那你去格林柏格店好了。」

「不，不，他的店裡已經沒貨了。」

「那就對了，所以我才賣三元七角五分。」商人回答。

而當猶太人的角色發生轉變，變成買的一方時，他們又會在如何壓價上大費心思了。

第一篇　商場智慧：猶太人致富的經營之道

有一天，一個猶太婦女在一家蔬菜零售店買菜。她來到賣小黃瓜的攤位，問店主：「小黃瓜怎麼賣？」

「五分錢兩根。」

那位猶太婦女遲疑了一下，拿起一根，又問道：「這根多少錢？」

「三分錢。」

於是猶太婦女把手中的那根黃瓜放回到原處，拿起另外一根，笑著對店主說：「好的，我花兩分錢買下這根。」

關於討價還價，猶太人有很多的故事。還有一個笑話，是這樣說的：

摩西從市場上牽回了一匹馬，一進屋子，就對妻子說：「今天我在街頭向狡猾的吉普賽人買了一匹馬。一匹好馬價值要50元，我卻只用20元就買下了。」

「那太好了。20元錢就買回了一匹好馬。」

「不過也不怎麼好，因為是匹小馬。」

「那……這匹馬不好嗎？」

「什麼話，馬健壯得很呢。」

「哦，小巧而強健，那也很好。」

「好什麼呀，馬是跛的。」

「什麼，跛腳馬？那怎麼行？跛腳馬是不能拉重物的。」

「哪裡的話，我已經從馬的後蹄上拔掉一根小釘子，又抹了藥，馬已經會跑了。」

「這麼說來，你是用20元買了一匹好馬了，運氣太好了。」

「也不怎麼好呢，付錢時弄錯了，把50元當20元給了。」

「真要命，你吃大虧了。這哪是花20元買的一匹好馬呀？」

「這是什麼話？划算得很，我給的50元是假鈔。」

猶太人的確精明，這麼短的一則笑話，把殺價的要訣全包含在裡面了。

首先，買東西都要殺價，而且要殺得狠，打個四折，絕不能心軟或者不好意思，否則就可能因為不夠狡猾而上了狡猾之人的當了。

其次，殺價時得有理由，非得到處挑毛病，但這些毛病又不是實質性的或不可挽救的毛病。馬小，就非得健壯，才能拉重物；腳跛，就必須是拔掉釘子就會跑。否則光圖少花幾塊錢，買回來後，全是毛病，一無是處，那就犯下了討價的大忌。

最後，不要因討價還價的順利，樂昏了頭，心態失衡，付錢時潛意識做主，殺下的價格在付款時又多給了。拿錯鈔票、算錯零錢甚至忘記索回的零錢比貨款還多，都有可能。

同樣，從賣方的立場來看，其中也有不少經驗之談。

首先，要準備應付別人還價，所以先得把價抬上去。來個漫天要價，高達實際售價的200%。殺不到這個價的，是我白賺，殺到這個價以下的，一律不賣。主動權都在我手中。

其次，對於買方的每一次挑剔，都要主動的給予回答，使毛病不成其為毛病。如果所有批評都被駁倒了，說不定這個價格也就站住了。現實生活中，猶太商人確實擅長說服別人。談判之前，他們會預先準備好充足的數據和資料，用於說服對方。

最後，對買方的明顯失誤，不可掉以輕心，更不能被買方的失誤弄得過於緊張，自以為得意而實際上連本都賠掉了。

我們切莫將討價還價看做是一種貪小便宜的表現。如果將這套原則放到企業的經營管理中，它所操縱的，就不是幾角幾分的問題了。哈佛大學商學院教授麥可·波特（Michael Porter）針對企業的競爭環境，提

出了著名的波特模型，波特認為，企業最注重的是它所在產業的競爭強度，而競爭強度又取決於「潛在的競爭者」、「現有的競爭者」、「替代品的生產」、「供應者的討價還價的能力」及「購買者的討價還價的能力」這五種基本的競爭力量。而購買者之所以要討價還價，背後的直接原因就是「競爭者」能夠提供更高品質和更低價格的同類產品。因此顧客壓價實際上間接的轉化成了企業與「競爭者」之間的競爭。企業一旦面臨顧客的壓價，就應不屈服於這種壓價，不要將顧客拱手送給自己的競爭者，從而「失去顧客」。

商戰中的槓桿原理

槓桿原理是人類借力的一種發明，即用小的力量舉起重的物體。今天，一個人坐在起重機的坐墊上，就可以支撐起幾十萬斤的鋼架、貨櫃。

在人類的所有活動中，任何一項成功的事業，都在運用槓桿原理，藉助別的力量使自己的能力得到最大程度的發揮。一個人或一個團體，凡是善於藉助別人力量的人，大都可以事半功倍，更容易更快捷的達到目的。商界或科技界的成功猶太人，普遍都具有善於藉助別人智力的才能。

如美國前國務卿季辛吉，拋開其外交上的政治手腕，單在處理白宮內務上，就是一位典型的巧借別人智慧的能手。他有一個慣例，凡是下級呈報來的工作方案或議案，從不先看，壓上三五天後，把提出方案或議案的人叫來，問他：「這是你最完美的方案嗎？」對方思考一下，一般不敢給予肯定的回答，只好答：「也許還有不足之處。」季辛吉即會叫他拿回去再思考並修改加以完善。過了一些時間後，提案者再次送來修改

過的方案議案，此時季辛吉翻閱後又問對方：「這是你最好的方案嗎？還有沒有比這更好的辦法？」這又使提案者陷入更深層次的思考，於是把方案拿回去重新研究。就這樣用盡他人最佳的智慧，達到自己所需。

所有大企業都有一個共同特點，就是有一種識人的慧眼，能夠抓住別人的優點，把每一個員工都分配到十分恰當的職位，使每個員工能最大限度的發揮自己的力量和智慧。鋼鐵大王卡內基曾預先寫下這樣的墓誌銘：「睡在這裡的是善於訪求比他更聰明的人。」的確，卡內基能夠從一個鐵道工人變成一個鋼鐵大王，是因為他能夠發掘許多優秀人才為他工作，使他的工作效力增值成千上萬倍。

除了從內部借力來促進自身的發展，猶太商人還善於從借外部的力來達到自己的目的。石油大王洛克斐勒就曾經巧借第三者力量，擊敗了自己的對手。

當時，洛克斐勒公司的事業蒸蒸日上，但畢竟是白手起家，財力單薄，在和一些對手競爭時處於劣勢，這樣，他夢想壟斷煉油和銷售的計畫只能暫時中斷。

經過慎重分析，洛克斐勒認為，原料產地的石油公司對待鐵路公司是需要的時候就用，不需要的時候就置之不理，使得鐵路部門經常無生意可做，運費收入也極不穩定。這樣，一旦公司與鐵路公司訂下一個保證日運油量的合約，對鐵路方面必是如荒漠遇到了甘泉，那樣鐵路公司在運費方面必定會大打折扣。這打折扣的祕密只有自己和鐵路公司清楚，這樣的話，別的公司在這場運價抗爭中必敗無疑。之後，洛克斐勒在兩大鐵路龍頭顧爾德和范德比爾特（Vanderbilt）之間反覆權衡，選擇了貪得無厭的鐵路霸主范德比爾特為談判對象，雙方最終達成協議：洛克斐勒每天保證運輸 60 車皮的石油，但鐵路必須出讓 20% 的折扣。

這樣不僅減弱了鐵路的壟斷權，而且大大減少了石油的成本，低廉的價格為洛克斐勒帶來了廣闊的市場，使洛克斐勒向控制世界石油市場的目標大大邁進。

洛克斐勒在競爭者中身為弱者，如果和對手直面競爭，不一定能夠獲勝，但他巧妙的借用第三者鐵路霸主的力量，靠低廉的價格擠垮了同行，實現了小魚吃大魚的願望。

現代企業家更是將這套槓桿原理運用以登峰造極的地步，借力的方法層出不窮，效果也更為明顯。有的人善於「借外腦」，即聘請專業人員為企業量身謀定發展策略，或鼓勵員工提供合理化建議；還有人提出了「借梯上樓」一說，也就是站在巨人的肩膀上，與知名企業聯手，借鑑他人的先進技術。條條大路通羅馬，如果你想獲得成功，借力發展的確是實際而有效的選擇。

把傷痕累累的蘋果賣出去

在新墨西哥州的高原地區，有一位靠種植蘋果謀生致富的園主。這年夏天，一場冰雹把已長得七八成熟的蘋果打得七零八落、坑坑窪窪，令豐收在望的園主感到觸目驚心，心痛不已。園主不甘心就這樣失去一年的收成，他冥思苦想著如何才能把這些傷痕累累的蘋果名正言順的推銷出去。

大約又過了一個月的時間，這些蘋果的「傷口」漸漸癒合，也都成熟了，但卻變得面目全非，一個個像雕琢過的「工藝品」，園主隨手摘下一個外表粗糙的蘋果一嘗，意外的發現這些被冰雹打擊過的蘋果反而變得非常清脆、酸甜可口。直到這時，園主的心情一下子變得輕鬆起來，胸有成竹。他決心換個說法和賣法。他在發給每一個客戶的訂單上清楚無

誤的寫道:「今年的蘋果終於有了高原地區的特有象徵——冰雹打擊過的明顯痕跡。這些蘋果從外表上與口味上明顯展現了高原蘋果的獨特風味,實屬難得的佳品。數量有限,欲購從速……」

人們紛紛前來欣賞和品嘗這種具有「高原特徵」的蘋果,很快就銷售一空。

任何問題都隱含著創造的可能。問題的產生是成功的開端和動力。問題的產生總是為某些人創造機會。要積極變換思路,努力促成轉機。

第八章　談判中的精明策略

猶太商人的七大談判技巧

1. 博聞強記

廣博的知識對猶太人而言，不光是用來作為談資和改變談話的氣氛，更重要的是，知識可以拓廣他們的視野，可以讓他們從多方位的角度看待事物，以便選擇解決問題的最佳途徑。

在談判中，猶太人利用豐富的知識和廣闊的眼界作為一枚重量級的籌碼，站在高點分析局勢，並隨之做出冷靜的判斷。

2. 溫和的談判態度

　　猶太人都很溫和，寧可以理服人，也不恐嚇和威脅別人。他們常採用的是機智、果斷而圓滑的方式。談判時一貫使用幽默溫和的態度，萬一吵起來，也會用計謀讓你上當。猶太人一坐到談判桌上，總是擺出一副笑臉。不管風和日麗的晴天，還是電閃雷鳴的雨天，都是如此。

　　相反，若在談判中常常採用直截了當、威脅、警告、施壓等方式，則讓人很難接受。當年美國總統福特訪問日本時，就因為電視轉播問題發生了一件不愉快的事。

　　CBS 電視公司是全美三大電視網中歷史最悠久的。而當時日本只有 NHK 擁有衛星轉播系統，所以 CBS 若想把福特總統訪日的活動直接傳送美國，就必須求助於 NHK。

　　在總統預定訪日的前兩週，CBS 從紐約派了一個談判小組，其負責人是一位青年，他大搖大擺，以直言不諱的態度向比他年長許多的 NHK 主管提出種種不合情理的要求，其中包括超出實際需求近兩倍的人員、車輛及通訊設備等等。NHK 的主管生氣的暗自猜測，這哪像是請別人幫忙的態度！簡直就好似我們欠了他們什麼似的。真是豈有此理！於是這次會談也就含含糊糊的沒有任何結果。

　　一向以播送新聞全面迅速為傲的 CBS 這下可急壞了，眼看總統訪日期限將近，但轉播權問題仍未解決，無奈只得由最高主管親自出馬，到東京重新與 NHK 會談。他們認真分析了上次失敗的原因，向 NHK 提出道歉並以誠懇的語氣提出了轉播的請求，終於達成所願。

3. 忍耐和冷靜是談判桌上兩大法寶

　　談判桌上絕不是發洩情緒的地方。即使發生意外，或者對方故意激怒你，你也要強行以理智控制情緒，冷靜以待。

　　感情用事者不宜談判。一是情緒混亂會延緩談判的進行，二是會導

致談判失敗。更可怕的是，感情用事者往往會上理智者的當。

猶太人以忍耐著稱，在談判中，他們也提倡忍耐的做法。他們說：「人的細胞每分每秒都在變化，每天都會更新。因而，你昨天生氣的細胞，已為今朝新的細胞所替代。酒足飯飽後所思考的內容，與囊空如洗時所考慮的也不一樣，我在等你的細胞更替。」

所以，商業談判時，猶太人大多用忍耐和理智來控制感情。理智的第一要務是如何獲取經濟利益。比如在索賠談判中，一般會在事發之後，立即進行索賠談判，拖得太久，社會輿論的關心熱度就會下降，爭取賠金的大背景就消失了。若再加上證據散失，主事方人事變動，就會使索賠談判變成馬拉松。

此外，剛出事時，主事公司一般都願意盡快了結，即使多出點錢也沒關係，消除影響是主要的。如果拖得太久，主事方就有可能考慮公司利益，盡量少掏錢。

作為受害方，日久天長，感情淡了，情緒也緩和了，要錢的力量就不足了，這就便宜了主事一方。最好的辦法是把災難看成商務，立即以理智代替感情，毫不遲疑的與對手談判。

4. 儀表儀容不可小覷

猶太教裡有這樣的教誨：人在自己的故鄉所受的待遇視風度而定，在別的城市則視服飾而定。這是說，在故鄉對一個人的評價並不受衣著的影響，因為人們了解他的言行。但一個人如果到了他鄉，人們要就得看他的外貌特徵、衣飾裝束和言談舉止而評價他了。

正式談判時，因為場合比較莊重，穿著也要有所講究。衣服要乾淨合體，符合禮儀。盡量避免奇裝異服，以免為對方帶來不夠穩重的感覺。

目前商界談判很注重對手的穿著打扮，看對方穿什麼品牌的西裝、襯衫、皮鞋，繫什麼領帶、皮帶，有沒有戴寶石戒指、白金手錶，以此來判斷對方的財力。如果你穿得很寒酸，人家就不會對你抱持信任，可能談都不談就打道回府了。

所以談判時，最好不要穿過於粗俗的衣服，也不要輕易穿過於華貴的衣服。上談判桌不要過於虛浮和炫耀，應造成穩重且含而不露的效果。當然，也有人充分利用這一點，把自己打扮得非常有氣勢，以表面形象來騙人錢財。但這些人只能騙小錢，真的大錢光憑衣著光鮮是騙不去的。

5. 不畏強敵

猶太人在他們受欺壓的歷史中，人數雖然一直處於劣勢，但卻擁有最高明的談判術。因為只有弱者才會擁有巧妙的談判術，強者是毋須談判藝術的，他們可以用強權來排除一切障礙。

當你處於弱勢時，首先應該克服的就是恐懼和驚慌，應該意識到，不管對手多麼強大，既然他坐到了談判桌上，就意味著某一方面他是需要你的，他需要你，當然他就不希望談判失敗，一旦失去你的合作，他自然也會遭受一定程度的損失。所以我們在弱勢時，重要的是戰勝自我，不畏懼、不害怕，只要有勝利的信心就有勝利的希望。

6. 以雙贏為原則

在經商中，猶太人追求的是共同得利。這種群體意識也自然而然的影響著他們的談判取向。他們認為：談判的原則一般是自願平等、互惠互利，否則雙方都不會自願坐在談判桌上，尤其是商業談判。只有既照顧到自己的利益，又照顧到對方的利益，雙方才能合作成功，否則誰願意白白為你效勞？

7. 要認真做紀錄

猶太商人無論何時何地，都熱衷於做紀錄。同樣，他們也提倡在談判中記錄。在他們看來，空憑回憶談判內容不太可能，因為在會議進行過程中，需要記住許多細節，所以要一邊談一邊做紀錄，在諸多紀錄中最理想的一份應該算是協定備忘錄，它除了記載主要協定專案之外，還可以作為正式協議的基礎。

起草備忘錄的工作最好親自動手來做，不要輕易讓談判對手去做。這當然不是存心要占對方的便宜，而是要將己方對協議的了解，用自己的語言表達出來。

在提交備忘錄之前，最好讓每位組員都瀏覽一遍，以免發生不該有的錯誤或者漏洞。如果對方要閱讀備忘錄，也應該為其提供充分的時間，並修正一些雙方都同意更改的地方。

備忘錄強調的重點應注重簡明易懂的內容，不要包括標準的法律術語。這樣才可避免雙方認識上的混亂。如有可能，除價格、運送方式、保固期、品質規格等議題之外，最好把所有議論的問題包含說明，一齊寫入。

合約是與神簽訂的

《聖經》分舊約全書和新約全書，把《聖經》稱為舊約，是因為猶太人視舊約是上帝與以色列人簽訂的契約。認為人之所以存在，是因為與神簽訂了合約之故。故而，猶太人被稱自己為「契約之民」。

契約之民把合約引進了生意之中，並且把合約當做是生意的精髓，是神聖不可侵犯的。誰若無緣無故毀約，誰就是對神的褻瀆蔑視和不尊敬，必遭神的懲罰。

所以，猶太人一旦與你談判成功，達成意見一致的協議，不管是口頭的還是文字的，他們都認為這是與神簽訂的協定。

在執行期間，無論發生任何困難，他們都不毀約。同時，也要求簽約對方必須嚴格執行合約。

談判中簽訂合約，雙方都要心向神明，語意表達準確無誤，不允許有任何含糊不清的東西隱藏其中。此後，雙方必須遵照執行，與神簽訂的合約絕對不可以不履行。

猶太人就是這樣，尊重人就是尊重神，與人簽訂的合約當然也就是與神簽訂的合約。

猶太人在執行合約上嚴於律己，也嚴於律人。把別人和自己一視同仁。若對方稍有違約，猶太人必嚴加追究，毫不留情的要求賠償損失。

目前在華人社會，經濟交往中毀約和不嚴格履行合約的情況時常發生，都會讓雙方造成一定程度的損失。一方損失經濟效益，另一方損失信譽。其實損失信譽的一方吃虧更大。

更有甚者，有些生意人專門憑藉合約來設圈套騙錢。有時一騙就是幾十萬、幾百萬甚至上千萬，騙到的錢，不是用來經營事業，而是吃喝嫖賭肆意揮霍。別人對他卻無可奈何。一是欠債的是大爺，討帳的是僕人。二是這些人用錢買通門路，一般人奈何他不得。

這些人萬萬沒有想到，他們的毀約行為實際上褻瀆了神靈和公正，定會遭受神靈的懲罰。這神靈就是社會和法律。

不管你是騙取別人錢財，還是肆意揮霍國家和公司的錢財，你都是與神毀約。因為國家的錢財交給你掌管，就是與你訂了契約。你毀約必遭報應。

與其要出現這樣的結局，不如談判當初謹慎細心。談判一旦成功，

達成協議，那雙方就義無反顧的執行合約，勿出半點差錯。信譽就是這樣一步步贏得的。

遵照執行與神簽訂的合約，你就會發財。

和上帝談判

猶太人討價還價的傳統由來已久。在《舊約》中，就有猶太人勇於上帝討價還價的故事。

上帝欲降罪所多瑪和俄摩拉城，以色列的先祖亞伯拉罕勇敢的站出來，依照約定和上帝和談，與上帝「討價還價」。（這種做法在猶太民族中傳承了下來——既然與上帝都能談價錢，那麼，與一幫凡夫俗子討價還價也就理所當然了）

亞伯拉罕原名叫亞伯蘭，亞伯拉罕是上帝賜給他的名字，意思是眾民之父。以色列人都非常敬仰這位父親。

亞伯拉罕和上帝達成協議，每年要祭祀上帝。祭祀實際上是上帝和眾民達成契約。匯報並檢查以前契約的執行情況，又建立新的契約。成立契約時，必須準備三歲的公牛、母山羊和山鳩等祭品，並把牠們宰殺成兩半放好。昭示著如果上帝的臣民違背了契約，下場將和這些牛羊一樣。

有一天，上帝獲悉有兩個城鎮的人民違反了他的教諭，便準備毀滅這兩個城鎮，作為破壞契約的懲罰。

亞伯拉罕聽到這個消息，心中不敢苟同，就代表人民出來和上帝談判。亞伯拉罕表現得非常機智和勇敢。

他向上帝請教說，如果城裡有五十名正直之人，難道也要隨同惡人一起遭受毀滅嗎？難道上帝不願看在正直之人的情面上寬恕其他人嗎？

上帝做了讓步。看來上帝是明智的。說若是該城有五十名正直的人，那就看在他們的份上饒恕該城。

可是亞伯拉罕又進一步請教說：如果僅僅缺少五人而不足五十人，是不是還要毀滅該城呢？

上帝又做出讓步，看來上帝是有其明智和寬容的。他應允如果有四十五個正直的人，就饒恕該城。

亞伯拉罕仍不滿意，步步緊逼，說如果正直人有四十名呢？上帝步步後退也步步為營，雙方談判繼續進行，幾經討價還價，還是爭持不下。亞伯拉罕毫不畏懼，義正辭嚴的問上帝：把擁有正直的人的城鎮全部毀滅，能算是正義嗎？

上帝當然不是懦夫，他也有最後的原則界線。他答應，如果有十位正直的人，就不毀滅該城。

亞伯拉罕看到努力已到最大限度，雖然問題只得到數量上的解決而未達到本質上的解決，但也只好同意了。

非常令人遺憾的是，兩個城鎮加起來，居然找不到十名正直的人。原來人都有缺點，而真正正直的人並不多。亞伯拉罕萬分悲痛的看著自己的努力和希望都付諸東流。

上帝堅持契約原則，降大火和硫磺，夷滅兩城。這兩個城鎮的名字叫所多瑪和蛾摩拉，永遠沉沒於約旦河東岸、死海以北的海底裡。

雖然結局非常悲慘，但這件事還是告訴我們，在談判中，不管對手多麼強大，你都要據理力爭，以握有的真理來維護自身的利益。

俗話說：得理不饒人，就是這個道理。

即使是上帝，在真理面前也會讓步，更不用說生意人呢！

提前預備好失敗的對策

實際商戰中，談判不可能每次都成功。有些談判雖經雙方共同努力，但終因差距過大而導致失敗。對於不可避免的失敗，應該提前預備

好對策,免得到時候手忙腳亂,不知所措。

對談判一般要有一個最壞的打算,內容可列得詳細一點,把可能出現的情況都考慮進去,研究好對策。出現一種壞情況就有一種對策,萬萬不可亂了陣腳,陣腳大亂往往會被全軍覆沒。

另外,要大膽的正視失敗。有時候,能正視失敗的人說話會有恃無恐。有恃無恐的態度總是能震懾對方,造成有利於己方的局面。即使談判失敗,也要設法把自己的損失降到最低點。

現代商業社會,事件處理得好壞均以金錢來衡量。取得最多金錢的為勝利,把損失減到最少也不為失敗。

所以,預測失敗的可能情形,並擬定好對策,也是高明的談判術之一。因為事後反觀,往往可以見出中止談判反而是一件好事。

那麼,能在未蒙受損失之前及時抽身,更是高明的談判術之一。

勉強談成而事後卻難以履行合約,遠遠不如當初就中止失敗的好。

最值得注意的是,就算談判失敗,也要保持人格高尚。

俗語說得好,買賣不成仁義在。雖然失敗了這次談判,高尚的人格卻有可能贏來以後的合作的生意。

世上的事奇怪得很,許多事情的出現都是你想像不到的。

審核簽訂協定的要點

談判的內容要多用紀錄,最理想的是準備一份協議備忘錄,如果備忘錄由對方書寫,己方應該採取以下防範措施:

(1) 備忘錄起碼要由兩位以上組員審讀,盡可能將「不妥」之處挑出來。
(2) 遇到問題馬上解決,即使是原先認為已經談妥的問題,也不惜多花時間重新討論。

(3) 如果你非常信任你的對手，則繼續保持這種態度；如果你覺得沒有安全感，則不妨針對各項細節，一一查問。
(4) 若有你不喜歡的用詞，就動筆修改。
(5) 不管花費多長時間，只要你覺得不能接受，就不要簽字。
(6) 最後一分鐘才改變心意，也用不著不好意思。

　　一家大企業制定一項政策，出席談判者在談判之前，必須各自擬好一份備忘錄。這麼做一是為將來正式擬寫做準備，二來又使自己一方有個循序漸進的目標。

　　確定協定備忘錄之後，別忘了在正式簽訂合約時，把備忘錄拿出來對照一下。若發現與事實不符之處，一定要限時提出，甚至可以暫時中止簽約而重新與對方商量。一定要有勇氣做這種事，不然要吃虧。有些人甚至連合約內容都懶得看一眼，更不想見到合約中「有異」的地方，怕破壞了簽訂協定的和諧氣氛。而這正是對手想充分利用的最好機會。

　　一定要認真、仔細、大膽，不可做功虧一簣的事情。

第一篇　商場智慧：猶太人致富的經營之道

第二篇
教育的力量：猶太人智慧的根基

第一章　知識無價，教育改變命運

知識和文化 —— 猶太人生生不息的火種

經商也好，理財也好，僅僅具備商業知識是不夠的。猶太人一般擁有良好的教養，這種教養來自良好的學校教育和家庭教育。對於許多猶太人而言，他們的知識層面都極其豐富，這得益於他們在學校所受到的教育，也得益於他們終身的教育理念。猶太人好學的傳統一直延續了幾千年。

曾經有過這樣一個故事，讓人讀過之後不能不為之動容。那是發生在西元 70 年，距今近兩千年的事情。

凶殘的羅馬人入侵猶太人的國家，他們屠殺猶太民族，毀滅猶太文化，摧毀猶太人的建築，猶太人在那時候就面臨滅種的威脅。當羅馬軍隊將猶太人最後的城市耶路撒冷包圍起來，猶太人面臨絕境之時，猶太人首先想到應該保留的，不是財寶，不是建築，不是武器和戰士，而是學校！眼看耶路撒冷是守不住了，猶太人拉比約哈南勇敢的決定：親自出城去會見羅馬軍隊的統帥維斯帕先（Vespasianus），告訴他一個驚人的消息。面對傲慢的維斯帕先，約哈南表現出無比的謙恭和尊重，他甚至說：「我對閣下和羅馬皇帝懷有同樣的敬意！」在皇權面前，任何威武有力的將軍都不過是他的一粒棋子，維斯帕先深知這一點。他認為約哈南的話是荒謬的，如果被人知道了，會誤會自己有僭越之嫌。於是他表現得非常憤怒，要對這位猶太人拉比進行懲罰。然而，拉比卻以十分肯定的口氣對他說：

「我確定閣下將會成為下一位羅馬皇帝！」

拉比是猶太人的智者，他總是代表普通的猶太人和上帝溝通。看著約哈南無比鎮定的樣子，維斯帕先對他的話信以為真，覺得他做出這樣的預言，一定是有根據的。於是維斯帕先問約哈南這樣冒死前來羅馬軍營，除了告訴自己這個預言還有什麼其他請求？約哈南以乞求的口氣說：

「我們沒有別的要求。僅僅只有一個願望,那是唯一的願望,就是請求羅馬人攻破耶路撒冷城之後,能為猶太人留下一所能容納十個拉比的學校,而且永遠不要破壞它。」

果然,正像約哈南所預言的,不久羅馬帝國的皇帝死了,維斯帕先當上了新任羅馬皇帝。現代人回溯這段歷史,會認為它在很大程度上都只是巧合,但維斯帕先卻堅定的認為這是猶太人拉比的先知先覺。於是他信守與約哈南的約定,在羅馬人攻破猶太人的聖城耶路撒冷的時候,正式發布命令:為猶太人留下一所學校!這所學校,成為猶太人保留自己的文化,培養後代,滋養和壯大民族之魂的火種。

保存和發揚本民族文化是一項重大責任

古代的猶太人由於重視自己的民族文化傳統,重視知識的傳授,從而保證民族的精神一直生生不息的傳承與光大,而現代的猶太民族也同樣把保存和繼承本民族文化作為自己一項義不容辭的責任。

二十世紀,尤其是二十世紀的後半葉,隨著世界經濟的提速發展,社會各個方面都在不斷加快交流和融合的速度,特別在美國這樣一個本是由多民族組成的國家,社會的融合與同化竟形成一股時代的潮流,首先對這一點感到憂心的是猶太人。猶太人在美國各個少數民族中屬於人數偏少的一族,大約 600 萬左右,他們主要是十九世紀中期開始從歐洲移民過來的。文化、他們的民族傳統和精神以及他們的凝聚力,使得這個人數偏少的少數民族在短短兩百年的時間占據了美國社會的主流地位。

1970 年代,美國大學教授有 10% 是猶太人,在那些一流大學,這個比例達到 30%。猶太人口不過占美國社會總人口的 3%,這個比例可

以說是相當驚人的。美國的富商中，猶太人占到了25%，猶太人在國會參、眾兩院中比例也很高，達到10%～20%，在各少數民族中首屈一指。由於有龐大的經濟做後盾，所以他們的院外活動能力很強，這也是美國國會為什麼總是能透過對以色列有利的決議案的重要原因之一。

據權威統計，對美國歷史最有影響的兩百位文化名人中，有一半是猶太人；美國一共有一百多位學者、專家和文學家獲得諾貝爾獎，其中猶太人也占到將近一半。美國的電影業（包括好萊塢）由猶太人創建，最著名的報紙也是猶太家族所創辦的，金融業更不用說，猶太族的大亨幾乎是一統天下。所以，有人這樣斷言：美國的猶太人「控制著華爾街，統治著好萊塢，操縱著新聞界」。但是，美國畢竟是一個純粹西方化的國家，它的主要居民來自歐洲，他們的祖先是游牧民族。所以，美國人從生活方式到思維方式，還是西方傳統占主導地位，這就與以古代家園在中東的猶太民族有著很大不同。

為了盡可能與美國社會融合，猶太民族在許多方面也對自己的傳統和習俗進行了變動，比如把星期六的安息日改到星期天過，從其他民族的文化當中吸收必要的部分等等。但是，由於猶太民族在整個美國社會所占的比例太少，所以，他們擔心自己民族的文化最終會被美國的主流文化所同化。到猶太人在美國社會終於取得的成就相當輝煌的時候，他們開始致力恢復傳統文化。他們開辦猶太語學校，創建「希伯來師範學院」，設立基金會，推出全美猶太青年教育計畫，出資並發起有關猶太人研究的專案，發行猶太人社區報刊等等。猶太人在美國創建了一千多間猶太教堂，也始終不間斷的延續著自己的宗教活動。這樣，猶太人一直以他們醒目的文化習性和象徵，維護著他們自己的特徵。

猶太母親給孩子的啟蒙教育

猶太人的習俗中有這樣的規定：當你處於窮困潦倒之際，不得不變賣餘物以求生的時候，你首先應該賣的是金子、寶石、土地和房屋，而你家庭中所擁有的書籍，則不到迫不得已不可變賣。

西元 1736 年，猶太人制定了一項與書籍有關的法律：當有人借書的時候，如果書本的所有者概不出借，便是違法，應處以很重的罰金——如果這不算是唯一的話，也是人類有史以來第一部以書籍為主的立法。古代猶太人甚至還說，假如你有一本好書，就算你的敵人要借的話，你也必須借給他，否則你就會成為知性的敵人。猶太人嗜書如命的特點以此可以證明。一直過著顛沛流離生活的猶太人，一切都可放棄，卻絕對不肯放棄書籍，不肯放棄知識的源泉，不肯放棄讀書的習慣，這在其他各民族當中，可說是絕無僅有的。

華人也有愛書惜書的傳統。比如說，中國歷代就有官方的圖書館和民間的藏書樓。古代著名哲學家老子當年就擔任過周朝的守藏吏，相當於今日國立圖書館的館長。士大夫對於豐富的藏書有著獨特的美稱，叫做「書海」或「書城」；民間還有所謂「耕讀傳家久，詩書繼世長」的說法，都說明了華人愛書的特點和猶太人有著非常類似的一面。但是，華人讀書的首要主旨是為了傳聖人之教，而並非像古希臘人那樣是「愛智慧」，而且中國歷史上還發生過秦始皇焚書坑儒、文化大革命的燒書和毀壞古代遺跡的事件。

猶太人愛書重教，目的顯然是為了生存。因為，對一個時時處於流離狀態的民族而言，一切都可能被掠奪，但腦海裡的知識不會被掠奪；一切都可能喪失，唯有學到的本領不會喪失。一位猶太母親這樣教導自己的孩子：

「假如有一天，你的財產被搶光，房子被燒毀，你將會帶什麼東西逃跑呢？」

孩子尚小，不能理解母親的用意，他回答：「當然是錢和珠寶。」

母親又問：「有一種看不見摸不著，也沒有氣味的東西。你知道是什麼嗎？」

孩子回答說：「空氣。」

母親再問：「空氣固然重要，但是它無處不在，所以也並不需要你攜帶。孩子，萬一到了那個時候，你需要帶走的東西，既不是錢，也不是鑽石珠寶，而是知識。因為唯有知識是任何人也搶奪不了的。只要你活著，知識就永遠跟隨著你，無論走到什麼地方都不會喪失。」

這就是猶太母親對孩子所進行的一次啟蒙教育。

學者比國王更偉大

在中世紀裡，無論是歐洲還是亞洲，讀書還只是少數人的特權，大多數普通人都是文盲，他們沒有讀書的權利，也沒有讀書的條件。可是，猶太人卻從西元十一世紀開始，就在本民族當中基本消滅了文盲。猶太人採取的一項制度是實行十一稅，只要是猶太人，不管是誰，也不管你的生活水準怎樣，哪怕你就是接受施捨的窮人，也必須捐出你全部所得的十分之一，奉獻給整個民族的教育。中國歷史上其實很早就有過十一稅的制度，不過這種制度卻不是用來辦教育的，而是用來滿足王族和官府的日常開銷的。高學識形成的肯定是高智商，猶太人歷來在理財致富的道路上優於其他民族就可以理解了。

猶太人在二十世紀中葉重新建國以後，他們終於擁有了以國家的名義繼續發揮本民族優良傳統的條件。以色列成立伊始，就頒布了《義務

教育法》，1953 年又頒布了《國家教育法》，到 1969 年，又頒布了《學校審查法》，他們就是以法律的手段，保證民族的教育持續發展，保證民族素養始終能夠跟上社會，跟上時代的發展和變化。據說，猶太人在教育上的投入是世界上最高的，投入經費一直不低於國民生產總值的 8%，而直到現在，世界上各個國家在教育經費上的平均投入仍為 4%。據聯合國科教文組織所做的調查，國際上對基礎教育的投入每年只有 15 億美元，而要達成聯合國提出的目標——在全世界普及小學教育，每年至少需投入 56 億美元才行。比起猶太人，世界絕大多數國家都無法在人才上與他們競爭，就不言而喻了。還有一個例子。像美國、俄國和英國等大國的領袖，一旦卸任，不可能再去政府裡擔任低一職級的職務，而曾任以色列總統的伊扎克·納馮離開總統職位之後，卻心甘情願去擔任政府的教育部長。教師的地位在以色列民族中的地位是很高的，他們甚至有「學者比國王更偉大」的說法。

《塔木德》裡這樣說：寧可變賣所有的東西，也要把女兒嫁給學者；為了娶得學者的女兒，可以喪失所有的一切。假如父親和拉比一起坐牢，做孩子的有這個能力進行營救的話，應當先救老師——也就是拉比。由此可知，尊重知識，尊重人才這一觀點在猶太人那裡早已成為不可變移的理念。

在希伯來語中，老師、雙親和山的發音十分接近。猶太人稱雙親為「赫里姆」；稱山為「哈里姆」；稱老師為「奧里姆」。我們可以得出這樣的結論，猶太人就是把老師看做和父母一樣重要，和大山一樣偉大。其實中國古代對於教師也和猶太人一樣尊崇，比如過去在普通百姓家裡擺放的祭祀牌位，上面就寫著「天地君親師」，把老師和天、地、國君、雙親放在一起來尊奉。

學識淵博的人更有把握賺錢

　　學識淵博的人更有把握賺錢，這句話可不是憑空臆造，中國歷史上最為有名的商人范蠡，就是一個具有淵博知識的人。他最早是楚國的大夫，但由於楚平王不器重人才，他便逃到了越國。他憑著自己的知識和智慧，幫助越王勾踐收回了被吳國占領的國土，並將吳國消滅，吳王因此而被迫自殺。范蠡既有豐富的治理國家的經驗，又懂得音樂、舞蹈（他曾對吳國施用美人計，親自挑選一批越國少女，並加以調教），當然也精通軍事。他對農業、商業、冶煉等方面的知識都很熟悉，還懂得醫藥方面的學問。他很善於研究和分析人的心理，用現在的話來說，可稱得上心理學專家。正是具有如此豐富的學識，所以他在幫助越王打敗吳國後，很清楚的看到了越王勾踐只能共甘苦，不能同富貴的內心世界。於是毅然放棄越王許諾給他的種種優越厚祿和榮譽，離開越國去浪跡江湖。他隱名埋姓，改稱陶朱公，開始了經商活動。不過短短幾年，就累積了大量的財富，行裡的人都熟知江湖上有這麼個經商高手。

　　范蠡經商並不是為了賺錢，而純粹是為了找一種帶消遣性質的生活方式。范蠡手上的錢太多了，以致引起包括諸侯的重視。有人勸他：這樣容易招惹禍端。於是他就把賺的錢統統散發給別人，自己一點也不留。他相信只要自己願意，賺錢就像每天吃飯穿衣一樣，是簡單易行的事。他把錢分給了別人，自己又重新開始。沒過幾年，他的財富又聚集到原先一樣多。司馬遷寫《史記》的時候，寫了他如何分析和準確把握別人心理的情節，而他的這種能力都是緣於他具有豐富的相應的知識。

　　猶太人經商也有同樣的特點。他們懂得，在與人談生意的時候，你知道得越多，當然考慮問題就更全面，思路也就更開闊，談判的主動性就更大。「知識和金錢成正比」，這是猶太人的一種信念。

曾經經常與猶太人打交道的一些日本人，這樣看猶太商人：他們很健談，話題總是很多，而且涉及到各個領域。大到世界政治、環境保護、人類生存，小到假日休閒、日常消遣；長到世界歷史、民族發展，短到近日新聞，幾乎是無所不知，無所不曉。連這些與經商沒有多少直接關係的資訊他們都了解，那麼與生意有關的知識掌握得就更詳盡了。一個日本商人一次與猶太商人談鑽石生意，談著談著，那個猶太商人突然問他：

「你知道大西洋海底有哪些特殊的魚類嗎？」

日本商人平時從不關心這個，當然回答不出。後來他回想這件事才明白，那個猶太商人實際上是在探察他的知識面。如果他連這樣生僻的知識都了解的話，那麼他對鑽石方面的情報肯定就掌握得也十分細緻。

學識淵博還有一個好處，就是一般而言，學識淵博的人往往更有教養，更有理性，也更有信譽，更能贏取別人的尊重。商人雖然渾身散發著銅臭味，但從某個角度講，商業文明卻是必須建立在學問和知識的基礎上的。

教育的重要性在於學會思考

大名鼎鼎的微軟公司，是世界上發展最成功的企業。微軟創始人比爾蓋茲所開創的事業，不僅為世界現代科技和人們工作、生活方式的發展、進步做出了很大貢獻，也使他本人成為當代的世界首富。比爾蓋茲不是猶太人，但他最親密的搭檔，精神四射，十分活躍，有「猴人」之稱的史蒂芬·巴爾默卻是半個猶太人。

史蒂芬·巴爾默和比爾蓋茲是哈佛大學的同學。比爾蓋茲中途退學去開創自己的事業，史蒂芬·巴爾默仍在繼續他的學業。他以優異的成

績獲得哈佛大學的經濟學和數學學士學位,兩年後,又去史丹佛商業學院攻讀MBA。比爾蓋茲的事業剛開始起步,比起美國那些著名的世界大公司來,他那個設在西雅圖的電腦公司毫不起眼。1980年,比爾蓋茲打了一通電話給這位當年的同學,沒有直言相告,但意思卻表達得很清楚,就是邀請史蒂芬·巴爾默加盟自己的公司。在考慮了兩天之後,史蒂芬·巴爾默打電話給比爾蓋茲,答應和他共同打天下。

老同學接受了自己的請求,比爾蓋茲當然很高興。可是史蒂芬的父親卻不理解。史蒂芬·巴爾默畢業哈佛這個世界一流的大學,又正讀著熱門的史丹佛大學的MBA,將來無論想進哪家著名公司,都輕而易舉,可是現在卻居然要去替一個年僅二十四歲的毛頭小子工作,是不是腦袋撞壞了?史蒂芬·巴爾默當然是想方設法說服了父親。他自己是這麼想的:一個人求學的目的是什麼?不是單純的為了學歷,也不只是為以後有個穩定的職業。求學最主要的目的是要能夠成就一番事業,「經歷、觀察,並強迫自己分析不同的問題……」,美國的教育固然很重視這些能力的培養,可是真正的鍛鍊和收穫必須依靠社會實踐,史蒂芬·巴爾默做出這番選擇正是經過仔細思考的。他加入比爾蓋茲的行列,正是清楚的分析了世界科技和經濟發展趨勢,認為比爾蓋茲的事業一定能夠代表未來。當然,他和比爾蓋茲還有一個共同的想法,就是教育不光是在校園裡進行的,更重要的是在人生的事業中進行的。於是,他在讀研期間放棄學業,選擇了和比爾蓋茲並肩創業的道路。

在微軟工作期間,他成了比爾蓋茲最佳的合作夥伴,先後主管過營運、營運發展、銷售與客戶服務等業務,1998年,他被比爾蓋茲任命為微軟公司的總經理,2000年擔任公司的執行長,全權負責公司的管理,他向全世界傳播微軟公司的理念:「透過先進的軟體,使人們隨時隨地、在任何設備之上都獲得力量。」

史蒂芬‧巴爾默獲得的教育是成功的，因為他透過思考做出了自己的選擇，又在事業的拓展中鍛鍊了自己的思考能力。他的觀點是：「教育的重要性不是題目、學科的累加，而在於學會思考」。

終身學習的傳統

隨著知識更新速度的加快和資訊爆炸時代的到來，美國一些專家提出了終身學習和終身教育的理念。而終身學習對於猶太人來說，似乎很早就是理所當然的事了。在很早很早以前，有一個基督徒（基督教雖然為猶太人所創立，但由於它在歐洲大陸上的迅速普及，非猶太民族的基督徒已大大超過了猶太人的人數）來到一個街鎮，他想僱用一輛馬車，便外出尋找。在一個街區的轉角處，他看見有一排等待外僱的馬車停在那，但見不到一個駕車的車夫。他問正在路邊玩耍的小孩，車夫都到哪裡去了。小孩手指著街巷深處說，都在車夫俱樂部裡呢！按照小孩的指引，他走進街巷裡面，找到所謂的車夫俱樂部。原來，都是猶太人的車夫，正在一間狹窄的屋子裡，聚在一起學習《塔木德》。

雖說那時學的是經書，但隨著時代的發展，學習的內容變了，猶太人恪守的習慣卻在堅持著。後來，大家都知道，在紐約布魯克林區的威利阿姆，有猶太人舉辦的各種各樣的知識講座，許多成年猶太人在忙完一天的工作之後，都會在晚飯後，趕到那裡學習、充電，以色列的各個大學也都替成人開辦了各種補習和培訓班。

由於教育程度普遍較高，猶太民族和別的民族有一個顯著的區別：世界上任何民族，幾乎都存在著非常明顯的貧富差別。富者家可敵國，貧者無立錐之地。這裡面當然存在著剝削、機遇以及命運不同的原因，但不同知識背景決定的個人能力的差別，也可說是導致這種現象的重要原因之一。而猶太人那裡卻少有這樣的差別。一般的猶太人家庭都能夠

過上小康的生活。世界上知名的大富豪中,出身猶太民族的更是比比皆是。

　　我們就以美國在 1974 年的一份統計來說明這個問題。在當時,美國猶太人家庭的平均年收入為 13,340 美元,而其他白人的家庭平均年收入為 9,953 美元,猶太人的家庭收入比其他白人收入高三分之一。而猶太人收入與所有別的少數民族相比,差異更是明顯。造成這種現象的主要原因,就是猶太人受教育的程度遠高於其他民族。大約在同期,600 萬美國猶太人(占全球猶太人數量的 38%)中,受過高中教育的已占 84%,受過大學教育的占 32%,相比之下,美國總人口中只有 35% 的高中畢業生和 17% 的大學畢業生。正是由於受教育程度高,那些需要高學歷和高知識的工作職位,自然大部分屬於猶太人。還是這個時候的一項統計:進入美國的金融、商業、教育、醫學、法律等高收入行業的各個民族比例,猶太人是最高的。美籍猶太人男子從事這些行業的占到 70%,女子也占到 40%,比全美平均數高出一半以上。

第二章　獨到的猶太教育與學習方法

猶太人的學習方式：自我發掘

拜爾（Baeyer）是德國著名的科學家，曾獲得諾貝爾化學獎。他從小勤奮好學，進入大學時學習物理和數學。畢業後，他才二十一歲，認為自己還有潛力多學習一些科學知識，於是又開始攻讀化學。由於自己有了堅實的物理知識，學習化學進步很快，第二年（即西元 1857 年）他就發表了對氯甲烷的研究論文，初步顯示出他對化學研究的潛能。

西元 1872 年，他在史特拉斯堡大學任教授時，在從事教學工作的同時，充分發揮自己的潛在智慧，開展對酞染料種類的研究，成為染料史

第二篇　教育的力量：猶太人智慧的根基

上確定靛青性質和結構成分的第一位化學家。三年後，他進一步利用自己的學識和研究成果，研究靛藍的全部成分，並建立了著名的拜爾張力學說。拜爾臨近花甲之年，還在繼續自我開發，編寫了反映他研究成果的著作《拜爾科學成就》。可以說拜爾的一生是研究開發的一生，所以成果累累。

如同拜爾一樣的猶太人不計其數，如多向手貝拉斯科、科學家總統卡齊爾、商學兼優的沃伯格家族（Warburg family）等等。他們的共同點，就是善於自我發掘，從而獲得一個又一個的勝利，取得事業的成功。

事實上，每個人都存在著「潛能」和「經驗」，每個人都有其可發揮作用之處。拿破崙有句名言：「世上沒有廢物，只是放錯地方。」有許多人往往認為自己沒有「經驗」和「潛能」，沒有成功的本領，這明顯是過度消極。他們不知道「經驗」有直接經驗和間接經驗兩種。直接經驗是自己的實踐所得，而間接經驗是別人的經驗。有了經驗可以少走彎路，取得事半功倍成效。為此，善於自我挖潛的人，懂得不斷總結自己的經驗，學習別人的經驗，其失誤就較少，工作效率也較高。有了經驗的人，他也懂得怎麼去挖掘自己潛在的力量，不至於漫無目標，束手無策。

「經驗」實際上就是「知識」，吸收知識不一定要從正規教育和教科書得來。從艱難困苦中磨練出來的經驗、知識，比從課堂或書本上學得的會更有用。如美國總統林肯沒有受過正規教育，但他的知識經驗卻是超群出眾的；猶太人伯林納沒有讀過大學，但他創造發明的技術卻超出一些博士和一般科學家，他發明的電話受話器比愛迪生還早，他一生發明了許許多多的新技術新產品，被譽為「美國最有價值的一位公民」。這都是因為他們勤奮好學，善於總結自己和別人的經驗，挖掘自己的潛能。

猶太人深知，人的經驗和知識不是天生的，而是後天獲得的。正如國父孫中山先生所說，「人不是生而知之，是教而後知」。一個人因生活或工作經驗不足、知識不夠而致使事業的失敗，一定不能因此失望和氣餒，而應該採取補救的辦法，隨時隨地記你所應當記的，學習你所應當學的。如愛因斯坦，他雖然是一位傑出的科學家，但他同樣覺得自己的知識和經驗欠缺。他明白，知識的海洋浩瀚無邊，僅數學這門學科，就分成許多專門領域，每個領域都能讓一個人耗盡短暫的一生。他在創立相對論時，深感自己的非歐幾何知識不足，他沒有因此放棄自己的奮鬥志向，而立志專攻非歐幾何，補足這方面的知識，最後終於創立了世界聞名的相對論。

科學技術領域是這樣，經商也是如此。許多商界的巨擘，都是由於不斷努力的充實自己的工作經驗和知識，才一步步的登攀到最高的位置，走上發跡致富之路。

猶太人已經形成一種好學的風氣，他們寧可克制自己的娛樂，能夠忍耐艱辛，而對充實本身的經驗和知識會進行大量投資，絕對不會吝嗇。他們明白，工作經驗和知識的充實可以充分的帶動自己的潛能，使它成為事業成功的財富源泉，工作上的經驗和知識，加上自身的潛能，是一個人的最寶貴財富，它是引導你走上成功的康莊大道，是打開財富之庫的鑰匙。

演好每一個角色

為了募捐，主日學校準備排練一部叫《聖誕前夜》的短話劇。告示一貼出，傑克的妹妹珍妮便滿臉熱情的去報名當演員。角色定完那天，珍妮一臉冰霜的回到家。

原來,《聖誕前夜》只有四個人物:父親、母親、女兒和兒子。而珍妮分到的角色是飾演狗。

出乎傑克預料的是,珍妮沒有退出。她積極參加每次排練,傑克很奇怪:扮演一隻狗有什麼可排練的?但珍妮卻練得很專注,還為此買了一副護膝。據說這樣她在舞臺上爬時,膝蓋就不會痛了。珍妮還告訴大家,她的動物角色名叫「危險」。

演出那天,傑克翻開節目單,找到妹妹的名字:珍妮……危險(狗)。偷偷環顧四周,整個禮堂都坐滿了人,其中有很多熟人和朋友,他趕緊往座椅裡縮了縮。有一個演狗的妹妹,畢竟不是件很光彩的事。幸好,燈光變暗,話劇開始了。

先出場的是男主角「父親」,他在正中的搖椅上坐下。接著是「母親」上場,她面對觀眾坐下。然後是「女兒」和「兒子」,他們分別跪坐在父親兩側的地板上。一家人正在閒談,珍妮穿著一套黃色的、毛茸茸的狗的外裝,手腳並用的爬進場地。

但傑克發覺這不是簡單的爬,「危險」(珍妮)蹦蹦跳跳,搖頭擺尾的跑進客廳,她先在小地毯上伸了個懶腰,然後才在壁爐前安靜下來,進入了鼾睡狀態,一連串動作,形象逼真。很多觀眾也被其吸引,四周傳來輕輕的笑聲。

接下來,劇中的父親開始為全家講聖經裡的故事。他剛說到:「聖誕前夜,萬籟俱寂,就連老鼠……」「危險」突然從睡夢中驚醒,機警的四周張望,神情和家犬極其相似。

男主角繼續講:「突然,一聲輕響從屋頂傳來……」昏昏欲睡的「危險」又一次驚醒,好像被察覺到異樣,仰視屋頂,喉嚨裡發出嗚嗚的低吼。太逼真了!珍妮一定付出了百倍的努力。很明顯,這時候的觀眾已

不再關注主角們的對白,幾百雙眼睛全盯著珍妮。接下來,珍妮幽默精湛的表演仍在持續,臺下的笑聲更是此起彼伏。

那晚,珍妮的角色沒有一句臺詞,卻成了整場戲的主角。原來,讓珍妮改變態度的是她剛剛分到狗的角色垂頭喪氣的回家之後爸爸對她說的一句話:「如果妳用演主角的態度去演一隻狗,狗也會成為主角!」

命運賜予我們不同的角色,如果我們的角色微不足道,與其怨天尤人,不如全力以赴。只要你毫不鬆懈的認真對待,再小的角色也有可能變成主角。

執著的人才能成功

在《聖經》中「出埃及記」裡:摩西的表現就是一種超凡的「執著」,讓我們重溫一下這段故事:

摩西帶領他的人民逃出了埃及。儘管有法老的戰車在身後追擊他們,他們還是安全的通過了紅海。他們認為危險和痛苦從此將永不再伴隨他們了。但是不久他們發現擺在面前的是一條漫長而又艱難的道路。他們進入的國家是一片呈帶狀的土地,不寬,在它的一側是大海,另一側是巍峨的群山。在大海和高峻的山脈之間是一片平坦的沙礫地。白天,灼熱的太陽光直射頭頂,找不到一片可以遮蔭的樹林。

他們走了很長很長的路,也沒有發現水源。當他們終於在沙漠中找到一處水池時,那水卻無法飲用。因為水苦,他們就把這個地方叫做瑪拉。百姓就質問摩西:「我們拿什麼解渴呢?」於是摩西呼喚上帝幫助他。他看到沙漠中生長著一些灌木叢,就把它們扔進水中。它們的葉子改變了水的味道,那水就能喝了。

隨後摩西帶領他的人民來到一個叫以琳的地方,在那裡找到了十二座泉水,附近生長著七十棵棕樹。對於那些曾經在沙漠中跋涉的人,以

琳真是如同天堂，於是他們就在這片綠洲上安營紮寨。

但是他們不能在以琳待很長時間，因為從埃及帶出來的食物很快沒有了。為了尋找食物他們只好繼續上路。一離開以琳，他們發現自己又陷身於茫茫沙漠之中，情況看來比以前更糟。大多數的猶太人並不像摩西那麼勇敢，他們中的一些人開始大聲抱怨。他們對摩西說：「上帝還不如讓我們留在埃及死掉好了。在那裡我們有肉吃，有充足的麵包。你把我們帶到這曠野，是要把我們全都餓死嗎？」

摩西忍耐著，仍然沒有失去他的勇氣。他說上帝會幫助大家的。

晚上當人們抬頭望天的時候，他們在天空中看見一片像雲一樣的東西向他們飄來，當它們飄近了，他們發現那不是雲，而是成百上千隻鵪鶉，被一陣強風從海上的島嶼吹向陸地。精疲力竭的小鳥落到了地上，人們就把牠們逮來吃了。

夜裡露水很重，早上當人們醒來時，發現地上有許多像霜似的白色碎屑。摩西說：「這是上帝賜給你們吃的麵包。」以色列人稱這東西為「嗎哪」。這是沙漠中的灌木分泌出的一種樹脂，必須在日出前撿拾起來，因為太陽一出來，它就會融化並消失。從他們以鵪鶉和嗎哪果腹的地方出發，猶太人又沿著海岸繼續前行。隨後摩西帶領他們改變方向，向著山區邁進。這是一些高峻、光禿和可怕的大山。他們又一次受到乾渴的煎熬，一個個唇裂舌燥。「給我們水喝！」他們對摩西叫嚷，「你帶我們走出埃及是希望我們全都渴死嗎？」

但是摩西以前曾經在這群山中生活過，在那裡上帝教會了他許多東西。他帶領他的人民來到何烈山上的一處峭壁前，用他的手杖敲打岩壁，一股水流噴射而出。這時猶太人終於高興了。當摩西隨後把他們帶到另一處綠洲時，他們更加心滿意足了。在這個荒涼之區，這片綠洲是一個最蔥蘢、最宜人的地方。到處是一排一排的棕樹，泉水湧動向四處流淌，彙集成一條潺潺的小河。許多世紀之後，這片綠洲仍因其美麗被稱為西奈的珍珠。

第二章　獨到的猶太教育與學習方法

猶太人都打算在此安營紮寨，長期居住在這，但是在此延誤時日對他們是一件危險的事情。沙漠中的野蠻部落為了爭奪綠洲，相互間經常發生戰爭。摩西挑選了一個叫約書亞的年輕人擔任猶太人的軍事指揮官，以防發生意外。

不久一群亞瑪力人出現在他們面前。他們騎著駱駝，手執長矛，向以色列人發起了猛攻。摩西站在一座山頂上激勵部眾的士氣。他向上帝求告。在他祈禱時，亞倫和戶珥扶著他的手。由於摩西的祈禱，約書亞和他的戰士趕走了亞瑪力人。

儘管如此，他們還是不能在綠洲繼續待下去。因為摩西知道每一天都可能有比亞瑪力人更強大的部落前來攻擊他們。此外，摩西希望將他們在山那邊很遠的地方，在那裡是他們可以定居的國家。

於是，摩西帶領他們繼續前進，穿過高山和深谷。那些高峻的山峰並不歡迎他們的到來。其中有些地區火山很活躍，時不時傳來火山爆發的隆隆聲，有時還會發生地震。但正是在與此類似的地方，當摩西第一次逃亡埃及時，他看見了燃燒的荊棘，並聽見上帝對他說，把其他人民帶出埃及。就在同樣的山中，上帝還告訴他另外一些事情──甚至比以前聽到的更加重要。

當以色列人在一個山谷下安頓下之後，摩西獨自登上了最雄峻的西奈山。以色列人一直看著他，直到看不見了。時間一小時一小時的過去了，摩西一直沒有回來。

獨立山頂，在蒼穹之下，群山包圍著摩西，他沉思著、祈禱著。上帝希望他如何教導他的人民？他希望他們怎樣做人？

摩西終於看到了他想知道的事情。他看見上帝的榮光走過自己身邊，並聽到上帝的聲音。上帝告知他，從今以後將把所有人應遵守的誡約傳授於他。

摩西在向百姓傳授了十誡之後，又他們立下很多彼此相處的規矩。他教他們如何在途中搭設帳篷，怎樣保持潔淨、健康，當有病人之時應

如何醫治。他告訴他們以什麼來紀念上帝並侍奉他。他們要做一個漂亮的小櫃子，稱為約櫃，將記有十誡的石板放在裡邊。他們還要用動物的皮做一個帳幕。無論他們在何處立身，都要將它豎起，以此作為他們向上帝祈禱的場所。

不久以色列人離開了西奈山腳的谷地，繼續上路，抬約櫃的人走在最前面，摩西仍作他們的領袖。就像他們剛剛離開埃及時那樣，他經常遇到困難，因為他們中的某些人一直抱怨不已。他們說他們吃膩了嗎哪，也厭倦了長途旅行中的乾渴，在茫茫沙漠中他們甚至很難找到一座泉水。他們懷念在埃及的日子，彼此說他們真希望此刻仍在埃及。當他們在埃及的時候，他們最渴望的事情就是逃出埃及，但現在他們忘記了這些，只記得在那裡能吃到的好東西。

「我們思念的味道，」他們說，「有小黃瓜，還有蜜瓜。」在埃及，尼羅河中的魚任人捕捉，有新鮮的蔬菜、水果。但這兒除了沙子、灼熱的太陽和空虛以外一無所有。有一兩次他們差不多要造反了。

當摩西從百姓的帳篷前經過，聽到他們的抱怨時，他深感悲傷。但是他不能讓他們看出他失去了勇氣。他一個人走到一邊，在向上帝的禱告中訴說每一件事。看來上帝讓他做的事情超過了所有人的能力。「我難以獨自領導人民，」他說，「這擔子讓我感覺太重了。」但是當他祈禱時，上帝給了他新的力量，使他堅持下去。

經過緩慢的旅行，他們終於抵達了遙遠的北方，此刻山脈已被拋在遠遠的身後，摩西相信是上帝指定給他們的地方。這也是很久以前亞伯拉罕聽到的地方，它被稱為應許之地。雖然摩西本人最終因為太老了沒有來得及進入那應許之地，但他的執著精神激勵了一代又一代猶太人。

實現理想依賴的是執著的追求和埋頭苦幹的精神，絕不是動人的言辭。除了努力工作之外，沒有任何捷徑，更沒有任何替代品。

最受歡迎的教育方式

曾經讀到過這樣一篇文章，題目就叫〈最受歡迎的教育方式〉，可以給人一些啟示。文章所表述的內容如下。

1996 年 10 月，聯合國教科文組織屬下的一個工作機構在日本的東京精心策劃了一次國際中小學教師和學生的聯歡活動。共有二十幾個國家和地區的 410 名師生參加，其中老師 208 名，學生 202 名。

這次聯歡活動共包含了五個專案，其中有一個別出心裁的活動是，讓各個國家的學生來評選最受歡迎的教育方式。活動開始，首先出一個題目，要求參加活動的所有老師都得作答，題目的內容是這樣的：

有一對孿生兄弟，名叫大傑克和小傑克。他們正好十四歲，在同一所學校裡面讀書。由於家離學校較遠，父親為他們分配了一輛輕型轎車作為交通工具。可是，兩個傑克有著同樣的毛病，就是貪玩，晚上經常玩到很晚才睡覺，到了第二天早上就不能按時起床，所以上課經常遲到。這一天上午，要考試了，儘管老師前一晚已經再三叮囑他們一定要準時到校，但他們卻因在路上玩耍，還是遲到了半個小時。老師自然要詢問兄弟倆遲到的原因，可是兩兄弟在路上已經串通好了，都回答說開車的時候，行至半道上，汽車爆了輪胎，所以才沒能準時趕到學校。鑑於兩兄弟平時的表現，老師自然不肯相信他們的話，但當下並沒有任何表示。等兩個人進了教室後，老師來到停車場，對他們的車子進行檢查，發現汽車的四顆輪胎並沒有拆卸過的痕跡，心中便明白了一切。假如你是傑克兄弟的老師，你會如何處理這件事？

老師在 208 份答卷中各抒己見，由於國家不同、民族不同，對這件事的處理方式自然就有很多種，最具代表性的共有 25 種。舉例其中幾個：

- 中國式的處理方式是：一是當面嚴厲批評，責令傑克兄弟寫出檢討報告；二是取消他們參加當年各種校內比賽的資格；三是通知家長。
- 美國式的處理方式是：幽默一下，對兄弟倆說，假如今天上午不是考試，而是吃冰淇淋和熱狗，你們的車就不會在路上爆胎了。
- 日本式的處理方式是：把兩兄弟分開，對他們單獨進行詢問，老實坦白的給予讚揚和獎勵，對堅持說謊者給予嚴厲處罰。
- 英國式的處理方式是：小事一樁，可不予理睬。
- 韓國式的處理方式是：把真相告訴全班同學和兩兄弟的家長，請家長對孩子嚴加監督，在班會時展開討論，引以為戒。
- 新加坡式的處理方式是：讓他們各打自己的嘴巴十下。
- 俄羅斯式的處理方式是：對兄弟倆講一個關於說謊有害的故事，然後再問問他們：最近是否也有過類似的行為？
- 埃及式的處理方式是：讓他們向真主寫信，告知真主事情的真相。
- 巴西式的處理方式是：半年內不許他們在學校裡踢足球。
- 以色列式的處理方式是：提出三個問題，讓兄弟倆分別在兩個地方同時作答。三個問題是：你們的汽車爆的是哪顆輪胎？你們在哪裡維修的？你們付了多少補胎費？

之後，活動主持者將這 25 種方式都送給前來參加活動的 202 名學生，請他們選擇自己最喜歡的處理方式。結果，竟有高達 91% 的學生選擇了以色列式的處理方式。

在對活動進行總結的時候，這次活動的主持人表示，無論在哪個國家和地區或者是哪種文化背景下成長的學生，都有著這個年齡層的孩子所共有的特點，他們對事物的看法也有著相應的共同之處。既然絕大部分學生都認可以色列的方式，這足以證明以色列式的處理方式的確是最

好的。對於孩子而言，它最受歡迎，是因為它符合孩子的心理特點，這種教育方式具有遊戲意味，既讓孩子能夠受到教育，又不會使他們感覺到難堪和害怕。

看起來，猶太人累積的長達幾千年的教育經驗，致使孩子喜歡學習，從中能獲得樂趣。這使得他們的後代在學習上能達到最佳的效果。

請勿忘記身邊的寶物

有一個人即將離開他居住多年的城鎮，搬到另外一個陌生的地方去居住。臨行前，他去拜訪拉比，並請拉比給他一些忠告。

拉比跟他講了一個這樣的故事：

「有個住在柏林的猶太人，時常夢見在一個碾房的地下埋藏了許多寶物，等待他去挖掘。終於有一天，他抑制不住自己的好奇心，決定第二天一早便去挖掘寶物。

第二天早上天未破曉時，他就已經起床準備好了，到了碾房之後，他便仔仔細細、小心翼翼的開始挖了起來，然而幾乎挖遍了整個碾房，仍然沒有掘出任何值錢的東西。

碾房的房主聞聲而至，問他為什麼在此地挖掘，當房主聽完這個人說明情況後，突然高聲大叫：『太奇妙了，我也經常夢見一個住在柏林的人，夢到他的院子裡也埋著許多寶貝。』房主不但這麼說，甚至還指出夢中那個人的名字，說來也真湊巧，這正是那個猶太人自己的名字啊！

於是猶太人立刻馬不停蹄的回到自己的家裡，而且趕忙挖掘院子，沒想到他真的挖出了許多寶物。」

「你知道了吧！」拉比說完故事後，對這位即將移居的人說，「有時自己的院子裡也埋藏了許多寶物，只是我們沒有去挖掘而已！」

這一個故事給準備移居的人很大的啟示，他不再遷移了。在許多人眼中，「外國的月亮總是比較圓」，但是猶太人卻不一樣，他們從不嫌棄自己獨特的傳統和文化，也從不一味的崇拜別人。

在猶太人的書中有一個這樣的格言：

「請勿忘記身邊的寶物。」

猶太人還有一句類似的格言：

「不要老是幻想著坐在國王的餐桌前，你自己家裡的餐桌是最好的，因為你在那裡便是國王。」

看重自己，善於尋找自己的優勢，致力於發掘自己的潛能，同時珍惜身邊的人和事，這就是猶太人比其他的民族處世的傑出之處。

自強不息

「世上無難事，只怕有心人。」世間沒有辦不成功的事，只有不願意走向成功的人。翻開古今中外的歷史，那些經營致富的人或者是攀登科學高峰的成功者，與那些失敗者相比並不擁有更優越的條件。他們與常人一樣，也是只有一雙手、兩條腿、一個腦袋，他們有些甚至分文沒有，白手起家；論學歷吧，許多大富豪在創業前都是如此，不少是學徒或店員出身。如華人首富李嘉誠、發明大王愛迪生、汽車大王福特、鋼鐵大王卡內基、照相機大王伊士曼、科學家瓦特、美國總統林肯……均沒有受過完整的教育。論經濟條件吧，多數發跡者或成功者是出身於貧苦的家庭，幼年或青年飽嘗了生活的艱苦辛酸。如汽車大王福特、飯店龍頭希爾頓、電器大王松下幸之助，都是從貧苦困境中走出來的。

上述這些人怎麼會成功呢？一句話說明一切，他們均能自強不息，擁有必勝的信念。

第二章　獨到的猶太教育與學習方法

猶太人的一個優良傳統，就是自強不息，從不畏懼困難和挫折，迫害和殘殺斷不了他們的路途。從羅馬帝國時起，猶太民族家園被侵占，大部分猶太人被迫離開故土，浪跡天涯。在漫長的流亡漂泊生活中，猶太民族雖然災難重重，幾乎遭到滅族之災，但人們發現，今天猶太民族的特性、宗教、語言、文化、文學、傳統、曆法、習俗和勤勞智慧的資質，沒有因這 1,900 多年的悲慘民族史而喪失殆盡，他們至今仍保持著自己的特色和民族凝聚力。儘管他們長期以來遭受到大放逐、大遷移、大捕殺，但他們仍做出種種驚天動地的豐功偉業。千百年來，猶太人才輩出，菁英遍布世界。惡劣的處境與輝煌的成果形成強烈的反差現象，反映了這個民族旺盛的生命意識和自強不息的進取精神。

世界上流行這樣的說法：「猶太人是吝嗇鬼。」此說法有一定依據，但也是一種誤解。因為猶太人中經商的占多數，而且是經商高手。作為商人，對物品一斤兩斤計較和金錢分分毫毫的核算是處於職業的本能。作為商人，如不精打細算，不愛惜錢財，怎能獲得經營的盈利呢？

在猶太人的觀念中，對金錢有如下的看法：

「賺錢不難，用錢不易。」

「金錢可能是不慈悲的主人，同時也可能是能幹的傭人。」

「金錢雖非盡善盡美，但也不至於使事物腐敗。」

「貧窮的人也不一定什麼都對，富有的人什麼都不對。」

「金錢對人所做的和衣服對人所做的相同。」

「讚美富有的人，並不是讚美人，是讚美錢。」

這些猶太格言，反映出猶太人對金錢的看法。說到底，猶太人把金錢視為工具。因此，他們不管別人怎麼評論與誤解，充耳不聞，一心埋頭賺錢。

第二篇　教育的力量：猶太人智慧的根基

　　確實，對錢則必須具有愛惜之情，它才會聚集到你身邊，你越尊重它，珍惜它，它越心甘情願的跑進你的口袋。

　　對金錢除了愛之外，還要惜，也就是說，除了想發財外，還要想辦法保住已有的錢財。用現代的流行語說，要「開源節流」。

　　猶太人這些金錢觀念是富有哲理的，這是猶太人經營致富的奧祕。據說美國當今最大財團之一洛克斐勒財團的創始人，曾經有過一段有趣的故事：

　　洛克斐勒剛開始步入商界之時，經營步履維艱，朝思暮想的想發財卻苦於無方。有一天晚上，他從報紙上看到一則出售發財祕書的廣告，極其興奮，第二天急急忙忙到書店去買了一本。他迫不及待的打開一看，只見書內僅印有「勤儉」二字，使他大為失望和生氣。

　　洛克斐勒回家後，思想極度混亂，幾天夜不成寐。他反覆思考該「祕書」的「祕」在哪裡？起初，他認為書店和作者在欺騙於人，一本書只有這麼簡單的兩個字。他想疾書指控他們。後來，他越想越覺得此書言之有理。確實，要發達致富，除了勤儉以外，別無其他的方法。這時，他才恍然大悟。從此後，他將每天應該用的錢加以節省儲蓄，同時加倍努力工作，想盡辦法增加一些收入。這樣堅持了五年，積存下800美元，然後將這筆錢用於經營煤油，終於成為美國屈指可數的大富豪。

　　猶太人愛惜錢財的原理與勤儉相同，他們既千方百計的努力賺錢，同時也想盡各種辦法縮減不必要的開銷，這樣才能使其生意獲得更多的盈利。在俄國出生的猶太人沙諾夫（Sarnoff），九歲時隨父母移居美國，由於家庭清貧，沒有機會讀書。讀小學時不得不利用放學時間及假日做工，賺點錢補貼家用。當他小學快畢業時，父親積勞成疾，早早就去世了，他只好輟學當童工。他從來沒有抱怨過父母為自己帶來這麼一個人生局面，而是非常勤懇的工作，把賺得的點滴小錢供家裡人維持生計，

並省下幾角錢買書自學。幾經周折，終於在一家郵電局找到一份送電報的工作。他從此立誓要掌握電報技術，以後當電報業的老闆。在今天看來電報業已經落伍了，但在二十世紀初卻是剛問世的先進科技呢！沙諾夫不但有遠見的眼光，而且有決心和毅力攀登這個高峰。他經過了十幾年的努力，把薪資收入最大限度的節省下來。他白天賣力工作，晚上讀電工夜校，因此獲得了老闆賞識而逐步得到提拔。1921年，他的老闆為了發展業務，分設「美國無線電公司」，沙諾夫被委任為總經理。此時他已四十歲出頭，可以大展宏圖了，最後，他終於成為美國無線電工業龍頭，走上發跡的軌道了。

有人說，錢裝在猶太人的口袋裡。在某種意義上，這是有一定道理的。

因為我們必須尊重一個事實，猶太人的智慧對世界的影響要遠遠超過其他的民族。據說，全世界也就1,500～2,000萬猶太人。就諾貝爾獎獲得情況來看，從1901年諾貝爾獎首次頒獎到2001年的一百年間，有個統計數字：在總共680名獲獎者中，猶太人或具有猶太血統者共有138人，占了五分之一！作為一個民族，猶太人對人類文明做出了卓越而獨特的貢獻。諾貝爾獎的獲得者中，以族裔來算，猶太人最多。在二戰前的歐洲諾貝爾獎得主中，三分之二以上是猶太人。猶太人的諾貝爾獎獲得者為17%。

作為猶太人聚居地的以色列，它的人文發展指數（將出生時的預期壽命、成人識字率和實際人均國內生產總值等衡量人生三大要素的指標合成一個複合指數）居全世界第二十一位，在中東地區屬最高的國家。猶太人和華人的識字率分別為95%和85%，據資料顯示，猶太人年人均閱讀量為64本書。酷愛閱讀的猶太民族中不但誕生了佛洛伊德、愛因斯坦等偉人，而且盛產諾貝爾獎得主以及大富豪。

第二篇　教育的力量：猶太人智慧的根基

猶太人的道德理念

　　以宗教文化為骨架的猶太文化體系，使其道德理念深深根植於猶太教之中，並成為猶太教的一個重要組成部分。

　　猶太人的文化道德中包含寬人律己的追求，反躬自責的理念，注重慎獨的觀念、尊重他人的操守、知己知彼的人際哲學、講求分寸、適可而止的享樂觀、普度眾生的慈善胸懷，這些都滲透在猶太文化之中，並深刻影響了猶太人的行為方式與價值觀念。

　　猶太文化與中國文化有一個地方非常相似，那就是兩者都非常重視倫理，即人與人之間健康而友善的關係。中國文化的倫理價值體系的主體是儒家學派（仁學），猶太人的道德家有一個別名，叫做「倫理一神教」。用社會學的術語來講，也就是憑藉以神學的形式來協助人際關係。

　　猶太歷史上最著名的拉比希雷爾把全部猶太學問概括為一句話「不要要求別人做連自己也不願意做的事情」，而用中文來解釋，最好、最方便的莫過於直接借用孔子的話：「己所不能，勿施於人。」

　　兩個古老民族的智者對各自文化有著完全相同的界定這並不為奇。民族文化的成熟，集體智慧的發達，必然對人生真諦帶來同樣的理解。

　　了解猶太文化之後你會體會到，「己所不能，勿施於人」應該是一種雙向使用的原則：健康健全的倫理道德體系不僅應該有「己所不能，勿施於人」的要求，也應該有「人所不能，勿施於己」的要求，這一點，中國文化就不如猶太文化中展現得透澈。

　　用他人人性的優先性克制自己的人性要求是協調人際關係的涵義之所在。

　　猶太民族是一個弘揚善的民族，同時對待惡的態度也是十分明顯十分坦然的民族，這樣一種品質，尤為難能可貴。在猶太人看來，惡本身

是無所不在的，伊甸園裡有，其他地方也有，更不用說人心之中了。

善和惡是一種對比存在的東西，猶太人有句名言：「人類如果沒有惡的衝動，應該不造房子，不娶妻子，不生孩子，不工作才對」——因為這些行為，總會讓人忘記虔誠或者丟下經卷。

猶太人認為：惡，只要導入正常的管道，就可以驅使人做出有功德之舉。這要比簡單的壓抑惡的衝動有效、有利太多了。這就是猶太人對惡的態度「防範不如疏導」。猶太人對待罪人、惡人的態度，總體上是不將作惡看成是惡人的劣根性所致，這種罪惡是可以塗抹或洗滌掉的。所以，他們希望惡人能消除罪惡，雖然這種想法帶點一廂情願的味道，卻也和中國文化的「知錯能改，善莫大焉」，俗語中「浪子回頭金不換」以及佛家的「回頭是岸」緊緊相扣。這對於罪惡的寬容，淋漓的表現出猶太人反躬自責，豁達寬容的道德理念。

進行自我反省和自我剖析是猶太人的一個重要道德特徵。生活中，一個道貌岸然的長者也許背地裡做盡了壞事，骨子都是壞的。要想約束他的行為，或者從根本上杜絕這種行為產生，就需要《禮記》所說的「慎獨」，而猶太人的自我反思和自我剖析就是一種慎獨。

在眾人面前受到社會的壓力，很容易遵守規範，而單居獨處時沒有外界壓力時呢？這時能把持住的人，才算是有道德根底的人。即在有惡念或即將產生惡行時有「罪惡感」，這種感覺若能存在於沒有任何壓力時，你也許就成為一個高尚之人。猶太人認為這種「慎獨」的最高展現是「窮人拾金不昧」。

猶太人的人際哲學具有保守性與排他性的特徵，是受具有閉合性和開放性雙重特徵的文化影響。但以商業見長的猶太人並沒有因為自己文化和民族的特徵而封閉自己。相反，在固守傳統的同時，具有民族性而又具有開放性的猶太文化使他們奉行了知己知彼的哲學觀。使這個在文

化上保守的民族活躍於世界經濟舞臺上而成為「世界商人」。猶太人對於其他民族的特性的東西，他們只是學習而不接納。之所以在猶太人的人際關係上特別提及被稱為「世界第一商人」的猶太人，是因為猶太商人最能展現知己知彼的特徵，許多猶太名人的孤僻是人所共知的，但他們代表不了整個猶太民族。

猶太人作為一個曾經長時間（甚至上千年）以純商業運作維持生計卻沒有因民族同化而湮沒自己的民族個性，而又能成為不斷從其他民族腰包裡掏錢的世界商人，因為他們擁有尊重他人，彼此寬容的道德操守，這無疑是其民族立身的生存智慧。

猶太人認為，誠實是支撐世界的三大支柱之一，其他兩個支柱是和平和公義。

猶太人對說謊極度反感。但卻能容忍並且贊成兩種謊言（僅此兩種）。其一是，如果別人已經買下了某件東西，拿來向你徵求意見，這時，即便東西不好，你也應該說「非常好」；其二是，朋友結婚時，你應該說謊：「新娘子真漂亮，你們一定會白頭到老。」儘管新娘子並不漂亮，甚至面貌奇醜。

《塔木德》時代，猶太人要遵守自己的613條戒律，但從不有意把它們強加給非猶太人，使之成為猶太人。他們並不向非猶太人傳教，但根據《塔木德》規定，為了保證彼此和平共處，對非猶太人他們有7項約束。

(1) 不吃剛殺死的動物的生肉；
(2) 不可大聲斥責別人；
(3) 不可偷竊；
(4) 要守法；

(5) 勿殺人；
(6) 不可近親通姦；
(7) 不可有亂倫的關係。

非常明顯，這七項約束猶太味並不很濃，基本上屬於各個民族共同遵守的道德、習俗或法規。

對自己適用 613 條律法，對別人只適用 7 條！也許對所有的民族可以說，相處中真正重要的一條就是：相互尊重，彼此寬容。

「適度享樂而不忘追求善行的人才是最賢明的。」這句話清楚的表示，在猶太人的心中理念的人格不是那種禁慾主義者，而是知道如何享受生活卻又能不超出一定範圍的人。

對金錢的認知尤其是對錢的重視程度最能反映一個民族的商業心態，猶太民族對金錢有著「準神聖」的膜拜，而善於賺錢同信仰宗教一樣構成了猶太民族一個醒目的象徵。猶太人可以改變宗教信仰，但改變不了以金錢為重的民族象徵。這並不是說猶太人是守財奴，而是說他們毫無顧忌的視金錢為第二上帝，不像華人羞於談錢卻個個愛錢。

猶太民族的災難性的民族歷程和宗教上的共同信仰，使他們具有榮辱與共的民族特徵，並使人產生了相互接濟、普度眾生的慈善胸懷。賑濟窮人，維持民族生存和發展是「人間公義」。在希伯來語中沒有慈善這個詞，甚至連個記號都不存在，表達相近意思的只有一個詞，Tzedakah，翻譯過來就是公義，也就是說，一個人在施捨時，不是慈善行為，不是「分外」的好事，而是在履行義務。

由於猶太人是遵守律法的民族，所有這些倫理道德觀念都具有法律效力，而這些法律化倫理道德觀念，深深的影響著猶太人的行為方式與價值觀念，使猶太人在世界的各個領域表現出獨樹一幟的民族特色。

第二篇　教育的力量：猶太人智慧的根基

了解了猶太人的這些道德理念，也就了解了猶太人成功的原因，也就明白了僅占世界人口千分之三的猶太人在創造令世人矚目的成就當時的文化和道德背景。

把學習當做一生的課題

猶太人熱衷學習，紐特・阿克塞波正是把學習當做一生的課題的榜樣。

紐特青年時代渴望學習語言，學習歷史，渴望閱讀各種名家作品，以致讓自己更加聰慧。當他剛從歐洲來到美國北達科他州定居的那陣子，他白天在一家磨坊工作，晚上讀書。但沒過多久，他結識了一個名叫列娜・威斯里的女孩，十八歲就和她結了婚。此後他必須把精力用於應付一個農場日常的各種瑣事上，還必須養兒育女，多年以來，他早就沒有時間學習了。

最後終於有這麼一天，他還清了所有人的債務，他的農場也變得土地肥美、六畜興旺。但這時他已經六十三歲了，讓人覺得仿佛不久就要跨進墳墓了，沒有人再需要他，他很孤獨。

女兒女婿請求紐特搬去和他們同住，但被紐特拒絕了。

「不，」他回答說，「你們應該學會過獨立的生活。你們搬到我的農場來住吧！農場歸你們管理，你們每年付給我 400 美元租金。但我自己單住，我上山去住，在山上能望見你們。」

他替自己在山上修造了一間小屋。自己做飯，一切都由自己打理。閒暇時去公立圖書館借許多書回來看。他感到自己從來沒有生活得這麼自在過。

剛開始，紐特・阿克塞波仍不能改變他多年養成的習慣：清晨五點

起床，打掃房間，中午十二點準時吃飯，太陽下山後不久就寢。但他很快發現他那些事情完全可以隨心所欲，想什麼時間做都可以。實際上，那些事即使不做也無所謂。於是他一反過去的舊習慣。早上他常常在七八點鐘才起床。吃完飯，他往往會「忘記」打掃房間或清洗碗盤。但是，他後來開始在晚上外出，做長距離散步，這才是他真正告別過去，向著新的、更加自由的生活邁出的最為徹底的一步。

在他以前的日子裡，白天總是有很多工作要做，累了一天之後，天一黑就要睡覺。現在可不同了，白天過完，夜晚他可以出去散步，他享受著黑夜的奧祕。他看到了月光下廣闊的原野，他聽到了風中搖曳著的草和樹發出的聲音，有時他會停在一座小山頭上，張開雙臂，站在那裡欣賞腳下那一片沉睡的土地。

他這種行徑當然瞞不過鎮上的人。人們認為他的神經出了毛病，有人說他已經成了瘋子。他也知道別人是怎樣看他的，根據人們所說的那些話，以及人們看他做事時的那種眼神就不難了解到。他對於那些人看待他的態度感到十分惱怒，因此也就更少與人們來往，他用來讀書的時間也越來越多了。

紐特‧阿克塞波從圖書館借回來的書中，有一本現代小說。小說的主人公是一名耶魯大學的青年學生。主要敘述他怎樣在學業和體育方面取得成就，還有一些章節描述了這個學生豐富多姿的社交生活。

紐特‧阿克塞波現在六十四歲。一天凌晨三點鐘，他讀完了這本小說的最後一頁。忽然做出一個決定：去上大學。他一輩子愛學習，現在有的是時間，為什麼不上大學呢？

為了參加大學的入學考試，他每天讀書的時間更長了。他讀了許多書，有幾門學科他已經有相當把握。但拉丁文和數學還有點困難。他又

發奮進攻拉丁文和數學。後來終於相信自己做好入學考試的準備了。於是他購置了幾件衣物，買了一張去康乃狄克州紐黑文的火車票，直奔耶魯大學參加入學考試。

他的考試成績雖然不算很高，但通過了，被耶魯大學錄取。他住進學生宿舍，同屋的人名叫雷‧格里布，曾當過老師。雷的學習目的是得一個學位，以便再回去教書時可以賺得更高一點的酬勞。雷在學生餐廳打工、賺錢交學費，雷不喜歡聽音樂，不喜歡和人討論問題。紐特‧阿克塞波感到很驚訝，他原以為所有的大學生都和他一樣喜歡談論學問。

進大學還不到兩個星期，紐特‧阿克塞波發現自己很難和其他同學融合在一起。其他的學生笑話他，不僅僅因為年齡大、白髮蒼蒼的他坐在臺下，聽一個年齡比他兒子還小的老師在臺上講課（那情景也實在有些古怪），還因為他來上學的目的很是獨到。那些學生選修的科目都是為了以後如何找工作賺錢，而他和大家卻不一樣，他對有助於賺錢的科目不感興趣。僅是為了學習而學習。他的目的是要了解人們怎樣生活，了解人們心中的想法，弄清楚生活的目的，使自己的餘生過得更有價值。但更重要的是，他能夠有自由的感覺，能夠在學習中找到樂趣。

你應該用這種態度去看待生活：將生活看成是在你前面無限延伸的、漫長的、漫無盡頭的道路，你只有堅持學習，不斷努力的向前走，才不會在途中迷失方向。

第三篇
傳承與文化：猶太人的歷史與生活哲學

第一章　猶太民族的歷史軌跡

歷史概述

猶太人是指猶太教民，或者更籠統的是指所有猶太族人（也被稱為猶太民族），猶太族群既包括自古代沿傳下來的以色列種族，也包括了後來在各時期和世界各地皈依猶太宗教的人群。從廣泛的角度講，猶太人不一定都要嚴格的奉行宗教。正統派猶太教和保守派猶太教界定一個人是否屬猶太人的標準是看其母親是不是猶太人，如果其母親是猶太人，無論她的子女信仰猶太教還是信仰基督教抑或是無神論者，她的子女也被承認為猶太人。卡拉派（Karaism）界定方法剛好相反，卡拉派認為父親是猶太人他的子女就是猶太人。自由派和改革派認為，最主要的是母親或者是父親有一方是猶太人，並按照猶太人的風俗習慣來撫育子女，他們的子女就是猶太人。

從民族宗教上講，猶太族群是原來居住在阿拉伯半島的一個游牧民族，最初被稱為希伯來人，意思是「游牧的人」。根據記載他們歷史的《聖經・舊約》傳說，他們的遠祖亞伯拉罕（阿拉伯語發音為易卜拉辛）原來居住在蘇美人的烏爾帝國附近，後來移遷到迦南（今以色列／巴勒斯坦一帶）。他有兩子，嫡幼子以撒成為猶太人祖先，據《古蘭經》所記載，以撒與侍女夏甲所生的庶長子以實瑪利（阿拉伯發音易斯瑪儀）的後代就是阿拉伯人。但根據基督教《聖經》記載，以撒有兩子，長子以掃是阿拉伯人的祖先，次子雅各是猶太人的祖先，而以實瑪利流亡埃及沒有消息。

如今的猶太人是原指猶大支派（以色列人十二支派之一）或猶大王國（以色列國分裂後與北方十支派所成立的以色列王國對立）的人民。全體猶太人本來統稱希伯來人，自進占巴勒斯坦至全族被擄往巴比倫為止，又稱以色列人。經過流亡生活，只有原屬猶大王國的人仍然延續了民族

特徵，其他十個支派於西元前721年亞述滅亡北方王國後，四散而同化於其他民族。因此，猶太人一詞僅指原屬猶大王國之人。

各派猶太人都一致認同由猶太婦女所生者即為猶太人，而改革派則認為，雙親中有一人是猶太人者就為猶太人。一般而言，從純粹宗教的角度看，世代生活在非猶太人環境中而保留猶太教許多基本教義的社團，作為整體被看做真正的猶太人，但作為個人，這種人不能隨便和猶太人結婚。

猶太人分布全世界各地，美國有一千多萬，以色列有740萬，法國有60萬，加拿大有55萬，俄羅斯有46萬，英國有37萬，阿根廷有31萬，巴西有15萬，澳洲有14.5萬，烏克蘭有14萬，南非有7.5萬（2024）。

聖經時代

猶太人歷史始於西元前第二個一千年的前五百年，始祖是亞伯拉罕、其子以撒和其孫雅各。一場橫掃全國的饑荒迫使雅各和他的兒子們，即以色列十二個部落的祖先移居埃及，在那裡，他們的後代淪為奴隸。幾個世紀之後，摩西率眾人擺脫奴役，逃脫埃及，奔向自由，最終踏上以色列故土。他們在西奈沙漠上流浪了四十年，在那裡成立了一個民族，並接受了包括十誡在內的摩西律法，他們的始祖所創立的一神教從此初具規模。

以色列各部落在約書亞的領導下，征服了以色列故土，並定居下來，但它們往往只有在受到外來威脅時，才在被稱為「士師」的領袖的統領下聯合起來。西元前1028年，掃羅建立了君主國，他的繼承者大衛於西元前1000年統一了各部落並建都於耶路撒冷。大衛的兒子所羅門把王

國發展成為繁盛的商業強國,並在耶路撒冷興建了以色列一神教聖殿。經考古發掘證實,在所羅門統治時期,曾在一些設防城鎮,如夏瑣、米吉多和基色創製了重要的城市貿易中心。所羅門去世後,國家分裂成兩個王國:一個是以色列王國,首都定在撒馬利亞;一個是猶太王國,首都設在耶路撒冷。兩個王國相互並存達兩個世紀之久,由猶太諸王統治,並由先知告誡人們主持社會正義和遵守律法。

西元前722年,以色列王國遭亞述人侵略,它的人民被迫流亡(史稱「失掉的十個部落」)。西元前586年,猶太王國被巴比倫人征服,入侵者搗毀了耶路撒冷的聖殿,並將大部分猶太人驅逐到巴比倫。

猶太人自治時期

西元前539年,巴比倫帝國被波斯人征服,之後,許多猶太人返回猶大(以色列故土),並在耶路撒冷重建聖殿,猶太人開始在故土上恢復自己的生活方式。此後四個世紀,猶太人在波斯人和古希臘人的統治下,在很大程度享有自治權。由於敘利亞塞琉古王朝強制實行一系列措施,禁止猶太人的宗教信仰,導致在西元前168年爆發了由馬加比家族(哈斯蒙尼人)領導的起義,隨後建立了由哈斯蒙尼王朝猶太諸王統治、歷時約八十年的獨立猶大王國。

異族統治時期

從西元前60年起,國家因內亂而勢力削弱,日益被羅馬所控制。為了擺脫羅馬統治,猶太人進行了一次又一次的抗爭,其中最大的一次爆發於西元66年。經過四年的戰鬥,羅馬人於西元70年征服了猶地亞(猶大),焚毀了第二聖殿,並將國內的眾多猶太人放逐。猶太人對羅馬進行

的最後一次反抗是千餘人固守在馬薩達山頂的城堡中。這次反抗於西元73年以守衛者集體自殺而結束。它成為猶太人在自己的土地上爭取自由的象徵。

在羅馬（西元70～313年）和拜占庭（西元313～636年）的統治下，猶太人社會在故土上仍然保持和發展自己的法律、教育及文化制度。西元二世紀，內容關係到生活各方面的猶太律法，被編集成口傳律法《米書拿》，後於西元三至五世紀，又擴編成《塔木德》。後來，這些律法的一些部分根據情況的變化做了修改，至今仍為恪守教規的猶太人所遵守。

猶太人重獲國家主權的另一次嘗試是西元132年的巴柯巴（Bar Kokhba）起義，其結果是在猶地亞建立了一個獨立的猶太飛地，以耶路撒冷作為都城。但是，三年之後，羅馬人擊敗了了巴柯巴，並且切斷了猶太人與故土的連結，把耶路撒冷改名為埃利亞卡皮托利納，把國家更名為巴勒斯坦。

從西元七世紀始，國家先後被阿拉伯人（西元613～1091年）、塞爾柱人（西元1091～1099年）、十字軍（西元1099～1291年）、馬木路克人（西元1291～1516年）、鄂圖曼帝國的土耳其人（西元1517～1917年）和英國人（西元1918～1948年）所統治。不同時期的統治者隨便變動疆界，更改國名。各征服者所建造的王宮殿宇是他們統治這片故土的歷史見證。

儘管千百年來的異族統治使猶太人的人數逐漸減少，但在這片故土上猶太人一直堅強的存在著，而且隨著散居各國的猶太人返回故鄉，猶太人口也不斷增加。到了十九世紀中葉，稀少的猶太人口出現了暴增的趨勢。

猶太復國主義

多少世紀以來,一直散居世界各地的猶太人的生活支柱就是盼望有朝一日能返回錫安(錫安,傳統上是耶路撒冷和以色列故土的同義詞)。到了十九世紀末,由於東歐的猶太人不斷遭到壓迫和迫害,而西歐的猶太人也看清了既未結束種族歧視也未使猶太人與所在國家的社會融為一體的那種形式上的解放,心中所抱幻想日益破滅,猶太復國主義作為一種民族解放運動而出現了。西元 1897 年,狄奧多·赫茨爾(Theodor Herzl)在瑞士的巴塞爾召開了第一屆猶太復國主義大會。在會上,猶太復國主義運動成為一個正式的政治組織,它鼓動猶太人返回以色列故土,在祖先的家園復興猶太民族生活。

在猶太復國主義思想的召喚下,成千上萬的猶太人開始返回故土,當時這片故土是鄂圖曼帝國的一部分,人煙稀少,為世人所遺忘。早期的開拓者在這裡開墾荒地,排乾沼澤,在禿山上植樹造林,興辦工業,建設都市和鄉村。他們成立了社區機構和服務設施,並在日常生活中恢復使用長期以來僅用於禮拜儀式和文學的希伯來語。

一塊土地,兩個民族國際聯盟緣於承認「猶太人與巴勒斯坦(以色列故土)有著歷史的連結」和「在那個國家重建猶太民族家園」的考慮,於 1922 年委託英國管轄這片故土,並特別囑咐英國「為這個國家創造各種確保建立猶太民族家園的政治、行政和經濟環境」。

同年,英國在這塊託管地境內四分之三的土地上建立了阿拉伯外約旦酋長國(即今日的約旦哈希米王國),只把約旦河以西的地方用來發展猶太民族家園。可是阿拉伯領導人非常極端,就連在這樣小的區域建立猶太民族家園也要反對,他們煽動襲擊猶太社區,甚至打擊主張阿拉伯與猶太人共處的阿拉伯人。英國對猶太移民和定居的限制並沒有阻止阿

拉伯的好戰，暴力事件持續不斷，屢屢發生，直到二次大戰爆發為止。

二戰期間，納粹殺害了約 600 萬歐洲猶太人，其中包括 150 萬兒童。戰後，儘管世界各國為在納粹大屠殺中倖免於難的猶太人尋找避難所，但英國並未取消猶太人移民的限額。為了對付英國限制移民的政策，故土上的猶太人與世界各地猶太人一起，動員一切人力物力，組織了一場「非法」移民運動，先後把 8.5 萬名難民從歐洲轉送到故土上。

阿拉伯人反對猶太人在其故土上定居，猶太人強烈要求解除移民的限制，英國在無法調解的情況下，只好將問題移交給聯合國。聯合國大會於 1947 年 11 月 29 日表決在約旦河以西地區建立兩個國家：一個猶太國和一個阿拉伯國。猶太人接受了這個分治計畫，而阿拉伯人則予以拒絕。

1947 年，猶太人與阿拉伯人之間的暴力衝突逐漸加劇，和平努力受到挫敗，英國政府決定不再託管巴勒斯坦。猶太人的移民數量自從十九世紀末以來一直穩定成長，受到二戰中的猶太人大屠殺影響，猶太人復國的計畫也獲得越來越多的國際支持。聯合國成立了「巴勒斯坦專門委員會」，1947 年 11 月聯合國大會表決了《1947 年聯合國分治方案》，33 國贊成（包括美國和蘇聯），13 國反對，10 國棄權，決議通過：將巴勒斯坦地區分為兩個國家，猶太人和阿拉伯人分別擁有大約 55% 和 45% 的領土，耶路撒冷被置於聯合國的管理之下，以期避免衝突。

1947 年 11 月 29 日，聯合國通過分治方案的當日，大衛‧本－古里昂接受了該方案，但被阿拉伯國家聯盟斷然拒絕。阿盟委員會高層下令對以色列地區的猶太平民展開為期三天的暴力襲擊，攻擊建築、商店以及住宅區，緊接著猶太人組織的地下民兵部隊展開還擊，這些戰鬥很快便蔓延為大規模的武裝衝突，繼而引發了 1948 年的第一次以阿戰爭（以色列獨立戰爭）。

1948 年獨立戰爭

　　1948 年 5 月 14 日，在英國的託管期結束前一天的子夜，以色列國正式宣布獨立。在 1949 年 1 月 25 日全國選舉中，有 85% 的合格選民參加了投票，接著有 120 個議席的第一屆議會開會。兩位曾領導以色列建立國家的人成為該國的領袖，猶太人代辦處領導人大衛‧本－古里昂當選首任總理；世界猶太復國主義組織領導人哈姆‧魏茲曼由議會選為首任總統。1949 年 5 月 11 日，以色列進入聯合國的席位，成為第 59 個會員國。

　　在以色列建國之後，埃及、伊拉克、約旦、敘利亞以及黎巴嫩向以色列宣戰，1948 年，以色列開始了獨立戰爭。北邊的敘利亞、黎巴嫩和伊拉克軍隊都被阻擋在接近邊界的地方，來自東方的約旦軍隊則攻下耶路撒冷的東部，並且對城市的西部展開攻擊。不過，猶太人的民兵部隊阻擋約旦軍隊獲得勝利，而地下的國民軍組織部隊也打退了來自南方的埃及軍隊。從 6 月開始，聯合國宣布了停火一個月的命令，在這段期間裡以色列國防軍正式成立。在數個月的戰鬥後，雙方在 1949 年達成一則停火協定並劃清暫時的邊界，這條邊界線被稱為「綠線」。以色列在約旦河的西方獲得了額外的 23.5% 的管轄領域，約旦則占有以色列南部一塊山地區域和撒馬里亞，後來那裡被稱為西岸地區。埃及在沿海地區占有一小塊的土地，後來被稱為加薩走廊。

　　大量的阿拉伯人口逃離了新成立的猶太人國家，巴勒斯坦人稱此次逃亡為「大災難」，預計有 40 萬至 90 萬名巴勒斯坦難民流亡，聯合國估計有 71.1 萬人。以色列與阿拉伯國家之間懸而未決的衝突以及巴勒斯坦難民的問題一直延續至今。隨著 1948 年的戰爭，西岸地區和加薩走廊的猶太人口開始撤回以色列，大量來自阿拉伯國家的猶太人難民致使色列

的人口劇增了兩倍。在接下來的幾年裡將近 85 萬名賽法迪猶太人從阿拉伯國家逃離或遭驅逐，其中約有 60 萬人遷移至以色列，其他的人則移民至歐洲和美國。

1950 年代和 1960 年代

在 1954～1955 年間，擔任以色列總理的摩西・夏里特打算轟炸埃及未能成功而爆發醜聞，從而讓以色列在政治上蒙羞。埃及在 1956 年使蘇伊士運河國有化，英國和法國對此相當不滿。以色列在遭到一連串阿拉伯地下民兵部隊的襲擊後，祕密的與英法兩國結盟，並且對埃及宣戰。在蘇伊士運河危機後，三個國家遭到聯合國的譴責，以色列被迫從西奈半島撤軍。

在 1955 年，大衛・本－古里昂再次成為以色列總理，並且一直到 1963 年才辭職。在古里昂辭職後，列維・艾希科爾繼任了總理。

在 1961 年，納粹的戰爭犯、也是歐洲猶太人大屠殺主謀之一的阿道夫・艾希曼，在阿根廷的布宜諾斯艾利斯被以色列的摩薩德情報局幹員逮捕，並且被送回以色列接受裁決。艾希曼成為以色列歷史上唯一真正執行死刑的罪犯。

在政治舞臺上，以色列和阿拉伯國家的關係在 1967 年 5 月再次處於緊張狀態。敘利亞、約旦和埃及透露了開戰的意圖，埃及並且驅逐了在加薩走廊的聯合國維和部隊。違反了之前立定的條約、並且封鎖了以色列戰略要地的蒂朗海峽，接著又在以色列邊界部署大量的戰車和戰機，在 6 月 5 日以色列以埃及挑釁為由對埃及展開先發制人的攻勢。在這場六日戰爭中，以色列擊敗了所有阿拉伯鄰國的軍隊，並且在空軍戰場上獲得完全的勝利。以色列一鼓作氣奪下了整個西岸地區、加薩走廊、西

奈半島和戈蘭高地，1949 年劃定的綠線則變成以色列管轄國內領土和占領區域的行政分界線。後來在簽訂一則和平協議後，以色列將西奈半島還給了埃及。

在戰爭中，以色列空軍誤炸了一艘美軍的情報船自由號，致使 34 名美軍死亡。美國和以色列的調查報告認為這場意外是因為無法辨認自由號而造成的誤擊事件。

在 1969 年，以色列的第一名女性總理梅爾夫人當選。

1970 年代

1968～1972 年這段期間被稱為消耗戰爭，以色列和敘利亞、埃及之間的邊界頻繁爆發許多小規模的衝突。除此之外，在 1970 年代早期，巴勒斯坦武裝部隊對以色列和各國的猶太人開展了空前規模的恐怖攻擊，在 1972 年夏季奧林匹克運動會中爆發了慕尼黑慘案，巴勒斯坦的武裝民兵劫持以色列的代表團成員作為人質，最後所有人質被全部殺害。以色列對此實始了報復性的「上帝之怒行動」，由一群以色列摩薩德情報局的幹員在世界各地行刺那些製造慕尼黑慘案的幕後凶手。

最後，在 1973 年 10 月 6 日，正值猶太人傳統的贖罪日那天，埃及和敘利亞對以色列發動了突襲。儘管阿拉伯國家在戰爭初期成功的打擊了準備不足的以色列軍隊，但最終埃及和敘利亞仍被以色列擊退。戰後的幾年局勢變得較為平靜，以色列和埃及終於能夠達成和平協議。

在 1974 年，伊扎克・拉賓繼承梅爾夫人成為第五任總理。1977 年的國會選舉在以色列政治歷史上成為主要的轉捩點，從 1948 年來一直支配以色列政壇的工黨聯盟被梅納罕・比金領導的聯合黨擊敗，這次選舉在以色列被稱為是一場「革命」。

接著，在當年的 11 月，埃及的總統沙達特（Sadat）拜訪了以色列，在世界上創造了第一次。在以色列國會進行演講，這是以色列建國以來第一次獲得阿拉伯國家的認可。以色列軍隊的後備軍官也組成和平運動支持這次和談。在薩達特拜訪之後，兩國間進行的和平談判最後簽下了大衛營協議。在 1979 年 3 月，比金和沙達特在美國華盛頓特區簽訂以色列—埃及和平條約。隨著條約的簽訂，以色列從西奈半島撤軍，並且撤離了自從 1970 年代開始建立在那裡的移民區。以色列也同意依據 1949 年劃定的綠線讓巴勒斯坦擁有自治權。

1980 年代

在 1981 年 6 月 7 日，以色列空軍轟炸了伊拉克在奧西拉克建立的核子反應爐，阻止了伊拉克製造核武器的夢想，這次任務又被稱為巴比倫行動。

在 1982 年，以色列對黎巴嫩發動了一場攻擊，捲入自從 1975 年以來就沒有間斷的黎巴嫩內戰。以色列的開戰是為了保護以色列在北方的殖民區，當時殖民區經常受到來自黎巴嫩的恐怖攻擊。在建立了 40 公里的障礙區後，以色列國防軍繼續前進，甚至攻下了首都貝魯特。以色列軍隊將巴勒斯坦解放組織逐出了黎巴嫩，巴勒斯坦解放組織被迫轉移基地至突尼西亞。由於無法承擔戰爭帶來的壓力，總理比金在 1983 年辭職，由伊扎克·沙米爾繼任。在 1986 年以色列最後撤出了大部分在黎巴嫩的軍隊，邊界的緩衝地帶則還在持續，直到 2000 年以色列進行單方面的撤軍。

在 1980 年代裡，原本由伊扎克·沙米爾領導的右派政府被左派的希蒙·裴瑞斯（Szymon Perski）取代。從 1984 年裴瑞斯開始擔任總理，但在

1986 年又被沙米爾取代，沙米爾達成了一個政黨聯盟的協議。在 1987 年爆發的巴勒斯坦大起義成了占領區域一連串暴動的導火線，在暴動後沙米爾再次於 1988 年的選舉中連任總理職位。

1990 年代

在波斯灣戰爭中，雖然以色列不是反伊拉克的聯盟國之一，也沒有實際參與伊拉克戰事，但以色列仍遭到 39 枚飛毛腿飛彈的襲擊。飛彈並沒有直接殺害以色列的任何公民，倒是有一些人因為不正確使用預備的防毒面具而死亡，除此之外一名以色列人被愛國者飛彈碎片擊中而喪命。在戰事中，以色列也向在西岸和加薩走廊的巴勒斯坦人提供防毒面具，保護他們免遭伊拉克的生化武器攻擊。儘管如此，巴勒斯坦解放組織仍然表示支援海珊政權，一些巴勒斯坦居民甚至還站在屋頂上大聲歡迎來襲的飛毛腿飛彈，雖然最後他們仍使用了以色列人提供的防毒面具。

在 1990 年代早期，蘇聯的猶太人開始大量移民至以色列，依據以色列的回歸法，這些人一旦抵達以色列時就能取得以色列公民權。大約有 38 萬人在 1990～1991 年抵達以色列。雖然以色列大眾最初相當支持回歸法，但新移民所帶來的許多問題被工黨視為選戰中的把柄，批評執政的聯合黨沒有為他們解決工作和住房問題。結果在 1992 年的選舉中，新移民大量投票給工黨，使得左派再次抬頭。

在選舉之後，伊扎克‧拉賓成為了總理。在選舉中工黨曾經承諾將會大力改善以色列的國內治安及與阿拉伯國家的關係。到了 1993 年底，以色列政府拋棄了 1991 年的馬德里協定框架，改與巴勒斯坦解放組織簽訂奧斯陸協議。在 1994 年，約旦繼埃及之後成為第二個承諾與以色列和

平共處的阿拉伯國家。

最初以色列大眾大部分支援奧斯陸協議，然而在協定簽訂之後，以色列仍然持續遭到哈馬斯武裝團體的頻繁攻擊，協定受到的支援率也開始大幅度下降。在 1995 年 11 月 4 日，拉賓遭到一名極端的以色列民族主義者刺殺。

由於拉賓的遇刺，大眾對於奧斯陸協議的觀感也略有好轉，大為提升了希蒙·裴瑞斯的支持度，使他贏得了 1996 年的大選。不過，新的一波自殺炸彈攻勢加上阿拉法特支持炸彈客的聲明，使得大眾輿論再次扭轉，並且在 1996 年 5 月輸給了聯合黨的班傑明·納坦雅胡（Benjamin Netanyahu）。

雖然納坦雅胡被視為是奧斯陸協議的堅定反對者，他仍然決定從希布倫撤軍，並且簽定了懷伊協議，給予巴勒斯坦民族權力機構更大的自治權力。在納坦雅胡任內，巴勒斯坦團體對以色列平民的襲擊活動已經很少了，然而他的聯合政府仍然在 1999 年垮臺。在 1999 年選舉中工黨的埃胡德·巴瑞克以極大的票數差距擊敗納坦雅胡而繼任總理。

2000 年後

巴瑞克在 2000 年決定單邊的從黎巴嫩撤軍，這次撤軍也是為了制止真主黨對以色列的攻擊，迫使他們只能跨越以色列邊界才能發動攻擊。巴瑞克和亞西爾·阿拉法特曾在美國總統比爾·柯林頓的斡旋下，於 2000 年在大衛營進行協商，然而最後協商失敗了，巴瑞克提出的條件是一個由 73% 西岸地區和 100% 加薩走廊組成的巴勒斯坦國家，並且在 10～25 年時間內將西岸地區的巴勒斯坦領域擴大到 90%（排除耶路撒冷郊區則是 94%），但阿拉法特否決這個提議。

2003 年 6 月 4 日,在喬治・沃克・布希主持下,巴勒斯坦權力機構主席馬哈茂德・阿巴斯(Mahmoud Abbas)和以色列前總理夏隆(Sharon)於約旦相會。在談判失敗後,巴勒斯坦開始了第二次的暴動,被稱為阿克薩群眾起義,暴動開始的時間就發生在以色列反對派領袖艾里爾・夏隆訪問耶路撒冷聖殿山之後不久。無法達成的協商以及新戰爭的爆發使得許多以色列人對巴瑞克政府極其失望,並且也使和平協定的支持度大減。

在一場總理的特別選舉後,在 2001 年 3 月艾里爾・夏隆成為了新的總理,稍後又在 2003 年的選舉中連任當選。夏隆開始從加薩走廊進行單邊的撤軍,這次撤軍在 2005 年 8 月至 9 月間結束。

以色列也在西岸地區建立了圍牆,目的是為了保護以色列免遭巴勒斯坦武裝團體的攻擊。為了建立長達 681 公里的圍牆,接近圍牆的緩衝地區也連帶讓西岸地區的面積減少了 9.5%,使得巴勒斯坦居民的經濟狀況遭遇困難。圍牆的建立遭致了國際間的許多批評,也遭到一些以色列極左派的批評,不過,圍牆的確有效減少了對以色列平民的恐怖攻擊事件。

在艾里爾・夏隆嚴重中風之後,總理權力轉移給了艾胡德・歐麥特。在 2006 年 4 月 14 日,在前進黨贏得了大選後,歐麥特當選為以色列總理。歐麥特的前進黨也在 2006 年的選舉中贏得了多數派席位。

在 2006 年 6 月 28 日,哈瑪斯的民兵部隊從加薩走廊挖地道潛入以色列境內襲擊以色列國防軍的據點,俘虜了一名以色列士兵並且殺害了其他兩名。以色列對此展開了報復行動,大量轟炸哈瑪斯目標以及其他橋梁、道路以及發電站,並派軍占領此地區。

2006 年 6 月 13 日爆發的以黎衝突發生在以色列北部和黎巴嫩地區,

主要是真主黨和以色列之間的衝突。衝突的原因就是由於真主黨之前在一次跨越邊界的恐怖襲擊行動中殺害了 8 名以色列士兵，並且俘虜其他 2 名，以色列認為黎巴嫩政府必須對這次攻擊承擔責任，因此從海上和空中對黎巴嫩進行轟炸，並且進軍黎巴嫩南部。真主黨繼續使用火箭攻擊以色列北部，並且以游擊隊的連打帶跑戰術襲擊以色列軍隊。最後以色列在 2006 年 8 月 14 日達成一則停火令。這場衝突殺害了 1,000 名黎巴嫩平民、440 名真主黨民兵以及 119 名以色列士兵，也對黎巴嫩城市的基礎建設造成了很大傷害。

2007 年以來，以色列和巴勒斯坦哈馬斯武裝間的衝突連連，造成了大量的人員傷亡和經濟損失。聯合國安全理事會也多次呼籲加薩走廊「立即、持久」停火。巴勒斯坦、以色列若想走向永久的和平，道路依然曲折艱難。

第二章　豐富多元的猶太文化

猶太人的文化底蘊

　　猶太民族是唯一縱貫五千年，遍布五大洲的世界性民族。

　　猶太民族雖飽受異族欺凌歷經兩千年的流浪史，但並未失去和泯滅自己的民族特性，甚至在世界經濟、文化、政治、哲學、美術等領域成就斐然。而這一切正是猶太文化薰陶的結果，也是令世人百思不得其解的奇蹟。

　　具有深沉歷史感、強烈宗教色彩和悲劇意識的猶太文化不僅是維繫猶

太民族情感歸屬和認同意識的精神紐帶，更是培育猶太商魂的文化沃土。

猶太民族為人類貢獻的《聖經》，它對於猶太民族而言，是其「散而不散」的根本大法。《聖經》在整個人類世界，發展出當今世界之十大宗教中的基督教和伊斯蘭教，左右著人們的精神和心理，讓人類的現實存在發生著變化。

人們都說，猶太人是世界上最聰明的人種之一，這一種說法很合乎實際。造就偉大的民族中有猶太民族。馬克思、愛因斯坦、佛洛伊德、孟德爾頌的名字是民族的見證。作為猶太民族智慧的基因庫的《塔木德》是每一個人的生活與精神支柱，不論他是否信奉猶太教，《塔木德》的影響始終存在。

作為猶太教第二經典的《塔木德》是對第一經典《妥拉》的闡發釋義、補充和實施。

「塔木德」是希伯來語的譯音，其詞源的涵義為「鑽研或研習」。《塔木德》的全書約 40 卷，分為 6 部。全書共 1.2 萬頁，有 250 萬字，重可達 75 公斤。由西元前五世紀至西元五世紀上千年的兩千多位學者的研究成果構成，這在世界古代歷史上實屬罕見的。是一個民族智慧的結晶，凝結著兩千多位學者對自己民族歷史、民族文化、民族智慧的發掘、思考和提煉，是整個猶太民族生活方式的航圖，是其他民族走進猶太文化、打開猶太智慧的一扇必經之門。

直至今天，猶太人還在孜孜不倦的研讀《塔木德》。猶太人認為，理解其中任何 15 句，將終身受益。學完一卷《塔木德》將被試為人生大事，以致設宴慶賀，足見猶太人對文化的重視。《塔木德》是開放的。一直到今天，《塔木德》必須從第二頁開始，第一頁是空白的，以便讓讀者在那張空白紙上記下自己的觀感。

猶太新年

雖然大節期（High Holidays）為期僅三天，包括兩天的猶太新年（Rosh Hashanah）和贖罪日（Yom Kippur）。但從猶太新年前一個月即以祿月（Elul）開始，已經有一連串的禮法和習俗，直至贖罪日結束為止。這段期間的重心是悔罪，足見猶太人承認過錯、乞求赦免和立志不會重蹈覆轍的決心。拉比明白進行自我省察和徹底改過的困難，因此特地制定了四十天的節期，讓節日的氣氛可以逐步建立起來，在贖罪日達至最高峰，讓人們在這天專注於禁食和悔罪。

大節期是從以祿月開始。按阿什肯納茲人（Ashkenazi）的傳統，在這一個月的自我檢察期間，除安息日外，每天早上都吹響羊角號（shofar），呼喚眾人開始悔過。此外，這月分的先知誦讀經集中於安慰人心的部分，承認個人掙扎求變的軟弱無奈。在猶太新年的前一個星期，當傳統猶太人開始反覆吟誦悔罪禱時，節日的氣氛就變得更加濃厚。在猶太新年前一天的安息日，悔罪禱在午夜吟誦，而非在慣常的清晨時分。

猶太新年不僅紀念神創造天地，也思索到末日的審判。除安息日外，所有聚會都以羊角號的角聲為象徵。按中世紀猶太教神學家邁蒙尼德（Maimonides）的說法，角聲像在呼喚：「甦醒吧，你們這些沉睡的人……反省你們的行為，報之以悔痛，紀念你們的造物主。」人們相信此刻是他們生死存亡的關鍵時刻，生死系於他們悔改的心志，只有那些堅決悔改的人的名字才能被刻在「生命冊」上，這是猶太新年禮儀的重點。

猶太新年與贖罪日之間的安息日被稱為同歸或回轉的安息日，命名是出於先知書節選的一段「以色列阿……你要歸向耶和華你的神」。

第二章　豐富多元的猶太文化

1. 猶太新年的歷史背景

雖然新年在猶太人的生活中占相當重要的地位，但令人驚奇的是希伯來文聖經並沒有記載這個節日。聖經中唯一提及猶太新年的地方是西元前六世紀的以西結書，所述的背景也沒特指某個節日，而是一年中的某個季節，即一年之始，或可理解為一年中的第一個月──尼散月（Nisan）。猶太曆法其中一個特別之處是在七月（提斯利月，Tishrei）而非一月（尼散月，Nisan）慶祝新年。

無論如何，聖經提到在七月的第一天有一個隆重的節日，不過這節日看來不是新年。律法書規定在七月初一，即贖罪日的十天前，人們必須守聖安息日。這一天的特色是完全不可使用並吹角作紀念。猶太人從巴比倫被擄回歸後，這個日子變得似乎更為重要。第一批按波斯王古列的法令回歸的猶太人抵達耶路撒冷後，不久便慶賀住棚節，大概是在七月初一那天。大概在一世紀後，猶太人歷史裡其中的一個戲劇性時刻，文士以斯拉在七月初一聚集以色列人於耶路撒冷城門前，向他們唸律法書。雖然他宣稱這是歡呼和吃喝的一天，但此處的敘述再一次帶出其後的住棚節。事實上，住棚節正是在新年的兩星期後。

雖然猶太人能從被擄回歸，但大部分人仍然居留在巴比倫。或許是受巴比倫的影響，把七月的最終作為一年的開始，然而也有跡象表示這是受一些有關訂定年份的古以色列習俗所影響，西元前十世紀的農耕曆以秋收作為新年的開始。雖然大部分的聖經節期如逾越節、初熟節、住棚節都關係到以色列的耕作，但慶祝七月初一卻與農耕曆談不上什麼關係。事實上，每個新月都是一個該守的日子，但為什麼偏偏一年中的第七個新月要做特殊的慶祝？這個問題直至拉比時代才得以解答。《米書拿》（Mishnah）（一部在西元二〇〇年左右寫成的文獻，彙聚了拉比的釋義）舉出每一年裡其實有四個新年，第一個新年是帝王的新年，在猶太曆

一月初。這是用以計算猶太統治者執政的年號；並且，這一天也是節期的新年，因此，許多討論節期的書籍都會先開始講解逾越節，以此作為一年中的第一個節日。第二個新年是獻牛犢的新年，在猶太曆六月初。第三個新年是民間的新年，在猶太曆七月（提斯利月，Tishrei）初，也被看作了宗教性的新年，亦用以計算安息日、禧年及種植週期。第四個新年是樹木的新年，在猶太曆十一月（細罷特月，Shevat）初。

《米書拿》指猶太新年是天地萬物站在神的審判席前的一天，按照傳統，神在新年那天打開三本書。第一本書載有義人的名字，明年可繼續生存；在第二本書裡，是被定死罪作惡的人；而第三本書載的是處於生死之間的人，換句話說，是大部分的人。他們的名字暫時被記在這裡，而他們來年的命運要看其未來十天悔過期的表現，直至贖罪日為止；因此猶太新年也被稱為審判日。

由於人們習慣在猶太新年吹羊角號，所以它又被稱為吹角日，這是既快活又嚴肅的一天。猶太新年與農耕或歷史並沒有關聯，所以拉比把一些本來無法確定日子的事件跟新年牽上關係。他們從羊角在儀式中的重要性，推斷它跟《創世記・廿二章》以撒被捆綁時公羊出現在樹叢的事件有關。事實上，這段經文正是這個節期必讀的經文之一。此外，有些拉比尊稱這天為「人類受造日」並看作另外聖經主要大事的週年紀念。

雖然猶太新年的有關儀式經歷了很多變遷，節期的概況和重要性從拉比時代至今卻改變不大。無論如何，其中一個為人熟悉的禮儀是從中古時代流傳至今的除罪禮。

2. 猶太教看新年

猶太新年是一個既歡欣喜慶又略帶憂思的節日，慶祝一年的結束和新一年的開始 —— 時間的循環往復。

拉比在《塔木德》裡提出一個見解，認為猶太新年與神創造的第六日，也諧誤與造人的那一天相吻合。按這個見解，猶太新年是所有人的生日，毋庸置疑，每個人總會慶祝自己的生日。然而按這個解法，人類被造、犯罪和被審判都在同一天。亞當和夏娃被造、賜予生命、嘗禁果、被審問、以至後來被逐出伊甸園，都在同一天進行。這幾件事或能為我們對認識猶太新年的神學理論和主題出示一個典範。這是慶祝神創造的日子，也是交代和審判人的行事的日子。亞當夏娃犯罪的其中一個惡果，是將死亡帶到世界，從這個典範中看到付出的代價甚高，在今天的猶太世界中，犯罪帶來的代價仍是昂貴的。

在猶太新年，人們視神為那位終極審判官。生命冊在聖者面前被打開，人要為自己辯解。回望自己在過去一年所做的選擇，回想自己的為人行事，誠實的檢討自我，最終希望自己的名字能被刻在生命冊上，安保來年的命運。傳統上人們會互相祈禱對方的名字被刻在來年的生命冊上；顯然，每個人的為人行事可以影響神的決定。

悔過是猶太新年的一個重要環節，當每個人回憶過去一年時，都會用各種悔過的途徑去影響神的判決。真心的悔改可以有幾個途徑，包括承認錯誤、誠心改過和在可能的情況下實施行動，這些行動讓人能參與影響自己的命運。

有亞當和夏娃的先例，人們汲取偷吃禁果的教訓，包括從伊甸園被驅逐、終身勞苦的從地上種植食物，還要承受生兒育女的痛楚。同樣的，神掌控的來年命運也涵蓋生活、生育及家庭和睦等各方面的轉變。舉例說，人們在新一年能否財政穩健是取決於神的旨意。這個情況似乎令人聯想到有關預定論的問題，換句話說，如果一切已經在猶太新年都已確定，那人的行動又能起什麼作用呢？然而人們借著悔過的心志和行動，表示他們願意為自己的命運貢獻一份力量。這裡說明人們不僅按神

的旨意生活，也在干預並最終改變命運。

新年的另一個主題來自這個字的字面意思，希伯來文「Rosh」是指「頭」。這是一年的起頭，帶有頭腦和心思的含意。因此人們盼望這一年是豐盛美好的，而非於掙扎中求生存。一些塞法迪（sephardic）猶太群體傳統上會製作一些帶有這種意思的菜式，例如在烹調魚類時留著魚頭，去掉魚尾。

同樣的，其他傳統的飲食習慣也帶出了節日的幾個主題。人們習慣在猶太新年品嘗新的食物，例如新採的水果。這種嘗新的習俗具體表現出節期蘊含的「新開始」含意。蘋果——這令人憶起伊甸園的水果，提醒我們創造的主題。蜜糖——這源遠流長代表力量和甜蜜的記號，表現了人們對新一年的期望；蜜糖也是蜂群共同努力而獲得的甜蜜成果，所以被視為人們群策群力、共用成果的象徵。因此把一片蘋果蘸在蜜糖中正好代表個人融入社會及群體中的各種積極意義。

這幾個主題加起來帶出了更新、慶賀、創造、評價、問責和負擔：一個既歡欣又不安的節日。

3. 在猶太社區中過年

猶太新年在聖經中被稱為「吹角日」或「紀念日」，但最廣為人知的是其後由拉比演繹的新年。猶太新年傳統上與神創造天地有關，因此這種對新開始的重視，悔過和更新自然成了大節期的主題。

在會堂裡，新年那天的聚會和儀式反覆表現著幾個主題。聚會的形式雖然跟平日的儀式接近，但是其中也發生了許多變化，強而有力的提醒人們要在踏入新一年前自我反省。強調神的王權及賢明的詩歌首先感染人們的情緒，除此之外，還有附加在標準禱文上的特別禱文互相配合。舉例說，在立禱的禱詞中，從猶太新年至贖罪日幾天裡會額外加上

「求神記掛我們的生命，將我們刻在生命冊上」及「求神以憐憫的心記掛我們」的句子。

在附禱（Musaf）敬拜中，有三段額外的祝福禱詞，分別是王權、紀念及角聲。每一段祝福都包含與主題相關的十節經文，整體來看帶出以下三個思想：神是王；神會獎賞義人、懲罰作惡的人；神在往昔彰顯自己，也會在末世再一次彰顯自己。在自由派中，如改革宗的猶太教，人們一般不會念附禱，而是將那些經文加在早禱裡。

在猶太新年的兩天裡，律法書選讀主要以出生、創造和透過以撒的故事為重來表達神的憐憫等幾個主題；此外又提出恐懼、審判和獻給以撒的故事所表達的信心試驗等問題。拉比將替代以撒獻祭的羊羔與羊角號聯繫起來，號角一般在律法書聚會和附禱中的站立禱後被吹響。

角號聲正成為節期的最大特色。號角有三種不同的吹法，分別是一聲長鳴、三回短號（加起來與長鳴時間一樣）及九聲斷音（加起來也跟長鳴時間差不多）。人們對這一連串角聲所啟發的意思有不同的看法，有人認為這只是一種警號，提醒人們開始悔過；另一些人則認為那九聲斷音像哀哭一般，表達對審判的恐懼。無論如何，號角的哀怨聲為禮節頻繁的大節期添上了另一份色彩。

猶太新年還有一個與其他猶太教儀式大相徑庭的禮節，名為「Tashlikh」，按字面解釋是「拋棄」的意思。在猶太新年的第一天下午（如碰巧是安息日，則在節期第二天），人們站在流動的水邊，把麵包屑拋入水裡，意為拋卻個人的罪孽。人們引彌迦書七章十九節為此習俗的根據，經文說：「將我們的一切罪責投於深海。」雖然有些人相信這個習俗會把悔過程式變得瑣碎，但至今這禮儀仍非常普及。

4. 在家庭裡過年

由於猶太節期都是在日落時開始，所以大部分與猶太新年有關的家庭禮節都在晚上舉行。家庭裡的主要慶祝活動包括一頓豐富的晚餐，使用的都是家裡最好的瓷器和餐具，與安息日前夕相似。節日慶祝以點燃蠟燭作開始，象徵從世俗過渡到神聖的時刻；此外也背誦讚美禱告詩，感謝神讓人進入這個季節。

接著，人們背誦一段特別的新年祝酒詞。一般情況下所有家庭成員和賓客都會一同參與，拿著自己的杯子，飲用其中的葡萄酒或葡萄汁。如其他節日相同，傳統上人們會在祝酒詞後再念一遍讚美禱才開始飲宴。

享用晚餐前，會念祝謝麵包的禱文，這其實也是安息日前夕的一個特色，人們會祝謝傳統的哈拉麵包（challah）。不過由於新年慶祝的是時間的轉移，四季的循環往復，所以一般改用圓形的提子麵包，象徵生命和季節的無間斷。人們希望有甜蜜的一年，一切都幸福美好，因此會在麵包上淋上蜜糖來吃。

為了表達來年是甜蜜的一年這個願望，新年的其中一個廣為人知的習俗是吃蘸過蜜糖的蘋果。為何選擇蘋果？傳統上人們會品嘗在這個節令當造的果子，而新年剛巧在蘋果第一造的時間，因此蘋果便被稱為那「初熟的果子」。在吃蘸過蜜糖的蘋果之前，人們會求神「用甜蜜和快樂澆灌未來的一年」。

晚餐後，會念「飯後禱」，包括所有為新年而設的附加部分。由於猶太新年為期兩天，以上講到的所有習俗也會在第二個晚上重複，唯一的分別是有些人習慣在第二天換另外的初熟果子，例如石榴。這是猶太新年非常受歡迎的水果，原因有兩個：第一，它是以色列土生土長的果子

之一;第二,傳說每個石榴有613顆甜美多汁的果肉,與律法書提到的誡命數目一樣。吃石榴時毋須加上蜜糖,因它的果肉本身已非常甜美。

新年期間,每天的午餐可以享用祝謝過的葡萄酒和提子麵包,而且,人們會以「祝您有美好的一年」(Shanah Tovah)與家人和朋友互相問候。在過去的一世紀中,也有互送賀卡的習慣。

贖罪日

隨便問一個猶太人哪一天是猶太曆中最重要的日子,答案肯定都是「贖罪日」(Yom Kippur)。就算是平日沒有守其他節期的猶太人,在這天也會到會堂去。贖罪日是以新年(Rosh Hashanah)為首的十天懺悔的總結,以「熱切」來形容這一天最為恰當。敬拜的用語生動明快,音樂高潮迭起,情緒憂鬱黯然,這一切都因敬拜者在節期中禁絕身體的基本需要而加劇。猶太教認為這是人們在年終判決前,向神認罪的最後一個機會。

1. 猶太教對贖罪日的看法

贖罪日是在七月初十,即猶太新年後的第十天。根據猶太傳統,這天神會在聖潔的法令上蓋一個印章,決定每個人未來一年的命運。換句話說,一切關乎生死、和平及繁榮的決定在此刻已成定論,生命冊在這天做年結。

猶太新年的一連串活動以猶太新年為始,在接著延續的十天,到贖罪日進入高潮。神在新一年讓所有人站到審判席前,做出神聖的判決。法令在接著的贖罪日和八天調解期中鎖定。十天的悔罪期提供一個改變神的心意的機會。在贖罪日,人們向神做出最後的懇求。

律法書中提到贖罪日,並將之比喻為人們該「煎熬自己的心靈」的一

天。拉比一直把這句話理解為在這一天禁戒飲食、沐浴、穿皮鞋和性行為。這是猶太教其中一個主要的禁食日子，意指禁食必須從日落時分開始，直至翌日的黃昏。律法書明確的把這一天與贖罪觀念連繫在一起，而這個關聯正是節期的中心思想。

贖罪包括向神禱告懺悔，藉此為自己的所作所為負責。這些禱告涉及到個人和集體的罪行，而贖罪日禱告聚會的大部分時間都是用於這方面。這一天的流程先是黃昏時分的朗誦柯爾尼德拉（Kol Nidre），除去過往一年人與神之間未履行的誓約。那幽怨的韻律拉開禁食的序幕，也營造了接著的二十四小時的氣氛。

雖然贖罪日針對的是個人和集體的罪行，但這並非解決人與人之間的不平等的途徑。在猶太教中有兩個獨特的關係：一個是人與人的關係，另一個是人與神的關係。按猶太人的習俗，若要彌補與人之間的有關過失，你必須當面與他道歉。贖罪日則針對那些你與神之間造成的過失；若沒有向神悔罪，過失依舊存在。這一個因素往往使人痛定思痛，為過去一年所做的選擇，嚴厲批判自己。

當人試圖承認和懊悔自己的過犯，就會向神羅列自己的「個案」。贖罪的行動表示人之所以為人，就是因為有能力去改進自己，因此求神多給予一年的時間繼續自我省察。這並非向神證明人配得一年的機會，而是雖然不配，但是人有渴慕公義的潛能，仍需長久一點的時間才能發揮出來。

在猶太新年和贖罪日整段期間，人們定時吹起羊角號（shofar）。這號角和它的聲音是種複雜的象徵，能夠號召猶太人聚集在一起，並喚起這個節期所蘊藏的力量。拉比在《塔木德》內常將號角和它的聲音跟許多美麗的形象的聯繫在一起。從最簡單的角度看，號角把人們帶回遠古部族時代，當時人們以號角來進行溝通和團結。（在贖罪日，號角只會被吹

一遍，長長的一響為節期作結）猶太新年和贖罪日是反映個別猶太人和猶太社區一年一度的自我省察的心志。在猶太新年，神為每一個人做出判決和頒布法令。他們有十天時間去影響神的心意，以贖罪日為高潮，就是法令蓋印鎖定的這一天。贖罪日被稱之為安息日中的安息日，在猶太曆中占據非常重要的席位。

2. 贖罪日的歷史

聖經所談到的贖罪日是特定為贖罪和禁戒的一天。利未記廿三章廿七節記載，在七月初十那天，「你們所有的都必須停止，因為是贖罪日，要在耶和華你們的神面前贖罪。凡這日做什麼工的，我必將他從民中除滅……」除了上面提到要杜絕的事情外，利未記還告訴猶太人在這天大祭司會獻祭，為人們贖罪。這些祭祀包括用抽籤方法挑兩隻山羊——一隻為聖獻給神，另一隻作阿撒瀉勒（Azazel）之用。我們不知道阿撒瀉勒的真正意思，但祭祀儀式中，要求大祭司將以色列的罪歸到這隻阿撒瀉勒的羊，然後要把這羊放到曠野去，好讓這羊「擔當他們一切的罪孽，帶到無人之地」。獻給神的那隻山羊則被獻在壇上作潔淨祭。

在拉比文獻中，贖罪日還有一個額外的名稱——審判日。這嚴肅的一天是對猶太新年後十天的懺悔的總結。對拉比來說，猶太新年是以色列人屬靈試驗的開始，十天的懺悔則被當做求情的機會，贖罪日是高潮所在——宣布判決的一天。在這時候，神這位真正的審判官會決定每個以色列人及他們整體的命運，還會把他們的名字刻在生命冊上。

拉比都緊守聖經中禁戒的教道，討論在贖罪日那天應禁戒哪些日常的享樂。其中包括飲食、沐浴、穿皮鞋（在當時是最舒適的選擇），及禁絕性慾。不允許穿著皮鞋的原因是它代表了物質和經濟方面的安逸，違反了悔罪所要求的謙卑涵義。

這些限制在《塔木德》裡關於贖罪日的部分（命題為「那一天」Yoma）有極詳細的討論。

從以祭司為本的祭祀，轉移到以色列人自我省察罪孽的習慣，是一個說明拉比如何巧妙的在政治難題中尋找出路的絕佳的例子。從拉比尼坦的文獻收藏（*Avot de-Rabbi Natan*），我們讀到一個關於拉比約卡南・本・薩卡（Rabbi Yohanan ben Zakkai）跟拉比約書亞（Rabbi Joshua）同行的故事。

拉比約書亞目睹聖殿的頹垣敗瓦，便說：「我們贖罪的地方已變成廢墟，我們有禍了！」拉比約翰答道：「不要擔憂，有另外一種贖罪的方法與此類同 —— 是什麼呢？就是行善事。」由於聖殿已成了廢墟，拉比創立了一個嶄新的、較有彈性的方法，讓人們仍可在沒有聖殿的情況下贖罪。

源於聖經的節期大部分都與農耕曆有關聯，猶太新年和贖罪日則不屬於這個模式。拉比說，摩西在七月初十從西乃山帶回第二套誡命，表示著神已經寬恕了金牛犢的過錯。這個拉比的解說為這個日子標注上歷史的重要性，解釋了贖罪日定在猶太新年後第十天的原由。

在《猶太人的習性》（*The Jewish Way*）一書中，拉比艾榮（Rabbi Irving Greenberg）解釋大節期 —— 包括猶太新年、贖罪日和期間的十天懺悔 —— 讓人們全心思考死亡和生命的意義。這一段時間讓人們數算自己的一生，並採取行動懺悔自己的罪過。這是我們從節期開始到結束，整個期間裡都懷著的重要心態。

猶太人禮儀概論

一個愛思考的猶太教學生可能會這樣問他的拉比：「拉比，猶太教的人生禮儀究竟能否會帶來生命的改變？又或這些禮儀是慶祝、反思或彰顯所發生的改變？」無論是有創見或是自以為是的拉比，都會這樣回答：「會的。」

當嬰孩出生時，禮儀的作用是確認嬰孩在他的家庭和社群的身分。當孩子步入少年期，禮儀則提醒他和他所屬的群體當承擔的新責任。一對墜入愛河的情侶，在婚禮華蓋（chuppah 或稱胡帕）下的禮儀，使他們由戀人轉變為忠誠、遵從聖約的伴侶。當人離世，預備遺體下葬所做的一切事宜，表達了民族的忠誠信念，就是有深切的互相關懷的責任，要莊嚴看待人的軀體，並讓由生至死的轉變別具意義。

整體而言，自從具有執行職任祭司的古聖殿被毀後，猶太教赦免「聖禮」只能由特許人士施行，免得因未經特許人士施行而不被社群所接受。未受割禮的猶太男童，他的猶太身分已被認同（縱使這與猶太傳統律法不合）；十二、十三歲的猶太孩童，在他／她還未行成年禮（bar or bat mitzvah）前，已經被視為猶太成年人。猶太人一生下來，身分已定，禮儀只是強化身分，並不能創制身分。

一般來說，「猶太人的人生禮儀」是猶太教儀式之一，連同其他禮儀一起，傳遞和鞏固社群的價值及規範，舒緩不同階段的轉變所帶來的不安，促進家庭、族群的情感連結，提供公開表露個人生命進程的管道。究竟「猶太人的人生禮儀」如何特別的、具體的塑造猶太人的人生？

當「猶太人的人生禮儀」充分發揮時，它能夠：

◆ 引領人從平凡中看見深層意義，甚至神的存在，並加以珍惜。
◆ 幫助人越過生理和法律層面來回應人生的進程，並把年日分別為聖。
◆ 在人生重要階段中，引導人如何做和如何說。
◆ 引領人走出只局限於自己及家庭的狹隘觀念，把個人與神、猶太民族及猶太傳統連繫起來。
◆ 把歷代的猶太人連繫起來，見證一個持久深遠的民族信念。

為了在猶太社群的範疇進一步尋找個人及家庭真義，猶太人的人生禮儀中多項慶典就變得十分重要。割禮、婚禮、背誦悼念經文「Kaddish」，甚至極為普遍的「成年禮」等等，都需十名成年男士出席，表示整個猶太族群的參與。

附錄：全球猶太超級富豪縱覽

約翰‧摩根 —— 金融奇才

　　一提起華爾街，大家馬上都會想到它是當代世界的金融中心之一。但它之所以能夠成為世界金融中心，與摩根家族的成功密不可分。可以說摩根家族的成功，是華爾街成功的契機和縮影。在摩根家族勵精圖治、不斷創造經濟奇蹟的過程中，J·P·摩根很顯然起了承上啟下的作用。

附錄：全球猶太超級富豪縱覽

它不僅是摩根家族的基石，也是華爾街新紀元的開創人。摩根家族創造的「摩根化的經營管理體制」至今仍繼續影響和統治著華爾街的一切，這一經營思想與策略，橫貫於資本主義經濟由幼年邁向壯年整個全過程。

摩根從少年時代就開始遊歷於北美與歐洲，接過各種良好的教育。但他只對在德國哥廷根大學求學的情景，記憶猶新。他的潛意識認為那裡決定了他將來的一切。

哥廷根大學，是歐洲歷史最悠久、聚集眾多世界名流學者的學府。十七歲的摩根，也慕名來到這裡，自此他接觸到來自眾多國家的熱血青年，他們時常在下課之後，沿著舒緩流淌的萊茵河，邊漫步邊議論著天下大事，暢想各自的未來。每當這時，摩根心中便升起一股異常衝動的熱情。這一座校園使他感覺到世界脈搏的跳動，J‧P‧摩根為哥廷根而感到驕傲。

摩根的金融管理方法一直延續至今。

1. 鋌而走險

摩根少年時代開始走遍北美西北部和歐洲，並在德國哥廷根大學接受教育。

從哥廷根大學畢業後，摩根來到鄧肯商行任職。生活的磨練給了摩根特有的素養，使他在鄧肯商行做得相當出色。但他過人的膽識與冒險精神，卻經常害得總裁鄧肯心驚肉跳。

一次，摩根在巴黎到紐約的商業旅行途中，有一個陌生人打開了他的艙門：

「聽說，您是專做商品批發的，是嗎？」

「有何貴幹？」

摩根看到對方非常焦急。

「啊！先生，我有件事有求於您，有一船咖啡亟需處理掉。這些咖啡原是一個咖啡商的，他現在破產了，無法償付我的運費，於是把這船咖啡作抵押。可是我不懂這方面業務，您是否可以買下這船咖啡。價格很便宜，只是別人的一半。」

「你的確很著急嗎？」摩根盯著來人。

「是很急，否則這樣的咖啡怎麼這麼便宜。」

說著，拿出咖啡的樣品。

「我買下了。」摩根瞥了一眼樣品答道。

「摩根先生，您太年輕了，誰能保證這一船咖啡的品質都與樣品一樣呢？」

他的同伴見摩根輕率的買下這船咖啡都沒親眼見品質如何，在一旁對其予以提醒。

這位同伴提醒的並不假，當時，經濟市場混亂，偷搶拐騙之事，屢見不鮮。光在買賣咖啡方面，鄧肯公司就曾多次遭暗算。

「我知道了，但這次是不會有問題的，我們應該踐約，以免這批咖啡落入他人之手。」

摩根相信自己，相信自己的眼力。

當鄧肯聽到這個消息時，卻嚇出了一身冷汗：

「這混蛋，拿鄧肯公司開玩笑嗎？」

鄧肯這樣嚴厲指責摩根：

「去，去，把交易給我退掉，否則損失你自己賠償！」鄧肯吼道。

摩根與鄧肯決裂了。摩根決心一賭，他寫信給父親，請求父親助他

附錄：全球猶太超級富豪縱覽

一臂之力。在望子成龍的父親的默許下，摩根還了鄧肯公司的咖啡款，並在那個請求摩根買下咖啡的人的介紹下，摩根又買下了許多船咖啡。

最終，摩根勝利了，在摩根買下這批咖啡不久，巴西咖啡遭到霜災，大幅度減產，咖啡價格上漲兩三倍。摩根自己賺錢了。

2. 投機鑽營

不久，摩根在父親的資助下，在華爾街獨創了一家商行。

與眾多白手起家的大財閥的發展史一樣，摩根的財產累積，首先也是從投機鑽營開始的。

這時是在西元1862年，美國南北戰爭已經爆發，林肯總統頒布了「第一號命令」，實行了全軍總動員，並下令陸海軍展開了全面攻擊。

摩根與一位華爾街投資經紀人的兒子克查姆商討了一個絕妙計畫。

這天，克查姆來訪，說：

「我父親在華盛頓已經探查到，最近一段北方軍隊的傷亡慘重！」

摩根敏感的商業神經被觸動了：

「如果有人大量買進黃金，匯到倫敦去，會使金價狂漲的！」

克查姆聽了這話，對摩根不由得另眼相看。自己為什麼就沒有想到這點？兩人於是精心策劃起來──

「讓倫敦匹保提和自己的商行以共同付款的方式，先祕密買下五百萬美元的黃金。一半匯往倫敦，另一半留下來，只要把匯款消息略微洩露一下……到那時，我們就把留下來的另一半拋出去！」

「你的想法跟我不謀而合，現在還有一個良機，那就是我們的軍隊準備進攻查理斯頓港。如果現在黃金價格猛漲，那麼這場軍事行動就會受到影響，這樣反而更促使黃金上漲。」

「這下我們可要大賺一筆了！」

這就是摩根與他的同伴克查姆的談話。

兩人立即行動起來。先祕密買下 400～500 萬美元的黃金，到手之後，將其中一半匯往倫敦，另一半留下。然後有意的將往倫敦匯黃金之事洩露出去。這時，大概許多人都知道北方軍隊新近戰敗的消息了，金價必漲無疑。這時再把剩餘的一半黃金以高價拋出去。

果然，當摩根與克查姆「祕密」的向倫敦匯款時，消息走漏了，引起華爾街一片恐慌。黃金價格上漲，連倫敦的金價也被帶動得節節上揚。當然，摩根、克查姆坐收漁翁之利。

對於金錢的追求，使他們勇於藐視一切。包括國家、法律、民族利益。美國政府只好組織人員，進行調查這次經濟恐慌的原因，調查結果寫道：

「導致這次經濟恐慌的根源，是一次投機行為。據調查是一個叫摩根的青年人在背後操縱的。」

剛剛贏得一次投機勝利的摩根，又躊躇滿志的計劃著另一次的投機。

此時是西元 1862 年，美國內戰非常激烈。由於北方軍隊準備不足，前線十分缺乏槍支彈藥。在摩根的眼中，這又是一個賺錢的好機會。

「到哪才能弄到武器呢？」

摩根在寬大的辦公室，邊踱步邊沉思著。

「知道嗎？聽說在華盛頓陸軍部的槍械庫內，有一批報廢的老式霍爾步槍，大約五千支。怎麼樣，買下來嗎？」克查姆又為摩根提供一個生財的消息。

「當然買！」

附錄：全球猶太超級富豪縱覽

這是天賜良機。五千支步槍！這對於北方軍隊來說是多麼誘人的數字，當然使摩根對其動心。槍終於被山區義勇軍司令弗萊蒙特少將買走了，56,050美元的鉅款也匯到了摩根的帳下。

「這些武器比南軍更可怕。」由於錯買了這些廢槍，弗萊蒙特少將以瀆職罪免去了司令職務，由此發出了這樣的感嘆。

聯邦政府為了穩定開始惡化的經濟和進一步購買武器，必須發行4億美元的國債。在當時，一般只有倫敦金融市場才能消化掉數額這麼大的國債，但在南北戰爭中，英國支持南方，這樣，這4億元國債便無法在倫敦消化了。如果不發行這4億元債券，美國經濟就會再一次惡化，不利於北方對南方的軍事行動。

當政府的代表問及摩根，能否想出解決的辦法。摩根自信的回答：

「會有辦法的。」

摩根巧妙的與新聞界合作，宣傳美國經濟和戰爭的未來變化，並到各州演講，鼓勵人民起來支持政府，購買國債是愛國行動。結果4億美元債券奇蹟般的被購買完了。

當國債銷售一空時，摩根自然而然名正言順的從政府手中拿到了一大筆酬勞。

事情到這裡還沒有完，輿論界對於摩根，開始大肆吹捧。摩根現在成為美國的英雄人物，白宮也開始為他敞開大門。摩根現在可以以全勝者姿態出現了。

3. 挑戰華爾街

西元1871年，普法戰爭以法國的失敗而告終。法國因此陷入一片戰亂中。給德國50億法郎的賠款加上恢復崩潰的經濟，這一切都需要有鉅額資金來融通。法國政府要維持下去，它就必須發行2.5億法郎（約五千

萬美元）的巨債。

摩根經過與法國總統密使談判，決定肩負推銷這筆國債的重任。那麼怎樣才能把這件事辦好呢？

能不能把華爾街各行其是的所有大銀行聯合起來，形成一個規模宏大、資財雄厚的國債承購組織——「辛迪加」？這樣就把需要一個金融機構承擔的風險讓眾多的金融組織共同承擔，這五千萬美元，無論數額還是風險都是可以被消化的。

當他把這種想法告訴親密的夥伴克查姆時，克查姆大吃一驚，連忙驚呼：

「我的上帝，你難道要挑戰華爾街的遊戲規則與傳統嗎？」

克查姆說的一點也不錯，摩根的這套想法從根基上開始動搖和背離了華爾街的規則與傳統。不，應該是對當時倫敦金融中心和世界所有的交易所及投資銀行之傳統的背離與動搖。

當時流行的規則與傳統是：誰有機會，誰獨吞；自己吞不下去的，也不會供別人。各金融機構之間，資訊封鎖，相互猜忌，相互敵視。即使迫於形勢聯合起來，為了自己最大獲利，這種聯合也像春天的天氣，說變就變。各投資商都是見錢眼開的，為一己私利不擇手段，不講信譽，爾虞我詐。鬧得整個金融界人人自危，提心吊膽，各國經濟烏煙瘴氣。當時人們稱這種經營叫海盜式經營。

而摩根的想法正是去除這一弊端的。各個金融機構聯合起來，成為一個資訊相互溝通、相互協調的穩定整體。對內，經營利益均分；對外，以強大的財力為後盾，建立可靠的信譽。

其實摩根又何嘗不知這些呢？但他仍堅持要克查姆把這消息透漏出去。

附錄：全球猶太超級富豪縱覽

摩根憑藉著過人的膽識和遠見意識到：一場暴風雨是不可避免的，但事情不會像克查姆想像的那麼糟，機會肯定會有的。

如摩根所預料的那樣，消息一傳出，立刻如在平靜的水面投下一顆重磅炸彈，引起一陣軒然大波。

「他太膽大包天了！」

「金融界的瘋子！」

摩根一下子被輿論的激流包圍，進入了這場爭論的旋渦中心，成為眾目所視的焦點人物。

摩根並沒有為此嚇倒，反而越來越鎮定，因為這一切都在他的預期之內，感到機會女神正向他走來。

在摩根周圍反對派與擁護者開始聚集，他們之間爭得面紅耳赤。而摩根卻沉默不言，靜待機會的成熟。

《倫敦經濟報》猛烈抨擊道：

「法國政府的國家公債由匹保提的接班人——於美國發跡的投資家承購。為了消化這些國債並想出了所謂的聯合募購方法，承購者聲稱，此種方式能將以往在某家大投資者個人點集中的風險，透過參與聯合募購的多數投資金融家分散給一般大眾。乍看之下，危險性似乎因分散而降低，但一旦發生經濟恐慌時，其引起的不良反應將猶如排山倒海快速擴張，反而更加增大了投資的危險性。」

而摩根的擁護者則大聲呼籲：

「舊的金融規則，只會助長經濟投機，這將非常不利於國民經濟的發展，我們需要信譽。投資業是靠光明正大的獲取利潤，而不是靠偷搶拐騙。」

隨著爭論的逐步加深。華爾街的投資業也開始受到這一爭論的影

響，每個人都感到華爾街前途未卜，都不敢輕舉妄動。

輿論真是一個奇妙的東西，每個人都會被它所動搖。

軟弱者在輿論面前，會對自己產生疑問。而強者會是輿論的主人，輿論是強者的聲音。

在人人都認為華爾街前途未卜，在人人都感到華爾街不再需要喧鬧時，華爾街的人們開始退卻。

「現在華爾街需要的是安靜，無論什麼規則。」

這時，人們把平息這場爭論的希望寄託於摩根，也就是此時，人們不知不覺的把華爾街的指揮棒給了摩根。摩根再次為機會女神所惠顧。

摩根的策略思想，敏銳的洞察力、決斷力，都是超常的。他能在山雨欲來風滿樓的情形下，表現得鎮定自若，最終取得勝利。這一切都表明，他是作為一個強者走向勝利，而不僅僅是利用輿論擁有勝利。

摩根作為開創華爾街新紀元的金融龍頭，他一生都在追求金錢中度過，他賺的錢不下百億，但他死後的遺產只有 1,700 萬美元。

摩根從投機起家，卻對投機深惡痛絕，並因此成功改造華爾街的這一弊端，創造了符合時代精神的經營管理體制。他為聚斂財富而不擇手段，而他卻又敬重並提拔待人忠誠的人。

摩根在將度過七十六歲生日時逝去，他成功的經營策略，至今仍影響著華爾街。

影響歐洲經濟的羅斯柴爾德家族

羅斯柴爾德毫無疑問是歐洲最大的金融財閥。

邁爾·羅斯柴爾德出生在一個備受歧視的猶太人居住區。但他僅僅

附錄：全球猶太超級富豪縱覽

花了幾年的時間，其翻雲覆雨的力量就讓歐洲的皇親貴族也五體投地。羅斯柴爾德家族曾經是歐洲各國政府財政的靠山，對歐洲的政治、經濟產生了很大影響。

羅斯柴爾德在西元 1833 年大英帝國廢除奴隸制後，曾獻出兩千萬英鎊用以補償奴隸主的損失；此外，他們還提供了 1,600 萬英鎊的貸款來支持西元 1854 年英俄克里米亞戰爭；西元 1871 年，他們又拿出一億英鎊替法國支付普法戰爭的賠款。時至今日，世界的主要黃金市場也是控制在羅斯柴爾德家族的手中。羅斯柴爾德家族是猶太商人最會賺錢的代表，羅斯柴爾德有五個兒子，他們分別控制了倫敦、巴黎、維也納、拿坡里、法蘭克福、紐約和柏林的金融市場，控制歐洲的經濟命脈長達兩百多年。

有誰曉得，這一家族白手起家的艱難歷程呢？他們一點點積攢財富，尋找各種機會發展財路，甚至不惜和希特勒談判，最後終於事業成功，雄霸天下。

1. 古幣的生意

羅氏家族的創始人邁爾生不逢時，一出生就遇到了強烈的反猶浪潮。

在邁爾將十歲的時候，父親便開始傳授他做生意的方法。邁爾從父親那裡不但學到了賺錢的技巧，也培養了對古錢幣和其他古董的興趣。

在父親的影響下，邁爾十分喜愛猶太民族自古流傳下來的詩篇和傳說，並且很自然的動腦筋把自己的嗜好與生意結合起來，進行古錢幣的買賣。

他十分賣力的收集中東、俄國以及歐洲的古舊錢幣，加以整理出售。

邁爾便是如此持續不斷的一分一分的累積著在旁人眼裡眼裡看似很輕微的小果實。雖然順利的賣掉了一些古錢幣,並沒有賺到多少錢,貧困的生活並沒有改變很多。但他毫無怨言的繼續努力,設法四處收購各式各樣稀奇古怪的古錢幣。

邁爾在這一點可稱是一個十分出色的猶太人。因為他針對的顧客都是屬於上流社會,這一特點為他的古幣生意開拓了一條獨特的途徑。他下工夫弄了一般商人無法模仿的噱頭。

他將古幣以郵購的方式有計畫的推銷給各地的皇家貴族。

他把各種稀奇珍品或來歷不凡的古幣編印成精美的目錄,並一一附上親筆書信,寄給那些有希望購買的顧客。

雖然郵購業務在今天來說,是一種十分平常的推銷手段,但在當時仍處於封建制度的社會,領主們各自割地稱雄,郵政業非常閉塞,所以它無疑是一種超前的構想。況且,當時的教育沒有普及到大眾,只有頗具教養的人才懂得閱讀書寫,因此邁爾的方法對其他行業來講很難效仿。

邁爾對於製作目錄力求做到盡善盡美。

他採用略具古風的文體來呈現語句,非常獨特,突出了他商品的古風雅氣。他不但反覆推敲每一個句子,對印刷也十分講究,達不到理想效果的一概作廢,重新印刷。到後來,連那些編印精品書籍的人們都不得不為他精益求精的精神所感動。

憑著卓越的專業知識和這種獨一無二的銷售方式,邁爾逐漸提高了知名度,由此逐漸步入佳境。

這種把金錢、心血和精力徹底投注於某特定人物的做法,日後便成為羅斯柴爾德家族的一種基本策略。他們甘願為重要人物做出很大的犧

附錄：全球猶太超級富豪縱覽

牲與之打交道，為之提供情報，獻上熱忱的服務，等雙方建立起深厚的、無法動搖的關係之後，再從這類強權者身上獲得更大的利益。

在邁爾二十五歲那年，他獲得了「宮廷御用商人」頭銜，從根本上說，這個頭銜只是一個好聽而空洞的名稱罷了，其意義僅在於確認邁爾被允許與宮廷做生意。但時隔不久，潛在的好處便顯露了出來：他可以從事身為猶太人原本被嚴格限制的旅行；一直不同意把女兒嫁給他的岳父也終於應允了這門婚事；而最重要的是，他接受了比海姆公爵的一部分資產處理權。

從替比海姆公爵兌現總數量並不多的匯票開始，忍受著公爵對他的猶太人身分的鄙視，邁爾為實現其目標一直堅守著他聚沙成塔的法則，踏踏實實的努力著，終於取得了公爵的信任。

邁爾後來依靠比海姆公爵打開了通往宮廷的生意大門。

在邁爾四十五歲的時候，法國大革命爆發了。比海姆公爵作為歐洲最大的金融家之一，自然不會錯過這一良機。他規模宏大的從事軍火買賣，並把他大量的資金借給缺少軍費的君主和貴族以賺取高額利息。時隔不久，借據、期票以及珠寶如滾滾洪流，堆滿了他的保險庫。

在這急劇變化的時代，需要的正是頭腦靈活的商業人才。邁爾為比海姆公爵效命了二十年，今天終於有了大顯身手的機會，他非常活躍的協助公爵進行金融和軍火交易，贏得了鉅額財富。

邁爾為自己賺取了暴利，為羅斯柴爾德家族奠下了牢不可動的根基，使他的家族在自十九世紀以來的一百多年之中，累積了4億英鎊的驚人財產。

2. 快捷與全面的情報

邁爾的五個兒子分散在歐洲各國，但他們彼此間卻一直保持著頻繁聯絡，從有關商務的消息到一般社會上的熱門話題，無一不漏的相互溝通。

他們非常重視這一點，認為這是維繫羅斯柴爾德家繁榮、安定的命脈所在。

　　事實上，無論在哪個時代都是如此，情報就是命脈，情報就是金錢。

　　在那個時代，想要頻繁、快速、安全的交換情報，光靠政府的郵差是難以保證的。

　　因此，羅斯柴爾德家族就建起了一個橫跨全歐洲、屬於本家族專用的情報傳遞網，配備了專門的人員及車馬、快船，無論氣候多麼惡劣都隨時待命出發。

　　他們深深體會到迅速得到情報的重要性，所以每年都不惜花大本錢擴充和更新裝備，在傳遞速度和安全性上比驛站郵政勝數倍，甚至比政府的情報網更勝一籌。他們的信使攜帶著現金、證券、信件或其他東西穿梭在歐洲大陸上的各處。

　　正是有了這一高效率的情報通訊網，才使他們比英國政府更早得知了滑鐵盧的勝敗情況。

　　6月19日，羅斯柴爾德家族情報組織中的某人得到了英國戰勝的快報，立即從鹿特丹乘專用快船渡過多佛海峽到達英國，將快報交給了正在等待的納坦手中。納坦接過快報，只瞄了一眼標題，便立刻登上馬車急速趕往倫敦——英國政府在幾小時之後才得知此資訊。

　　結果納坦上演了一出絕妙的股票雜技，幾小時就賺了幾百萬。

　　邁爾的兒子以獨特的猶太人處世方式，在異國的大地上放光溢彩，成為世界上首屈一指的大富翁。

　　羅斯柴爾德家族的興起，充分展現了猶太人的營財之道和民族特性。在兩百多年的輝煌歷程中，家族始終保持著源源不斷的創造力和強

大的凝聚力。其家族雖然支脈龐大，但卻凝潔著一股相互支持、相互促進的力量。

在聲勢浩大的反猶浪潮之下，他們運用智慧，沉著迎戰，化險為夷；特別是在和希特勒的較量中，他們更是憑藉財富和非凡的談判智慧，令納粹領導人也智謀用盡，無可奈何。他們一方面以拒絕向反猶國家貸款來抵制反猶國家，另一方面給猶太人的慈善事業甚至猶太復國主義事業提供很大的幫助。被全世界猶太人稱讚為「真正的大憲章」的《貝爾福宣言》，是以英國外交部致羅斯柴爾德家族英國支脈的納撒尼爾·邁爾·羅斯柴爾德勳爵的形式發表的。

羅斯柴爾德家族不但是經濟世界中的金融舵手，而且在猶太民族的整體生活中，也是當之無愧的「紅盾牌」（羅斯柴爾德乃德語「Rothschild」，意為「紅色之盾」）。

石油國王洛克斐勒

洛克斐勒是控制美國的十大財閥之一，他是資本主義世界的第一個十億富翁。洛克斐勒起初只是一個毫不起眼的糧食行的簿記員，他的發跡史是用艱辛、冒險和謀略鋪就的。洛克斐勒精明能幹、堅忍不拔、虔誠而節儉，從他傳奇般的發跡史中，我們極易窺見其成功的奧祕。約翰·戴維森·洛克斐勒出生於西元1839年7月8日，他的父親是個經營木材的投機商人。西元1853年，在他十五歲時，全家從紐約遷到俄亥俄州，定居在一個距伊利湖畔的克里夫蘭二十幾公里的小鎮。約翰就在克里夫蘭城讀高中，但他讀到高二時就中途輟學自謀生路了，這年他十六歲。

他在一家兼營貨運業的中間商的休威·泰德公司裡做會計助理，因工作精細認真、有條有理而受老闆賞識，接著他又自作主張做投機為公

司賺了一大筆錢。他在這家公司工作了三年半，後因老闆休威不答應他的加薪請求而憤然離開了那裡。離開休威公司後，他認識了一個英國人克拉克，兩人合夥以 4,000 美元起家設立了一個穀物和牧草的經紀公司，一年間使營業額高達 45 萬美元，獲純利潤 4,000 美元。

在著名的南北戰爭爆發前，約翰很有先見之明的從銀行貸款，擴大資本積聚了大量的鹽、火腿、穀類、鐵礦石和煤等，緊接著南北戰爭就爆發了，結果第二年他們獲利高達 1.7 萬美元。這是上天賜予洛克斐勒的絕佳的發財機會。林肯總統發布了徵集 7.5 萬名義勇軍的號令！

洛克斐勒才不去打仗呢，他非常關心前線戰況，是緣於想賺錢的思想，但絕不想自己去服兵役。他在戰爭期間先後找過 20～30 個替身替他服兵役。他只要拿出一些錢，就什麼都解決了。

由於戰爭，華盛頓聯邦政府對這些食品的需求就遠大於供給，於是洛克斐勒就又大賺一筆，成了南北戰爭時期顯赫一時的人物。這期間，一位來自克拉克家鄉的英國化學家安德魯斯，歷盡艱辛終於研究出用亞硫酸氣精煉石油的辦法，然後找克拉克共建煉油公司。洛克斐勒出資 4,000 美元，讓他們成立了安德魯斯·克拉克公司，而自己仍在「等待」機會。不久，洛克斐勒等待的機會終於降臨了，由於原油無計畫的盲目開採，價格一跌再跌，但煉油卻顯露出無限廣泛的前景，煤油銷路拓廣疾速。透過拍賣煉油公司的方式，洛克斐勒打退了克拉克，獨攬煉油和銷售，並擴大規模，易名洛克斐勒·安德魯斯公司。公司設備經擴充後，日產油量增至 500 桶（合計 7.9 萬公升），年銷售額也超過了百萬美元。

到西元 1869 年銷售總額達 120 萬之多，成為克里夫蘭規模最大的煉油廠。

時機完全成熟了，洛克斐勒絕不放過這天賜良機，他讓弟弟威廉成

附錄：全球猶太超級富豪縱覽

立了第二家煉油公司——威廉·洛克斐勒公司。隨著事業的發展，約翰·戴維森·洛克斐勒的野心也在無限制的膨脹。接著他又令弟弟到紐約去開設另一家「洛克斐勒公司」，以開拓石油出口業務。另一位同是靠戰爭發財的投機商佛拉格勒，作為和洛克斐勒有同樣野心的合作者，為了實現膨脹起來的壟斷野心，他與洛克斐勒私下密定：和負責運輸的鐵路公司私訂密約，洛克斐勒公司每天保證提供 60 輛車的精煉油，而運費要打折扣。這樣，洛克斐勒憑著比同行運費低廉，從而降低銷價、拓寬銷路的方法擠垮了同行，壯大了自己，獲取了鉅額利潤。

西元 1870 年 1 月，洛克斐勒創設的標準石油公司成立。標準石油公司成立後，爆發了普法戰爭，戰爭使海上運輸一時中斷，賓州的石油出口業也被迫停止了。普法戰爭造成了美國經濟的不景氣，導致油價的狂跌，每桶油的價格降低到了 4 美元以下。為抵抗不景氣，產油業成立了「卡特爾」，來控制油價。油價控制住了，但產品積壓在不斷增加。這種惡性循環，必然導致中小型企業的破產，但對於財大氣粗的洛克斐勒卻正是大力進行併吞的天賜良機。

他和佛拉格勒再度並肩作戰，一方面算計著克里夫蘭那些崩潰的石油產業，用廉價的方法把它們收購到手；一方面祕密成立控股公司，和鐵路公司實行「所有鐵路和石油業者合作」，達到托拉斯這種最高壟斷的目的。當然，那些掙扎在死亡線上的中小型企業也不會坐以待斃，他們進行了頑強的抗爭。他們中間有一個短小精幹的年輕企業家亞吉波多，他雖然只有二十四歲，但天生利嘴，大腦靈活，有出色的領導才能。

亞吉波多採取了「堅壁清野」措施，即成立了生產者聯盟，對洛克斐勒等結盟的煉油業和鐵路大聯盟實行封鎖。他這一招果然很有用。正如他所說的：「若是沒有原油，不論煉油企業還是鐵路大聯盟都會束手無策！」

與此同時，設立在紐約的煉油公司中那些沒被洛克斐勒併吞的企業也聯合起來，並派團與產油區的聯盟協商聯合行動。紐約方面的聯盟掌控著能左右中央報紙的力量。一時間輿論譁然，洛克斐勒四面楚歌，產油區罵他為「大螃蛇」、「章魚」（這在美國是最惡毒的詞），紐約及至全國各地對鐵路公司的「小偷貴族」罵聲不絕於耳。

結果鐵路公司被瓦解了。雙方經過長時間談判，訂立了協議：鐵路公司廢除與南方開發公司的折扣祕密協定；原產地與鐵路公司訂立公平公開的運費協定；原產地同盟也解除「大封鎖」。

但石油大戰的結果還是讓洛克斐勒發了財。石油大戰後，洛克斐勒運用意想不到的高價收購來刺激生產，達到過剩後又中止收購來壓低價格的方法，逼得原產地生產者相繼破產。他還收買了他的第一號強敵亞吉波多，這個在石油大戰期間沒被洛克斐勒懷柔套中的年輕人，終於成為他在產油地區的俘虜。

洛克斐勒完全主宰了克里夫蘭的石油世界。

接著洛克斐勒說服了紐約、費城及匹茲堡這些主要經營區的石油大亨，仍用交換股票的方法「合作」，實際上已成為勢力比上次更大的聯盟，而大權重新落入了洛克斐勒手中。到西元1879年，他已經壟斷了照明用的燈油市場，遍及歐洲市場，甚至亞洲和北非。洛克斐勒壟斷的野心越大，也就競爭得越激烈，經過幾番生死較量，他從壟斷美國開始逐步壟斷全世界。

西元1882年1月，標準石油合併了全美煉油企業成立了托拉斯。

西元1890年，標準石油以違犯壟斷法被俄亥俄州最高檢察廳廳長大衛・華特森指控，洛克斐勒把總公司遷至崇尚「州獨立原則」的紐澤西，並在那裡設立煉油廠，俄亥俄和賓州石油公司成了標準石油的地區性企

業。這時,洛克斐勒擁有資產達十一億美元。

今天,在紐約的第五街上,坐落著五十三層高的摩天大樓——洛克斐勒中心。大樓前是洛克斐勒的胸像。這裡就是埃克森公司的根據地,它是當今世界最大的集團經營企業。該公司有股東 30 萬,年收入 500～600 億美元。標準石油創始之初僅有 5 人,百年間就迅速擴展到如此龐大的規模,怎不令人浮想聯翩呢?

正如一位美國歷史學家所說:「洛克斐勒不是一個簡單的人,一個普通人若是被輿論攻擊得傷痕遍身,定會深感受挫,而難以崛起,然而他卻好像沒事一般,仍深深專心於他的壟斷夢想之中,正由於他有常人無法理解的幻想及堅忍不拔的鬥志,所以他不會因受挫便委靡不振。在他心中沒有任何東西能阻擋他達到自己的目標。」

正因為洛克斐勒具有上述的人格特質,才使他的財源滾滾而來,最終成為控制美國的十大財閥之一。

股市驕子威爾

對當今美國金融業略有了解的人,都明白在華爾街占有一席之地意味著什麼。它意味著這個人在世界金融界占有的地位也是舉足輕重的。美國地鐵公司日常事務總經理——桑福德‧威爾就是這樣一個人。他在華爾街奮鬥了大半生聲名響徹全世界,他的經營術也被許多人借鑑和採用。如果金融界是天空,那麼威爾無疑是天空中群星璀璨的最明亮的一顆。

桑福德‧威爾是猶太人的後裔,在他很小的時候父親就離家出走了。當威爾讀完大學之後,他多次應徵經紀所的招聘,結果屢遭失敗,他一度對前途失去了信心。然而,他畢竟是一個雄心勃勃的年輕人,絕不甘

心受命運的擺布，很快他就投入到新的創業中去。

1955年，威爾在華爾街當郵差，週薪35美元。次年，他做了股票經紀人；1960年，他聯合了三名經紀人集資3萬美元創辦了一家公司。從此，威爾開始在華爾街大展宏圖。

隨著業務的發展，公司兼併了一些商號，威爾也成了整個公司的霸主。

威爾是一個目光敏銳、判斷力極準確的經濟強人，他能夠抓住許多有利時機，放手去做，從而發展自己的事業，躋身於強手如林的金融界。

在1970年代，股票行情一直不穩定，股票價格也飄忽不定，較小的經紀所開始朝不保夕，紛紛倒閉。但威爾的經紀所不但沒有遭受損失，反而擴大了規模。他乘機併吞了大批較小的商號，還接管了一部分經濟不景氣的大商號。威爾接管洛布·羅茲公司，就是一件令同行相互稱讚的壯舉。

洛布·羅茲公司也是一家投資商號，它的經濟實力在華爾街與威爾經營的希爾森公司基本相當，但它的機構不夠靈活，管理方法有些落後。1974年，在威爾的苦心經營下，希爾森·洛布·羅茲公司宣告成立，它成了華爾街第二大證券公司。威爾以此為基點繼續擴充，使這家公司在1981年銷售額達到9.36億美元。1981年6月，威爾做了一件令人費解，讓人們難以想像的事，他居然把辛辛苦苦花費了二十年時間創建的希爾森公司出售給擁有80億美元銷售額的美國地鐵公司。雖然美國地鐵公司是一家經營賒帳卡、旅遊支票和銀行等業務的大公司，但威爾初入美國地鐵公司，並不被器重。因此，許多人認為威爾簡直是吃了大虧，然而一段時間後，人們就改變了眼光，開始嘆服威爾的決策。當然，威

附錄：全球猶太超級富豪縱覽

爾為發展地鐵公司也是兢兢業業。在他一手策劃下，地鐵公司用 5.5 億美元買進了南美貿易發展銀行所屬的外國銀行機構，這家銀行機構從事外匯、通貨市場、珠寶貿易、銀行業務等，因此這樁大生意的成交，一對威爾本人是一件津津樂道的值得自豪的事，也使威爾在地鐵公司身價百倍，成為華爾街的熱門人物。

由於公司的董事長常要外出應酬，所以美國地鐵公司的實權掌握在威爾手中。在威爾的領導下，公司各部門齊心協力，互相配合，使地鐵公司的利潤不斷增值。

威爾管理公司有方，突出的一點是善於協調上下級的關係。他常說：「上級的責任在於鼓舞下級。我善於和下級融洽相處，不時傾聽他們的呼聲。同樣，下級有責任發表意見，不讓問題愈積愈多，最終不可收拾。當上級的要當機立斷，不能含含糊糊，使下級無所適從，或讓有些人鑽了漏洞。」

威爾的成功經驗有許多，然而最重要的卻是他能夠抓住時機，敢想敢做。創業之初，對於合併與否，他果斷的拍板；後來他吃小虧獲大利，與地鐵公司合併，現已成為該公司第二號人物。

總統的老闆葛林斯潘

嚴格來說，我們不應把葛林斯潘（Greenspan）歸入商人行列，但作為影響美國甚至是全球經濟的重要人物，他一生中的智慧和發展的軌跡是值得我們去了解的。

於 1926 年 3 月 6 日葛林斯潘出生於曼哈頓，很小的候，父母就離了婚，由母親撫養長大。在喬治·華盛頓中學時（這所學校也是亨利·季辛吉的母校），葛林斯潘在數學方面顯示了他天才，但他首先學的卻是音樂。

1940 年代中期，他在紐約著名的吉拉德學校接受了兩年培訓，因為他高超的演奏低音單簧管和薩克斯管技巧，因此入隊當了一名爵士樂演奏員。但他周圍全是專業樂師，面對這些天才，他感到很自卑。他開始質疑自己音樂生涯的前程。當時，聰明絕頂的葛林斯潘一旦遇到中場休息，總是躲在角落裡閱讀經濟和金融書籍。巡迴演出一年以後他離開了樂隊，開始在紐約大學就讀商業經濟學。

經濟學對葛林斯潘而言就像件得體的上衣，於 1948 年他以最優異的成績畢業並獲得學士學位；又於 1950 年獲經濟學碩士學位，並開始在哥倫比亞大學攻讀經濟學博士，師從於著名經濟學家、商業週期理論大師、原美聯儲主席亞瑟·彭斯。這時，他和亞瑟·彭斯成了摯友，兩人共同做研究。憑著天生對數字的愛好，憑著對金融的濃厚興趣，葛林斯潘迅速的汲取各方面知識，並開始形成自己的一套想法，信奉自由市場。

到了 1954 年，葛林斯潘的婚姻宣告破裂，同時他也中斷了在哥倫比亞大學攻讀的博士課程，當時他才二十八歲。他同一位年紀稍大的紐約債券交易人聯手，此人名叫威廉·圖森，共同創辦了一家諮詢公司：圖森·葛林斯潘公司。在後來的二十年裡，葛林斯潘一直把這家公司當做自己的職業基洛克斐勒。

1958 年圖森去世後，他成了公司的領導人，擴大經營，發展了一批在金融和製造業領域頗具影響的客戶。同時，葛林斯潘還為自己設置了一個新穎奇特、有利可圖的小天地，即向高層企業管理人員提供經濟分析意見。正如一位美聯儲官員日後所說：「他是第一個專門向總裁提供預測的人。」這種工作不僅在思維上有挑戰性，對葛林斯潘而言，也特別適合發揮個人才能，他也因此變成了一位富人。

直到 1977 年，葛林斯潘才拿到在紐約大學攻讀的經濟學博士學位。這段時間對他來講極其珍貴。作為一名經濟顧問，他學會了如何使用複

附錄：全球猶太超級富豪縱覽

雜的定量技術去預測分析總體和個體的經濟動向，與此同時，他獨創了一種「從最基層做起」的分析方法，而這種方法成了他在美聯儲的象徵。他從最小的細節開始，如庫存量、產品交貨時間等，研究許多數字，直至看到大致的輪廓出現。

他的一位朋友曾略帶誇張的說：「葛林斯潘是這麼一種人，他知道1964年出廠的雪佛蘭轎車上用了多少個平頭螺栓，他還知道假若去掉其中三個將會對國民經濟造成什麼影響。」

葛林斯潘於1968年開始涉足政壇。1974年夏季，赫伯特·斯坦恩告知尼克森總統他辭去經濟顧問委員會主任一職，白宮方面就開始考慮聘請葛林斯潘擔任該職務。但葛林斯潘毅然拒絕。而這時，亞瑟·彭斯，這位葛林斯潘在哥倫比亞大學的良師益友，出面規勸他。彭斯自1970年以來一直擔任美聯儲主席。他對葛林斯潘說：「圖森·葛林斯潘公司成立二十年了，假如這時離了創始人還不能運轉，這就正好說明這家公司嚴重存在著問題。」葛林斯潘認為彭斯的分析語重心長，便同意擔任這項職務。

葛林斯潘是擔任經濟顧問委員會主任這一重要職務的第一位「商業經濟學家」，他很快就發現要面臨許多商業方面的挑戰，而他所面臨的最大挑戰，卻是在十三年之後。

1987年，葛林斯潘擔任美國聯邦儲備委員會主席。他的任命一宣布，道瓊工業平均指數就下降了22個百分點；債券價格下滑得更加厲害，在一天之內降到了五年內的最低點。在東京，美元對日圓的匯率由1,145跌到了1,142.5；在巴黎，美元對法國法郎的匯率下降了2%。這位新任的美聯儲主席馬上著手解決通貨膨脹的問題。在7月分，原油價格跌到了每桶11美元；而到了8月，又猛漲到每桶22美元。價格的暴漲連同其他通

脹壓力，促使美聯儲於1987年9月4日將貼現率提高了零點五個百分點，危機四伏，接連不斷。然而，市場很快就平靜下來，在短短幾個月內，人們挽回了黑色星期一中所遭受的全部損失。正如《富比士》日報所報導的那樣，這是葛林斯潘最輝煌的一刻，他高舉起喇叭，告訴銀行把錢借給華爾街，然後降低短期利率，而長期利率也隨之下降。

這種有效的干預，對葛林斯潘來說還只是開頭。股票大跌幾個月後，美聯儲又提高了利率。這是一個驚人的舉動，而且預示了兩條有關資訊：首先，葛林斯潘已下定決心抑制通貨膨脹；其次，他相信1987年的股票大跌與其說是危機，倒不如說是對經濟的調整。他高瞻遠矚不讓短期波動影響到經濟的長期持續成長。

在經濟領域取得勝利後，葛林斯潘又面臨著重大的政治考驗。保守的共和黨總統喬治·布希正做著連任的準備，大多數悲觀的華盛頓內部人士預測：保守的共和黨人葛林斯潘不會對調整利率來支持布希，儘管當時迫於通貨膨脹的壓力，很明顯需要再次調高利率。這時，葛林斯潘驚人的舉措實行了。在共和黨全黨大會召開前的幾個星期，美聯儲將貼現率提高了50個基本點（整整提高了50%），這一來讓原來就不景氣的經濟幾乎窒息了。但事實證明，葛林斯潘成功的使美國經濟在很長一段時間內保持著持續穩定的成長，他也因此被看做是影響美國經濟的舉足輕重的人物。

金融巨鱷索羅斯

喬治·索羅斯號稱「金融天才」，從建立「雙鷹基金」至今，他創下了令人驚異的業績，以每年平均35%的綜合成長率令華爾街同行望塵莫及。他好像具有一種超能力量左右著世界金融市場。他的一句話就可以

附錄：全球猶太超級富豪縱覽

使某種商品或貨幣的交易行情驟變，市場的價格隨著他的話語上升或下跌。一名電視臺的記者曾對此做了如此形象的描述：索羅斯投資於黃金，正因為他投資於黃金，所以大家都認為理所當然的投資於黃金，於是黃金價格上漲；索羅斯寫文章質疑德國馬克的價值，從而馬克匯價下跌；索羅斯投資於倫敦的房地產，那裡房產價格頹勢在一夜之間發生扭轉。許多人都急切的想知道索羅斯成功的祕密，但由於索羅斯對其投資方面的事守口如瓶，這更為他蒙上了一層神祕的色彩。

喬治·索羅斯於 1930 年生於匈牙利的布達佩斯，一個中上等的猶太人家庭。喬治·索羅斯的父親是一名律師，他教育索羅斯要自尊自重、堅強自信。索羅斯在少年時代就表現得超群出眾，他個性堅強、突出，在運動方面比較擅長，尤其是游泳、航海和網球。索羅斯的童年非常幸福，是在父母悉心關愛下度過的。但到了 1944 年，隨著納粹對布達佩斯的侵略，索羅斯隨著全家開始了逃亡生涯。那是一個充滿危險和痛苦的時期，憑著父親的精明和堅強，靠假身分證和較多的庇護所，全家才得以躲過那場劫難。這場戰爭為索羅斯上了終生難忘的一課：冒險是對的，但絕不要冒毀滅性的危險。

1947 年秋天，十七歲的索羅斯獨自離開匈牙利，幾經輾轉之後，來到倫敦。他一文不名，只靠打工維生。索羅斯無法忍受處於社會底層的生活，他決定透過求學來改變自己的境況。於 1949 年索羅斯開始進入倫敦經濟學院學習。

在索羅斯的求學期間，對他影響最大的要數英國哲學家卡爾·波普爾（Karl Popper），卡爾·波普爾鼓勵他嚴肅的思考世界運行的方式，並且盡量的從哲學的角度來解釋這個問題。這為索羅斯建立金融市場運作的新理論打下了堅實的基礎。

1953年春，索羅斯從倫敦經濟學院學成畢業，他很快意識參與投資業有可能賺到大錢，他替城裡的各家投資銀行發了一封自薦信，最後某間公司聘他做實習生，他的金融生涯從此揭開了序幕。

索羅斯在這家公司開始做黃金和股票的套利交易員，但表現很不出色，於是他選擇離開。索羅斯帶著他的全部積蓄5,000美元來到了紐約，他經人引薦進了F. M. Mayer公司，當了一名套利交易員，並且從事歐洲證券的分析，為美國的金融機構提供顧問服務。索羅斯是華爾街上為數不多的在紐約和倫敦之間進行套利交易的交易員之一。

1960年，索羅斯小試牛刀，鋒芒初現。他經過分析研究發現，由於德國安聯保險公司的股票和房地產投資價格上漲，其股票售價與資產價值相比大打折扣，於是他建議人們購買安聯公司的股票。事實證明，索羅斯的建議是正確的，安聯公司的股票價值翻了三倍，索羅斯因而名聲大振。

1963年，索羅斯又開始為另一家公司效力。這家公司比較喜歡經營外國證券，這很合索羅斯的胃口，他的專長得以充分的發揮。索羅斯的雇主史蒂芬·凱倫也非常賞識索羅斯，認為他有勇有謀，勇於開拓新業務，這正是套利交易所需要的。

1967年，索羅斯依靠自己的才能晉升為公司研究部的主管。索羅斯的長處就在於他能從總體的角度來把握全球不同金融市場的動態。他透過對全球局勢的分析，來判斷各種金融和政治事件將對全球各金融市場產生何種影響。真正為索羅斯以後的投資生涯帶來重大變化的是他遇到了耶魯大學畢業的吉姆·羅傑斯，二人展開合作，成為華爾街上的最佳黃金搭檔。

索羅斯和羅傑斯不願永遠為他人做嫁衣，1973年，他們創建了索

附錄：全球猶太超級富豪縱覽

羅斯基金管理公司。公司剛開始只有三個人：索羅斯是交易員，羅傑斯是研究員，還有一個人是祕書。索羅斯基金的規模雖然並不大，但由於是他們自己的公司，索羅斯和羅傑斯全心投入。他們訂了三十種商業刊物，收集了 1,500 多家美國和外國公司的金融財務紀錄。羅傑斯每天都要仔細的研究分析 20～30 份年度財務報告，以便尋找最佳投資機會。

例如在 1972 年，索羅斯瞄準了銀行，當時銀行業的信譽非常糟糕，管理非常落後，投資者很少光顧銀行股票。然而，索羅斯經過觀察研究，發現從高等學府畢業的專業人才正轉變為新一代的銀行家，他們正著手實行一系列的改革，銀行盈利還在逐步上升，此時，銀行股票的價值顯然被市場沒有足夠引起重視，於是索羅斯果斷的大量買入銀行股票。一段時間過後，銀行股票開始大幅上漲，索羅斯獲得了 50% 的利潤。1973 年贖罪日戰爭爆發，索羅斯從這場戰爭猜想到美國會更換武器將重新裝備軍隊。索羅斯基金便開始投資於諾斯洛普·格拉曼公司、聯合航空公司、洛克希德公司等握有大量國防部訂貨合約的公司，這些投資為索羅斯基金帶來了無限利潤。

索羅斯除了運用低進高出的一般投資招數，還特別善於賣空。經典案例就是索羅斯與雅芳化妝品公司的交易。為了達到賣空的目的，索羅斯以市價每股 120 美元借了雅芳化妝品公司一萬股股份，一段時間後，該股票開始狂跌。兩年以後，索羅斯以每股 20 美元的價格買回了雅芳化妝品公司一萬股股份。從這筆交易中，索羅斯以每股 100 美元的利潤為基金賺了 100 萬美元，盈利幾乎是投入的五倍。

正是由於索羅斯和羅傑斯出眾的投資才能和默契的配合，才使他們有了每一次的成功的，索羅斯基金呈量子式的成長，到 1980 年 12 月 31 日為止，索羅斯基金成長 3,365%，與標準普爾 500 指數相比，後者同期

僅成長 47%。

1979 年，索羅斯決定將公司更名為量子基金，來源於海森堡量子力學的不確定性原理。因為索羅斯認為市場總是處於不確定的狀態，總是在波動，在不確定狀態上下注，才能賺錢。

索羅斯果斷摒棄了傳統的投資理論，決定在風雲變換的金融市場上用實踐去驗證他的投資理論。

1981 年 1 月，雷根就任總統。索羅斯透過對雷根新政策的研究，確信美國經濟將會開始一個新的「盛－衰」序列，索羅斯開始果斷投資。正如索羅斯所預測的，美國的經濟在雷根的新政策刺激下，開始走向繁榮。已經出現了「盛－衰」序列的繁榮期。1982 年夏天，貸款利率下降，股票不斷上漲，這使得索羅斯的量子基金獲得了豐厚的報酬。到 1982 年底，量子基金上漲了 56.9%，淨資產從 1.932 億美元暴增至 3.028 億美元。

隨著美國經濟的發展，美元表現得越來越強大，美國的貿易逆差以驚人的速度上升，預算赤字也在逐年增加，索羅斯確信美國正在走向蕭條，一場經濟風暴將會動搖美國經濟。隨著石油輸出國組織的解體，原油價格開始下滑，這為美元帶來龐大的貶值壓力。同時，美國通貨膨脹開始下降，相應利率也將下降，這也將促使美元貶值。索羅斯猜想美國政府將啟動措施支援美元貶值。同時，他還預測德國馬克和日圓會隨之升值，他決定做一次大手筆。

從 1985 年 9 月開始，索羅斯開始做大量的馬克和日圓。他原先持有的馬克和日圓多達 7 億美元，已超過了量子基金的全部價值。由於他堅信他的投資決策是無誤的，在先期遭受了一些損失的情況下，他又大膽增加了差不多 8 億美元的長倉。

附錄：全球猶太超級富豪縱覽

到了1985年9月22日，事情開始沿著索羅斯預測的方向發展。美國新任財政部長詹姆斯・貝克和法國、前西德、日本、英國的四位財政部部長在紐約的普拉扎酒店開會，商討美元貶值的問題。會後五國財政部長簽訂了《普拉扎協定》，該協定提出透過「更密切的合作」來「有步驟的對非美元貨幣進行估價」。這代表中央銀行必須低估美元價值，迫使美元貶值。

《普拉扎協定》公布後的第一天，美元被宣布從239日圓降到222.5日圓，即下降了4.3%，這一天的美元貶值致使索羅斯在一夜之間賺了4,000萬美元。接下來的幾個星期，美元繼續貶值。10月底，美元已跌落13%，一美元兌換205日圓。到了1986年9月，美元更是跌到一美元兌換153日圓。索羅斯在這場浩大的金融行動中，自始至終共計賺了大約1.5億美元。於是量子基金在華爾街聲名大噪。

量子基金已由1984年的4.489億美元上升到1985年的10.03億美元，資產增加了23.4%。索羅斯憑著他當年的宏偉業績，排名在《金融世界》華爾街地區收入最高的前一百名人物中，名列第二位。1986年量子基金又增加了42.1%，達到15億美元，索羅斯個人的收入也達到了2億美元。

索羅斯猶如華爾街上的一頭金錢豹，行動迅速敏捷，善於捕捉投資良機。一旦時機成熟，他便開始有備之戰，反應神速。

1992年，索羅斯抓住時機，成功的狙擊英鎊。這一之舉如石破天驚之舉，使得慣於隱藏於幕後的他突然聚焦於世界大眾面前，成為世界聞名的投資大師。

索羅斯在投資金融市場的同時，也在不斷的發展和完善自己的投資理論。

索羅斯認為，股票市場本身具有自我推進現象。當投資者對某家公

司的經營充滿信心，就會大量的買進該公司股票。他們的行為致使該公司股票價格上漲，於是公司的經營活動也更加得心應手：公司可以利用增加借貸、出售股票和基於股票市場的購買活動獲得利潤，更容易滿足投資者的預期，使更多的投資者進行購買。但同時，當市場接近飽和，日益加劇的競爭挫傷了行業的盈利能力，或者市場的盲目跟風行為推動股價持續上漲，會導致股票價值被高估而變得搖搖欲墜，最終股票價格崩潰。索羅斯將這種開始時自我推進，但最終又自我挫敗的連結稱為「相互作用」。而正是由於這種相互作用力致使金融市場盛衰過程的出現。投資成功的祕訣就在於認識到形勢變化的不可避免性，及時確認發生逆轉的臨界點。

在 1990 年代初期，當時西方已開發國家正處於經濟衰退的過程中，而東南亞國家的經濟卻奇蹟般的出現成長，經濟實力日益增強，經濟前景一片光明，在經濟危機爆發前東南亞的經濟發展模式曾一度是各開發中國家紛紛仿效的樣板。東南亞國家對各自國家的經濟非常樂觀，為了加快經濟成長的步伐，便紛紛放寬金融管制，推行金融自由化，以求成為新的世界金融中心。

但東南亞各國在經濟繁榮的光環的環照中忽視了一些很重要的東西，而主要依賴於外延投入的增加。在此基礎上放寬金融管制，等同於沙灘上蓋高樓，將各自的貨幣不加任何保護的暴露在國際熱錢面前，經不起來自四面八方的國際熱錢的衝擊；加上由於經濟的成長速度過快，東南亞各國普遍出現了過度投機房地產、高估企業規模以及市場需求等，發生經濟危機的危險逐漸加大。

東南亞出現這麼大的金融漏洞，自然逃不過索羅斯的眼睛。他一直在等待有利時機，希望能再打一場英格蘭式的戰役。正因為索羅斯看到

附錄：全球猶太超級富豪縱覽

　　了東南亞資本市場上的這一最薄弱的環節，所以決定首先大舉襲擊泰銖，然後席捲整個東南亞國家的資本市場。

　　泰國政府被國際投機家一下子捲走了40億美元，許多泰國人的腰包也被掏得一點都不剩了。索羅斯初戰告捷，但並不以此為滿足，他決定席捲整個東南亞，再大賺一把。索羅斯如颶風般很快就掃蕩了印尼、菲律賓、緬甸、馬來西亞等國家。印尼盾、菲律賓披索、緬甸元、馬來西亞令吉紛紛大幅貶值，引發工廠倒閉，銀行破產，物價上漲等一片淒慘的景象。這場掃蕩東南亞的索羅斯颶風一舉就將百億美元的鉅富收入囊中，使這些國家幾十年的經濟成長化為灰燼。

想有錢不需靠爸，生活中加點猶太致富邏輯：

情報網 × 投機思維 × 操縱人性 × 大膽創新，猶太人如何掌握各國經濟命脈？

作　　　者：溫亞凡，禾土
發　行　人：黃振庭
出　版　者：沐燁文化事業有限公司
發　行　者：沐燁文化事業有限公司
E-mail：sonbookservice@gmail.com
粉　絲　頁：https://www.facebook.com/sonbookss
網　　　址：https://sonbook.net/
地　　　址：台北市中正區重慶南路一段 61 號 8 樓
8F., No.61, Sec. 1, Chongqing S. Rd., Zhongzheng Dist., Taipei City 100, Taiwan

電　　　話：(02)2370-3310
傳　　　真：(02)2388-1990

律師顧問：廣華律師事務所 張珮琦律師

-版權聲明-

本書版權為作者所有授權崧博出版事業有限公司獨家發行電子書及繁體書繁體字版。若有其他相關權利及授權需求請與本公司聯繫。
未經書面許可，不得複製、發行。

定　　　價：399 元
發行日期：2024 年 10 月第一版
◎本書以 POD 印製

國家圖書館出版品預行編目資料

想有錢不需靠爸，生活中加點猶太致富邏輯：情報網 × 投機思維 × 操縱人性 × 大膽創新，猶太人如何掌握各國經濟命脈？ / 溫亞凡，禾土 著 .-- 第一版 .-- 臺北市：沐燁文化事業有限公司，2024.10
面；　公分
POD 版
ISBN 978-626-7557-49-5(平裝)
1.CST: 商業管理 2.CST: 成功法 3.CST: 猶太民族
494　　　113014628

電子書購買

爽讀 APP　　　　臉書